21世纪应用型本科院校规划教材

概率论与数理统计

主　编　陈荣军　钱　峰

南京大学出版社

图书在版编目(CIP)数据

概率论与数理统计 / 陈荣军，钱峰主编. — 南京 ：
南京大学出版社，2017.8

21世纪应用型本科院校规划教材

ISBN 978-7-305-18904-3

Ⅰ. ①概… Ⅱ. ①陈… ②钱… Ⅲ. ①概率论－高等学校－教材②数理统计－高等学校－教材 Ⅳ. ①O21

中国版本图书馆CIP数据核字(2017)第159402号

出版发行 南京大学出版社
社　　址 南京市汉口路22号　　　邮　编 210093
出 版 人 金鑫荣

丛 书 名 21世纪应用型本科院校规划教材
书　　名 概率论与数理统计
主　　编 陈荣军　钱　峰
责任编辑 陈亚明　单　宁　　　编辑热线 025-83592401

照　　排 南京南琳图文制作有限公司
印　　刷 宜兴市盛世文化印刷有限公司
开　　本 787×960　1/16　印张 15　字数 221 千
版　　次 2017年8月第1版　　2017年8月第1次印刷
ISBN 978-7-305-18904-3
定　　价 37.00元

网址：http://www.njupco.com
官方微博：http://weibo.com/njupco
官方微信号：njupress
销售咨询热线：(025) 83594756

内容提要

概率论与数理统计是由概率论和数理统计两门课程组合而成，为理工、经管等专业提供随机数学理论、方法和计算技巧的支撑.为有效实施多元化生源下应用型本科院校概率论与数理统计课程的教学，根据多年教学实践，课题组组织编写本教材，籍以满足培养高质量应用型本科人才的需要.

本书是在应用型本科院校大力推进公共数学改革的背景下推出的，内容包括随机事件与概率、一维随机变量、多维随机变量、大数定律与中心极限定理、数理统计基础知识、参数估计、假设检验、R 软件应用八个章节.教材知识系统，层次分明，详略得当，举例丰富.贴近应用型院校学生实际、突出相关理论的应用性、注重概率论与数理统计思想和计算机处理能力的培养，同时有助于学生数学文化素养的提升.

本书可作为高等学校理、工、管等各专业概率论与数理统计课程教材，也可用作为教学参考书和考研用书.

由于水平有限，书中错误难免，望读者批评指正.

目　录

第1章　随机事件与概率

实际案例：

某班 n 个战士各有1支归个人保管使用的枪，这些枪的外形完全一样.在一次夜间紧急集合中，每人随机地取了1支枪，那么至少1人拿到自己的枪的概率是多少呢？

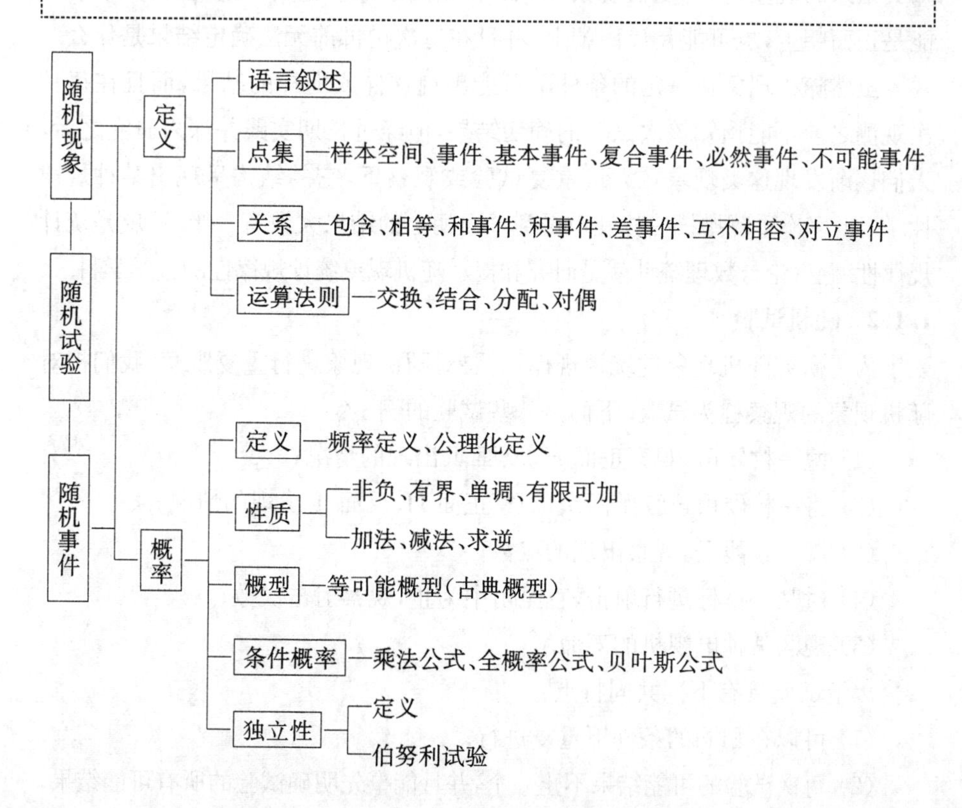

概率论与数理统计是研究随机现象统计规律性的一门数学学科. 它以随机现象为研究对象，在金融、保险、经济与企业管理、工农业生产、医学、地质学、气象与自然灾害预报等方面都起到了非常重要的作用.

1.1 随机试验

1.1.1 随机现象

自然现象和社会现象大致可分为两类：一类是在一定条件下必然出现的现象，称为**确定性现象**. 例如，在标准大气压下，100 ℃的水必然沸腾；在自然状态下，水从高处向低处流淌. 另一类则是在一定条件下人们事先无法准确预知其结果的现象，称为**随机现象**. 例如，在相同条件下抛同一枚硬币，其结果可能是正面朝上，也可能是反面朝上，并且在每次抛掷前无法确定结果是什么.

虽然随机现象在一定的条件下可能出现这样或那样的结果，而且在每一次观测之前不能预知该次试验的确切结果，但经过长期实践并深入研究之后，人们逐渐发现这类现象在大量重复试验或观察下，它的结构呈现出某种规律性. 例如，多次重复抛掷一枚硬币得到正面朝上的结果大致有一半. 这就是统计规律性. 概率论与数理统计就是研究和揭示随机现象统计规律性的数学学科.

1.1.2 随机试验

为了研究随机现象的统计规律，需要对随机现象进行重复观察，我们把对随机现象的观察称为试验. 下面是一些试验的例子：

(1) 抛一枚硬币，观察正面 H、反面 T 出现的情况；

(2) 将一枚硬币连续抛两次，观察正面 H、反面 T 出现的情况；

(3) 掷一颗骰子，观察出现的点数；

(4) 对某一目标进行射击，直至击中为止，观察射击次数；

(5) 观测某种电视机的寿命.

以上试验具有下列共同特点：

(1) 可以在相同的条件下重复进行；

(2) 每次试验的可能结果不止一个，并且能事先明确试验的所有可能结果；

(3) 进行一次试验之前不能确定哪一个结果会出现.

我们把具有上述性质的试验称为**随机试验**,简称试验,记作 E.

1.1.3 样本空间

随机试验的一切可能基本结果组成的集合称为**样本空间**,记为 $S=\{e\}$,其中 e 表示基本结果,又称为样本点.上述随机试验(1)～(5)所对应的样本空间 $S_1,\cdots,S_5$ 分别为

$$S_1=\{\mathrm{H},\mathrm{T}\};$$

$$S_2=\{\mathrm{HH},\mathrm{HT},\mathrm{TH},\mathrm{TT}\};$$

$$S_3=\{1,2,3,4,5,6\};$$

$$S_4=\{1,2,3,\cdots\};$$

$$S_5=\{t\mid t\geqslant 0\}.$$

1.1.4 随机事件

样本空间 S 的子集称为随机试验 E 的**随机事件**,简称事件.常用大写字母 $A,B,C,\cdots$表示.

设 A 是一个事件,当且仅当试验中出现的样本点 $e\in A$ 时,称事件 A 发生.例如,在掷一颗骰子的试验中,事件 $A=$"出现奇数点",即 $A=\{1,3,5\}$.若试验结果为 5 点,则事件 A 发生;若试验结果为 2 点,则事件 A 不发生.

由一个样本点组成的单点集称为**基本事件**;由两个或者两个以上基本事件复合而成的事件为**复合事件**;样本空间 S 是自身的子集,在每次试验中总是发生的,称为**必然事件**;空集$\varnothing$不包含任何样本点,它在每次试验中都不发生,称为**不可能事件**.

1.1.5 事件间的关系与运算

事件是一个集合,因而,事件间的关系与事件的运算自然按照集合论中集合之间的关系和集合运算来处理.

1. 包含关系

若事件 A 发生必然导致事件 B 发生,则称事件 B 包含事件 A,或称 A 是 B 的子事件,记为 $A\subset B$.

在掷一颗骰子的试验中,设事件 $A=$"出现 6 点",$B=$"出现偶数点"$=$

$\{2,4,6\}$,事件 A 发生必然导致事件 B 发生,所以 $A\subset B$.

2. 相等关系

若事件 A 包含事件 B,且事件 B 又包含事件 A,即 $B\subset A$ 且 $A\subset B$,则称事件 A 与事件 B 相等,记为 $A=B$.

在掷一颗骰子的试验中,设事件 $B=$"出现偶数点",$C=\{2,4,6\}$,显然,$B\subset C$ 且 $C\subset B$,所以 $B=C$.

3. 和事件

$A\cup B=\{x|x\in A$ 或 $x\in B\}$,称为 A 与 B 的和事件,即 A 与 B 中至少有一个发生. 当且仅当 A 与 B 中至少有一个事件发生时,事件 $A\cup B$ 发生.

在掷一颗骰子的试验中,设 $A=\{2,4,6\}$,$B=\{5,6\}$,则 $A\cup B=\{2,4,5,6\}$.

类似地,称 $\bigcup\limits_{i=1}^{n}A_i$ 为 n 个事件 $A_1,A_2,\cdots,A_n$ 的和事件,称 $\bigcup\limits_{i=1}^{\infty}A_i$ 为可列个事件 $A_1,A_2,\cdots$的和事件.

4. 积事件

$A\cap B=\{x|x\in A$ 且 $x\in B\}$,称为 A 与 B 的积事件. 当且仅当 A 与 B 同时发生,事件 $A\cap B$ 发生,简记为 AB.

类似地,称 $\bigcap\limits_{i=1}^{n}A_i$ 为 n 个事件 $A_1,A_2,\cdots,A_n$ 的积事件,称 $\bigcap\limits_{i=1}^{\infty}A_i$ 为可列个事件 $A_1,A_2,\cdots$的积事件.

在掷一颗骰子的试验中,$A=\{5,6\}$,$B=\{1,3,5\}$,则 $A\cap B=\{5\}$.

5. 差事件

$A-B=\{x|x\in A$ 且 $x\notin B\}$,称为 A 与 B 的差事件. 当且仅当 A 发生而 B 不发生,事件 $A-B$ 发生,所以 $A-B=A-AB$. 显然,

$$A-A=\varnothing,A-\varnothing=A,A-S=A-AS=A-A=\varnothing.$$

在掷一颗骰子的试验中,$A=\{5,6\}$,$B=\{1,3,5\}$,则 $A-B=\{6\}$.

6. 互不相容(互斥)

若 $A\cap B=\varnothing$,则称 A 与 B 互不相容或互斥,即 A 与 B 不能同时发生.

在掷一颗骰子的试验中,$A=\{6\}$,$B=\{1,3,5\}$,$AB=\varnothing$,即事件 A 与 B 不可能同时发生,因此事件 A 与 B 是两个互不相容的事件.

设有事件 $A_1,A_2,\cdots,A_n,\cdots$ 若满足 $A_iA_j=\varnothing,i\neq j$ 且 $i,j=1,2,\cdots$ 则称事件 $A_1,A_2,\cdots,A_n,\cdots$ 两两互不相容.

7. 对立事件

事件 A 不发生称为事件 A 的对立事件(或逆事件),记作 $\overline{A}$. 显然,

$$\overline{A}=S-A,\overline{\overline{A}}=A.$$

在掷一颗骰子的试验中,若 $A=\{6\}$,则 $\overline{A}=\{1,2,3,4,5\}$.

在一次试验中,若 A 发生,则 $\overline{A}$ 一定不发生;若 A 不发生,则 $\overline{A}$ 一定发生. 因此,

$$A\overline{A}=\varnothing,A\cup\overline{A}=S.$$

在概率论中,常用一个矩形表示样本空间 S,用其中一个圆或其他几何图形表示事件,这类图形称为维恩图. 以下使用图示法来表示事件之间的各种关系.

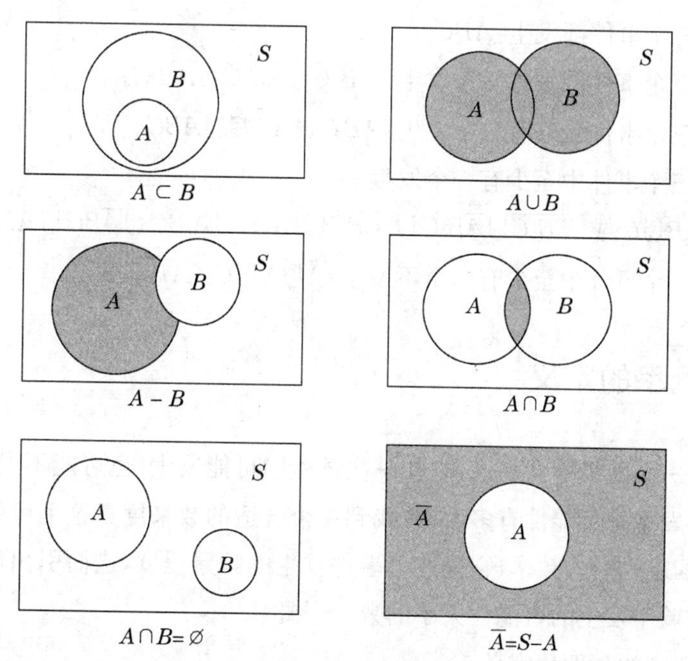

图 1.1　事件关系图

1.1.6 事件间的运算律

由集合的运算律,不难给出事件间的运算律.设 A,B,C 为同一随机试验 E 的事件,则有

(1) 交换律:$A\cup B=B\cup A, A\cap B=B\cap A$;

(2) 结合律:$(A\cup B)\cup C=A\cup(B\cup C)$,

$(A\cap B)\cap C=A\cap(B\cap C)$;

(3) 分配律:$(A\cup B)\cap C=(A\cap C)\cup(B\cap C)$,

$(A\cap B)\cup C=(A\cup C)\cap(B\cup C)$;

(4) 对偶律:$\overline{A\cup B}=\overline{A}\cap\overline{B}, \overline{A\cap B}=\overline{A}\cup\overline{B}$.

例 1.1.1 设 A,B,C 为随机事件,则下列事件可表示为:

(1) A 发生而 B 与 C 都不发生:$A\overline{B}\,\overline{C}$或 $A-B-C$;

(2) A 与 B 发生而 C 不发生:$AB\overline{C}$或 $AB-C$;

(3) 三个事件都发生:ABC;

(4) 三个事件恰好有一个发生:$A\overline{B}\,\overline{C}\cup\overline{A}B\overline{C}\cup\overline{A}\,\overline{B}C$;

(5) 三个事件恰好有二个发生:$AB\overline{C}\cup A\overline{B}C\cup\overline{A}BC$;

(6) 三个事件中至少有一个发生:

$A\cup B\cup C$ 或 $A\overline{B}\,\overline{C}\cup\overline{A}B\overline{C}\cup\overline{A}\,\overline{B}C\cup AB\overline{C}\cup A\overline{B}C\cup\overline{A}BC\cup ABC$;

(7) 三个事件中至少有一个不发生:$\overline{A}\cup\overline{B}\cup\overline{C}$或$\overline{ABC}$.

1.2 概率的定义

对于一个随机事件来说,它在一次试验中可能发生,也可能不发生.如何确定事件发生的可能性有多大,并找到一个合适的数来度量这个可能性的大小?为此,首先引入频率,它描述了事件发生的频繁程度,进而引出度量事件在一次试验中发生的可能性大小的数——概率.

1.2.1 概率的公理化定义

定义 1.2.1 若在相同条件下进行 n 次试验,记事件 A 发生的次数为

n_A，则称$\frac{n_A}{n}$为事件A发生的频率，记为$f_n(A)$，即

$$f_n(A)=\frac{n_A}{n}.$$

对于必然事件S，有$n_A=n$，从而必然事件S发生的频率为1；对于不可能事件$\varnothing$，有$n_A=0$，从而不可能事件$\varnothing$发生的频率为0. 一般事件发生的频率在0与1之间.

频率的大小反映了事件A发生的频繁程度，频率越大，事件A发生越频繁，在一次试验中发生的可能性就越大，反之亦然. 因此，直观的想法是用频率来表示A在一次试验中发生的可能性大小. 大量试验证实，当重复试验的次数n逐渐增大时，频率会逐渐稳定于某个常数. 用频率的稳定值来度量事件A发生的可能性大小是合适的.

但是，实际生活中并不是所有试验都可以大量重复进行. 有些试验由于耗费的成本太高而不能进行太多次试验，有些试验具有破坏性而不能大量重复进行，还有些试验根本不能重复进行. 这些情形便无法利用频率来估计概率.

历史上还曾有过概率的古典定义、概率的几何定义及概率的主观定义，这些定义各自适合某一类随机现象. 1900年数学家希尔伯特(1862—1943)在巴黎第二届国际数学家大会上公开提出要建立概率的公理化体系，即从概率的少数几条性质出发来刻画概率的概念. 直到1933年，前苏联数学家柯尔莫哥洛夫(1903—1987)首次提出概率的公理化定义. 这个定义概括了历史上几种概率定义中的共同特性，又避免了各自的局限性和含混之处.

下面，给出建立在严密的逻辑基础上的概率的公理化定义.

定义 1.2.2　设S是随机试验E的样本空间，对于E的每一个事件A，将其对应于一个实数，记作$P(A)$，若$P(A)$满足下列三个条件：

(1) **非负性**：对任意事件A，有$P(A)\geqslant 0$；

(2) **规范性**：$P(S)=1$；

(3) **可列可加性**：设$A_1,A_2,\cdots,A_n,\cdots$是两两互不相容的事件，则有

$$P\left(\bigcup_{i=1}^{\infty}A_i\right)=\sum_{i=1}^{\infty}P(A_i),$$

称 $P(A)$ 为事件 A 发生的概率.

概率的公理化定义刻画了概率的本质,概率是事件的函数,当这个函数能满足上述三条公理,就称为概率;当这个函数不能满足上述三条公理中任一条,就不是概率.

1.2.2 概率的性质

由概率的公理化定义,可以推导出概率的一些重要性质.

性质 1 $P(\varnothing)=0$.

性质 2 (有限可加性) 设 $A_1,A_2,\cdots,A_n$ 是两两互不相容的事件,则有

$$P(A_1\cup A_2\cup\cdots\cup A_n)=P(A_1)+P(A_2)+\cdots+P(A_n).$$

性质 3 对任意事件 A, $P(\overline{A})=1-P(A)$.

性质 4 对任意两个事件 A,B, $P(A-B)=P(A)-P(AB)$.

特别地,若 $B\subset A$,则

(1) $P(A-B)=P(A)-P(B)$;

(2) $P(A)\geqslant P(B)$.

证明 因为 $A=(A-B)\cup AB$,且 $(A-B)(AB)=\varnothing$,由性质 2,得 $P(A)=P(A-B)+P(AB)$,所以

$$P(A-B)=P(A)-P(AB).$$

特别地,若 $B\subset A$,则

$$P(A-B)=P(A)-P(AB)=P(A)-P(B)\geqslant 0.$$

所以,

$$P(A)\geqslant P(B).$$

性质 5 对任意事件 A, $0\leqslant P(A)\leqslant 1$.

性质 6 对任意两个事件 A,B, $P(A\cup B)=P(A)+P(B)-P(AB)$.

证明 因为 $A\cup B=A\cup(B-AB)$,且 $A(B-AB)=\varnothing$, $AB\subset B$,故有

$$P(A\cup B)=P(A)+P(B-AB)=P(A)+P(B)-P(AB).$$

性质 6 可推广到有限个事件的情形,如:

$$P(A\cup B\cup C)=P(A)+P(B)+P(C)-P(AB)-P(AC)-P(BC)+P(ABC).$$

例 1.2.1　已知 $P(\overline{A})=0.5, P(\overline{A}B)=0.2, P(B)=0.4$,求:

(1) $P(AB)$;(2) $P(A-B)$;(3) $P(A\cup B)$;(4) $P(\overline{AB})$.

解　(1) 因为 $AB\cup\overline{A}B=B$,且 AB 与 $\overline{A}B$ 是不相容的,故有

$$P(AB)+P(\overline{A}B)=P(B),$$

于是,

$$P(AB)=P(B)-P(\overline{A}B)=0.4-0.2=0.2.$$

(2) 因为 $P(A)=1-P(\overline{A})=1-0.5=0.5$,

所以,

$$P(A-B)=P(A)-P(AB)=0.5-0.2=0.3.$$

(3) $P(A\cup B)=P(A)+P(B)-P(AB)=0.5+0.4-0.2=0.7.$

(4) $P(\overline{A}\,\overline{B})=P(\overline{A\cup B})=1-P(A\cup B)=1-0.7=0.3.$

1.2.3　概率的古典定义

确定概率的古典方法是概率论历史上最先开始使用的方法,它的基本思想如下:

(1) 样本空间有限,即 $S=\{e_1,e_2,\cdots,e_n\}$;

(2) 每个样本点发生的可能性相等(称为等可能性).

若事件 A 含有 k 个样本点,则事件 A 的概率为

$$P(A)=\frac{\text{事件 } A \text{ 所含样本点的个数}}{S \text{ 中所有样本点的个数}}=\frac{k}{n}.$$

古典概型的特点是有限、等可能,这种模型在现实生活中既简单而又广泛存在,正是基于这个原因概率论发展初期它曾是主要的研究对象. 上述公式是把特定条件下概率的计算问题转化为对基本事件的计数问题. 排列与组合就是计数问题,在古典概型的计算中经常会用到.

例 1.2.2　一个袋子中装有 10 个大小相同的球,其中 3 个黑球,7 个白球,求:

(1) 从袋子中任取一球,这个球是黑球的概率;

(2) 从袋子中任取两球,恰好一个白球、一个黑球的概率以及两个球全是黑球的概率.

解　(1) 10 个球中任取 1 个,共有 $C_{10}^1=10$(种)取法,10 个球中有 3 个黑球,取到黑球的取法有 $C_3^1=3$(种),记事件 A=“取到的球为黑球”,则

$$P(A)=\frac{C_3^1}{C_{10}^1}=\frac{3}{10}.$$

(2) 10 个球中任取两球的取法有 C_{10}^2 种,其中恰好一个白球、一个黑球的取法有 $C_3^1C_7^1$ 种,两个球均是黑球的取法有 C_3^2 种,记事件 B=“恰好取到一个白球一个黑球”,事件 C=“两个球均为黑球”,则

$$P(B)=\frac{C_3^1C_7^1}{C_{10}^2}=\frac{21}{45}=\frac{7}{15},P(C)=\frac{C_3^2}{C_{10}^2}=\frac{3}{45}=\frac{1}{15}.$$

例 1.2.3　一口袋装有 6 只球,其中 4 只白球、2 只红球. 从袋中取球两次,每次随机地取 1 只. 有两种取球方式:

(1) 放回抽样:第一次取一只球,观察其颜色后放回袋中后再取一球.

(2) 不放回抽样:第一次取一球不放回袋中,第二次从剩余的球中再取一球.

试就两种情况下分别计算取到的两只球都是白球的概率.

解　记事件 A=“取到的 2 只球都是白球”.

(1) 放回抽样:第一次从袋中取球有 6 只球供抽取,第二次也有 6 只球可供抽取. 由乘法原理,共有(6×6)种取法. 对 A 而言,由于第一次有 4 只白球可供抽取,第二次也有 4 只白球可供抽取,由乘法原理,共有(4×4)种取法. 于是

$$P(A)=\frac{4\times4}{6\times6}=\frac{4}{9}$$

(2) 不放回抽样:

$$P(A)=\frac{C_4^2}{C_6^2}=\frac{2}{5}$$

例 1.2.4　将 n 个球随机地放入 $N(N\geqslant n)$个盒子中,若盒子的容量无限制,求每个盒子中至多有 1 个球的概率.

解　设事件 A=“每个盒子中至多有 1 个球”. 由于每个球都可以放入 N 个盒子中的任何一个,所以每个球有 N 种放法. 若盒子的容量无限制,则将

n 个球放入 N 个盒子中共有 N^n 种不同的放法，且每种放法的可能性相同. 每个盒子中至多有 1 个球的放法有 $N(N-1)\cdots(N-n+1)=\mathrm{A}_N^n$ 种. 因此所求概率为

$$P(A)=\frac{N(N-1)\cdots(N-n+1)}{N^n}=\frac{\mathrm{A}_N^n}{N^n}.$$

许多问题和本例有相同的数学模型，例如本章开篇提到的“生日问题”. 假设每个人在一年(按 365 天计)内每一天出生的可能性都相同，现随机地选取 $n(n\leqslant 365)$ 个人，则他们生日各不相同的概率为

$$\frac{365\cdot 364\cdot\cdots\cdot(365-n+1)}{365^n}.$$

于是，n 个人中至少有两人生日相同的概率为

$$1-\frac{365\cdot 364\cdot\cdots\cdot(365-n+1)}{365^n}.$$

经计算，得到表 1.1.

表 1.1 n 个人中至少有两人生日相同的概率表

n	10	15	20	25	30	35	40	45	50
P	0.12	0.25	0.41	0.57	0.71	0.81	0.89	0.94	0.97

从表 1.1 可以看出：在 40 人以上的人群中，至少两人生日相同的概率高于 90%.

1.3 条件概率与乘法公式

在实际问题中，人们往往要考虑在事件 A 已经发生的条件下，事件 B 发生的概率.

1.3.1 条件概率

在事件 A 发生的条件下，事件 B 发生的概率称为条件概率，记为 $P(B|A)$.

例 1.3.1 设 100 件产品中有 60 件是一等品，30 件二等品，10 件废品. 规定一、二等品都为合格品. 现从 100 件产品中任意抽取 1 件，假定每件产品

被抽到的可能性都相同,试求:

(1) 抽到的产品是一等品的概率;

(2) 已知抽到的产品是合格品的条件下,产品是一等品的概率.

解 记事件 A="抽到的产品是合格品",B="抽到的产品是一等品".

(1) 由于 100 件产品中有 60 件是一等品,按古典概型计算,得

$$P(B)=\frac{60}{100}.$$

(2) 由于事件 A 的发生提供了新的信息:A 的对立事件$\overline{A}$="抽到的产品是废品"不可能发生.因此,$\overline{A}$中的 10 个基本结果立即从考察中剔去,所有可能发生的基本结果仅限于 A 中的 90 个基本结果.这意味着,事件 A 的发生改变了样本空间,从原样本空间 S(含 100 个基本结果)缩减为新的样本空间 $S_A=A$(含 90 个基本结果),这时事件 B 所含的基本结果在 S_A 中所占的比率为$\frac{60}{90}$,也就是在事件 A 发生的情况下,事件 B 的条件概率,即

$$P(B|A)=\frac{60}{90}.$$

$P(B)=\frac{60}{100}$是整批产品中的一等品率,而 $P(B|A)=\frac{60}{90}$是合格品中的一等品率.虽然这两个概率不同,但两者之间有一定的关系.从例 1.3.1 入手分析这个关系,进而给出条件概率的一般定义.

先来计算 $P(A)$和 $P(AB)$.因为 100 件产品中有 90 件是合格品,所以,$P(A)=\frac{90}{100}$.$P(AB)$是抽到的产品是合格品且是一等品的概率,由 100 件产品中有 60 件既是合格品又是一等品,得 $P(AB)=\frac{60}{100}$.

$$P(B|A)=\frac{60}{90}=\frac{60}{100}\div\frac{90}{100}=\frac{P(AB)}{P(A)}.$$

上式具有一般性,但要保证上式中的分母不为零,这样就得到条件概率的一般定义.

定义 1.3.1 设 A 和 B 是两个事件,且 $P(A)>0$,称

$$P(B|A)=\frac{P(AB)}{P(A)}$$

为在事件 A 发生的条件下，事件 B 发生的条件概率.

条件概率实质上也是一个概率，满足概率的三个条件：

(1) **非负性**：对任意事件 B，有 $P(B|A)\geqslant 0$；

(2) **规范性**：$P(S|A)=1$；

(3) **可列可加性**：若 $B_1,B_2,\cdots$ 两两互不相容，则有

$$P(\bigcup_{i=1}^{\infty} B_i \mid A)=\sum_{i=1}^{\infty} P(B_i \mid A).$$

由此可知，条件概率也具有概率的一切性质. 例如，

$$P(\varnothing|A)=0;$$

$$P(\overline{B}|A)=1-P(B|A);$$

$$P(B_1\cup B_2|A)=P(B_1|A)+P(B_2|A)-P(B_1B_2|A).$$

例 1.3.2　有 10 个签，其中 4 个难签，6 个容易签，甲、乙两人依次各抽取 1 个签，甲抽取 1 个难签记为 A，乙抽取 1 个难签记为 B，求：

(1) 乙抽到 1 个难签的概率；

(2) 已知甲抽到 1 个难签的情况下，乙抽到 1 个难签的概率.

解　(1) 由古典概型，乙抽到 1 个难签的概率为

$$P(B)=\frac{9\times 4}{10\times 9}=\frac{4}{10}.$$

(2) 若已知甲抽到 1 个难签，则还剩 9 个签，其中 3 个难签 6 个容易签，乙再抽取 1 个，抽到难签的条件概率为

$$P(B|A)=\frac{3}{9}=\frac{1}{3}.$$

注：上例的样本空间 S 是由 10 个签构成的，在计算条件概率时，剔除掉甲抽到的 1 个难签，把剩下的 9 个签看成是缩减了的样本空间，再利用古典概型计算出 $P(B|A)$. 这是利用条件概率的含义直接计算 $P(B|A)$. 此外，也可以按照条件概率的定义 $P(B|A)=P(AB)/P(A)$ 来计算. 求条件概率时既可以按照条件概率的含义计算也可以按照条件概率的定义计算，哪个方便用哪个.

例 1.3.3 人寿保险公司常常需要知道存活到某一个年龄段的人在下一年仍然存活的概率.根据统计资料可知,某城市的人由出生活到 50 岁的概率为 0.90718,存活到 51 岁的概率为 0.90135.问:现在已经 50 岁的人,能够活到 51 岁的概率是多少?

解 设事件 A=“活到 50 岁”,事件 B=“活到 51 岁”.显然 $B\subset A$.因此,$AB=B$,下面要求 $P(B|A)$.

因为 $P(A)=0.90718$,$P(B)=0.90135$,$P(AB)=P(B)=0.90135$,从而

$$P(B|A)=\frac{P(AB)}{P(A)}=\frac{0.90135}{0.90718}\approx 0.99357.$$

由此可知,该城市的人在 50 岁到 51 岁之间死亡的概率约为 0.00643.在平均意义下,该年龄段中每千个人中间约有 6.43 人死亡.

1.3.2 乘法公式

由条件概率的定义,可以直接得到下述定理:

定理 1.3.1 (乘法公式) 对于两个事件 A 与 B,若 $P(A)>0$,则有 $P(AB)=P(A)P(B|A)$;若 $P(B)>0$,则有 $P(AB)=P(B)P(A|B)$.

乘法公式可计算两个事件同时发生的概率,并且可以推广到有限个事件.例如,对于三个事件 A,B,C,若 $P(AB)>0$,则有

$$P(ABC)=P(A)P(B|A)P(C|AB).$$

一般地,对于 $n(n\geqslant 2)$ 个事件 $A_1,A_2,\cdots,A_n$,若 $P(A_1A_2\cdots A_{n-1})>0$,则有

$$P(A_1A_2\cdots A_n)=P(A_1)P(A_2|A_1)P(A_3|A_1A_2)\cdots P(A_n|A_1A_2\cdots A_{n-1}).$$

注: $P(A_1A_2\cdots A_{n-1})>0$,由单调性可知 $P(A_1)\geqslant P(A_1A_2)\geqslant\cdots\geqslant P(A_1A_2\cdots A_{n-2})\geqslant P(A_1A_2\cdots A_{n-1})>0$,从而使得乘法公式中出现的各个条件概率均有意义.

例 1.3.4 一个袋子中装有 10 个大小相同的球,其中 3 个黑球,7 个白球,先后两次从中随机各取一球(不放回抽样),求两次取到的均为黑球的概率.

解 设事件 A_i=“第 i 次取到 i 的是黑球”$(i=1,2)$,则 A_1A_2=“两次取到的均为黑球”.由题设可知

$$P(A_1)=\frac{3}{10},P(A_2|A_1)=\frac{2}{9}.$$

根据乘法公式，有

$$P(A_1A_2)=P(A_1)P(A_2|A_1)=\frac{3}{10}\times\frac{2}{9}=\frac{1}{15}.$$

在本例中，问题本身提供了分两步完成一个试验的结构，这恰恰与乘法公式的形式相对应，合理地利用问题本身的结构来使用乘法公式往往是使问题得到简化的关键.

例 1.3.5　设袋中装有 r 只白球，s 只黑球. 每次从袋中任取 1 只，观察其颜色，并且在下次取球之前把该球连同另外 a 只与它同颜色的球一起放入袋中，现从袋中连续取球三次，试求第一、二次取到白球且第三次取到黑球的概率.

解　设事件 A_i＝"第 i 次取到白球"$(i=1,2,3)$，则$\overline{A}_3$ 表示事件"第三次取到黑球". 由于

$$P(A_1)=\frac{r}{r+s},$$

$$P(A_2|A_1)=\frac{r+a}{r+s+a},$$

$$P(\overline{A}_3|A_1A_2)=\frac{s}{r+s+2a}.$$

于是，所求概率为

$$P(A_1A_2\overline{A}_3)=P(A_1)P(A_2|A_1)P(\overline{A}_3|A_1A_2)$$

$$=\frac{r}{r+s}\cdot\frac{r+a}{r+s+a}\cdot\frac{s}{r+s+2a}.$$

1.4　全概率与贝叶斯公式

计算一个复杂事件的概率，先把复杂事件分解为若干个简单事件的和，再计算出各简单事件的概率，之后再利用概率的性质计算出复杂事件的概率. 这是计算复杂事件概率常用的一种方法.

1.4.1　全概率公式

定义 1.4.1　若事件 $A_1,A_2,\cdots,A_n$ 满足下列条件：

(1) $A_iA_j=\varnothing, i\neq j, i,j=1,2,\cdots,n$;

(2) $\bigcup_{i=1}^{n} A_i = S$,

则称$A_1,A_2,\cdots,A_n$为样本空间S的一个划分. 显然,A与$\overline{A}$构成一个最简单的划分.

定理 1.4.1 (全概率公式) 设$A_1,A_2,\cdots,A_n$是S的一个划分,且$P(A_i)>0, i=1,2,\cdots,n$,则对任意事件B,有

$$P(B)=\sum_{i=1}^{n}P(A_i)P(B|A_i).$$

证明 由已知条件,有

$$B=SB=(A_1\cup A_2\cup\cdots\cup A_n)B=A_1B\cup A_2B\cup\cdots\cup A_nB.$$

上式中$A_1B,A_2B,\cdots,A_nB$之间两两互不相容,再由概率的有限可加性及乘法公式知

$$\begin{aligned}P(B)&=P(A_1B)+P(A_2B)+\cdots+P(A_nB)\\&=P(A_1)P(B|A_1)+P(A_2)P(B|A_2)+\cdots+P(A_n)P(B|A_n)\\&=\sum_{i=1}^{n}P(A_i)P(B|A_i).\end{aligned}$$

在实际问题中,当事件B比较复杂,可根据情况构造一组划分$\{A_i\}, i=1,2,\cdots,n$,而$P(A_i)$和$P(B|A_i)$为已知或比较容易计算时,可以利用全概率公式计算事件B发生的概率. 特别地,若取$n=2$,并将A_1记为A,则A_2就是$\overline{A}$,于是,可得全概率公式最简单的形式:

$$P(B)=P(A)P(B|A)+P(\overline{A})P(B|\overline{A}).$$

例 1.4.1 库房内有三个车间生产的同类产品,其中第一、二、三车间的产品各占库房总量的 50%,30%,20%. 已知三个车间的产品的次品率分别为 0.01,0.02,0.04. 现从库房中任取一件产品,问:取出的是次品的概率有多大?

解 设事件A_i="取出的产品是第i个车间生产的"$(i=1,2,3)$,事件B="取出的一件产品是次品",显然A_1,A_2,A_3是样本空间的一个划分. 由题设知

$$P(A_1)=0.5, P(A_2)=0.3, P(A_3)=0.2.$$

$$P(B|A_1)=0.01, P(B|A_2)=0.02, P(B|A_3)=0.04.$$

由全概率公式可得,

$$\begin{aligned}P(B) &= \sum_{i=1}^{3} P(A_i)P(B|A_i)\\ &=0.5\times 0.01+0.3\times 0.02+0.2\times 0.04\\ &=0.019.\end{aligned}$$

1.4.2　贝叶斯公式

全概率公式解决的问题是借助于一个样本空间的划分 $A_1, A_2, \cdots, A_n$ 来计算某一事件 B 发生的概率.下面要介绍的公式恰好与此相反,是在已知某一事件 B 发生的条件下,求样本空间的一个划分中,某个事件 A_i 发生的条件概率.

定理 1.4.2　(贝叶斯公式)　设 $A_1, A_2, \cdots, A_n$ 为样本空间 S 的一个划分,对任意事件 B,且 $P(B)>0$,则

$$P(A_i|B)=\frac{P(A_i)P(B|A_i)}{\sum_{j=1}^{n} P(A_j)P(B|A_j)} \quad (i=1,2,\cdots,n).$$

上述公式称为贝叶斯公式.

证明　由条件概率的定义可以得到

$$P(A_i|B)=\frac{P(A_iB)}{P(B)}.$$

对上式的分子用乘法公式、分母用全概率公式,可以得到

$$P(A_iB)=P(A_i)P(B|A_i),$$

$$P(B)=\sum_{j=1}^{n} P(A_j)P(B|A_j),$$

即得

$$P(A_i|B)=\frac{P(A_i)P(B|A_i)}{\sum_{j=1}^{n} P(A_j)P(B|A_j)}.$$

结论得证.

贝叶斯公式也称为逆概率公式,这是一个重要的概率计算公式.如果把

A_i 看作是造成结果 B 发生的各原因(或条件),则该公式的实际意义是:已知出现了试验结果 B,要求找出使得结果 B 发生的各个原因(或条件)A_i 的可能性大小.

贝叶斯公式中的 $P(A_i)$ 和 $P(A_i|B)$ 分别称为原因 A_i 的先验概率和后验概率. $P(A_i)$ 是在没有信息(不知道事件 B 是否发生)的情况下各个原因发生的可能性大小. 当进一步获得新的信息(知道 B 发生)后,则对各个原因发生的可能性大小 $P(A_i|B)$ 有了新的估计. 贝叶斯公式从数量上刻画了这种变化.

例 1.4.2　在例 1.4.1 中,如果已知抽到的产品是次品,那么该次品由第一、二、三车间生产的概率分别是多少?

解　由贝叶斯公式可得

$$P(A_1|B)=\frac{P(A_1B)}{P(B)}=\frac{P(A_1)P(B|A_1)}{P(B)}=\frac{0.5\times0.01}{0.019}=0.26,$$

$$P(A_2|B)=\frac{P(A_2B)}{P(B)}=\frac{P(A_2)P(B|A_2)}{P(B)}=\frac{0.3\times0.02}{0.019}=0.32,$$

$$P(A_3|B)=\frac{P(A_3B)}{P(B)}=\frac{P(A_3)P(B|A_3)}{P(B)}=\frac{0.2\times0.04}{0.019}=0.42.$$

由于 $P(A_3|B)$ 最大,故抽到的次品最有可能来源于第三车间.

1.5　独立性与伯努利试验

一般情况下,$P(B)\neq P(B|A)$,这表明事件 A 发生对事件 B 发生的概率产生了影响. 但在许多实际问题中,经常会遇到两个或多个事件的发生互相不影响的情况.

1.5.1　两个事件的独立性

定义 1.5.1　若事件 A 与事件 B 满足

$$P(AB)=P(A)P(B),$$

则称事件 A 与 B 相互独立,简称 A 与 B 独立.

定理 1.5.1　设事件 A 与 B 相互独立,且 $P(A)>0$,则 $P(B|A)=P(B)$.

反之亦然.

证明　由条件概率和独立性的定义即得.

注:定理1.5.1表明,当$P(A)>0$时,也可以采用$P(B|A)=P(B)$来定义事件A与B的独立性.或$P(B)>0$,用$P(A|B)=P(A)$定义事件A与B独立.

定理1.5.2　设事件A,B相互独立,则事件A与$\overline{B}$、$\overline{A}$与B以及$\overline{A}$与$\overline{B}$也相互独立.

证明　由$A=AS=A(B\cup\overline{B})=AB\cup A\overline{B}$,得

$$P(A)=P(AB\cup A\overline{B})=P(AB)+P(A\overline{B})=P(A)P(B)+P(A\overline{B}),$$

$$P(A\overline{B})=P(A)[1-P(B)]=P(A)P(\overline{B}).$$

所以,A与$\overline{B}$相互独立.同理可证,$\overline{A}$与B,$\overline{A}$与$\overline{B}$也相互独立.

例1.5.1　甲、乙两射手独立地射击同一目标,他们击中目标的概率分别为0.9和0.8.求每人射击一次后,目标被击中的概率.

解　设事件A="甲击中目标",事件B="乙击中目标",则$P(A)=0.9$,$P(B)=0.8$.目标被击中的概率为

$$\begin{aligned}P(A\cup B)&=P(A)+P(B)-P(AB)\\&=P(A)+P(B)-P(A)P(B)\\&=0.9+0.8-0.9\times 0.8=0.98.\end{aligned}$$

注:两事件A与B互不相容与相互独立是完全不同的两个概念.互不相容是表述在一次随机试验中两事件不能同时发生,要用$AB=\varnothing$判断;而相互独立是表述在一次随机试验中一个事件发生与否对另一事件发生的概率没有影响.

1.5.2　多个事件的独立性

设A,B,C是三个事件,若有

$$P(AB)=P(A)P(B),P(AC)=P(A)P(C),P(BC)=P(B)P(C),$$

则称A,B,C两两独立.若还有

$$P(ABC)=P(A)P(B)P(C),$$

则称A,B,C相互独立.

由此可以定义三个以上事件的相互独立性.

定义 1.5.2 设有 n 个事件 $A_1,A_2,\cdots,A_n$,对任意的 $1\leqslant i<j<k<\cdots\leqslant n$,若以下等式均成立:

$$\begin{cases} P(A_iA_j)=P(A_i)P(A_j), \\ P(A_iA_jA_k)=P(A_i)P(A_j)P(A_k), \\ \cdots \\ P(A_1A_2\cdots A_n)=P(A_1)P(A_2)\cdots P(A_n), \end{cases}$$

则称此 n 个事件 $A_1,A_2,\cdots,A_n$ 相互独立.

例 1.5.2 甲、乙、丙三人各射一次靶,他们各自中靶与否相互独立,已知他们各自中靶的概率分别为 0.5,0.6,0.8.求下列事件的概率:

(1) 恰有一人中靶;

(2) 至少有一人中靶.

解 设 A_1,A_2,A_3 分别表示甲、乙、丙中靶三个事件,则"恰有 1 人中靶"这一事件可表示为 $A_1\overline{A}_2\overline{A}_3\cup\overline{A}_1A_2\overline{A}_3\cup\overline{A}_1\overline{A}_2A_3$,"至少有一人中靶"可表示为 $A_1\cup A_2\cup A_3$.

$$\begin{aligned}
(1)\quad & P(A_1\overline{A}_2\overline{A}_3\cup\overline{A}_1A_2\overline{A}_3\cup\overline{A}_1\overline{A}_2A_3) \\
&=P(A_1\overline{A}_2\overline{A}_3)+P(\overline{A}_1A_2\overline{A}_3)+P(\overline{A}_1\overline{A}_2A_3) \\
&=P(A_1)P(\overline{A}_2)P(\overline{A}_3)+P(\overline{A}_1)P(A_2)P(\overline{A}_3)+P(\overline{A}_1)P(\overline{A}_2)P(A_3) \\
&=0.5\times0.4\times0.2+0.5\times0.6\times0.2+0.5\times0.4\times0.8 \\
&=0.26
\end{aligned}$$

$$\begin{aligned}
(2)\ P(A_1\cup A_2\cup A_3)&=1-P(\overline{A}_1)P(\overline{A}_2)P(\overline{A}_3) \\
&=1-0.5\times0.4\times0.2=0.96.
\end{aligned}$$

1.5.3 伯努利试验

设随机试验只有两种可能结果:A 和$\overline{A}$,则称这样的试验为**伯努利试验**.记

$$P(A)=p,P(\overline{A})=1-p=q\quad(0<p<1,p+q=1).$$

将伯努利试验在相同条件下独立地重复进行 n 次,称这种试验为 n 重伯努利试验,或简称为伯努利概型.

n 重伯努利试验是一种很重要的概率模型，在实际问题中具有广泛的应用。其特点是：事件 A 在每次试验中发生的概率均为 p，且不受其他各次试验中 A 是否发生的影响。

定理 1.5.3 （伯努利定理）　设在一次试验中，事件 A 发生的概率为 $p(0<p<1)$，则在 n 重伯努利试验中，事件 A 恰好发生 k 次的概率为

$$P_n(k)=C_n^k p^k q^{n-k},p+q=1,k=0,1,2,\cdots,n.$$

证明　记事件 A_i＝"第 i 次试验中事件 A 发生"，$i=1,2,\cdots,n$；事件 B_k＝"事件 A 恰好发生 k 次"，则 B_k 是下列两两互不相容事件的和.

$$B_k=A_1A_2\cdots A_k\overline{A}_{k+1}\cdots\overline{A}_n\cup\cdots\cup\overline{A}_1\overline{A}_2\cdots\overline{A}_{n-k}A_{n-k+1}\cdots A_n$$

上式右边的每一项都是 n 次试验 A 恰好发生 k 次的一种情形，这种情形共有 C_n^k 个，并且它们是等概率的. 事实上，

$$P(A_1A_2\cdots A_k\overline{A}_{k+1}\cdots\overline{A}_n)=P(A_1)P(A_2)\cdots P(A_k)P(\overline{A}_{k+1})\cdots P(\overline{A}_n)$$
$$=p^k(1-p)^{n-k},$$

……

$$P(\overline{A}_1\cdots\overline{A}_{n-k}A_{n-k+1}\cdots A_n)=P(\overline{A}_1)\cdots P(\overline{A}_{n-k})P(A_{n-k+1})\cdots P(A_n)$$
$$=p^k(1-p)^{n-k},$$

因此，

$$P_n(k)=P(B_k)=C_n^k p^k q^{n-k},\quad k=0,1,\cdots,n.$$

例 1.5.3　某人投篮的命中率为 0.6，若连续投篮 4 次，求最多投中 2 次的概率.

解　记事件 B＝"最多投中两次". 由题意知，这是 4 重伯努利试验. 因此，4 次投篮中恰好投中 k 次的概率为

$$P_4(k)=C_4^k p^k q^{4-k},\quad k=0,1,2,3,4$$

其中 $p=0.6,q=0.4$. 故所求概率为

$$P(B)=P_4(0)+P_4(1)+P_4(2)$$
$$=C_4^0\times0.6^0\times0.4^4+C_4^1\times0.6^1\times0.4^3+C_4^2\times0.6^2\times0.4^2$$
$$=0.5248.$$

例 1.5.4 一条自动生产线上的产品，次品率为 4%，求：

(1) 从中任取 10 件，求至少有 2 件次品的概率；

(2) 一次取一件，无放回地抽取，求当取到第二件次品时，之前已取到 8 件正品的概率.

解 (1) 若是有放回抽取，每抽一件产品看成是一次试验，抽 10 件产品相当于做 10 次重复独立试验. 但实际中往往采取无放回抽取. 由于一条自动生产线上的产品很多，当抽取的件数相对较少时，即使无放回抽取也可以看成是独立试验，而且每次试验只有“次品”或“正品”两种可能结果，所以可以看成 10 重伯努利试验.

记事件 A=“任取一件是次品”，则 $p=P(A)=0.04$，$q=P(\overline{A})=0.96$，又设事件 B=“任取 10 件中至少 2 件次品”，则由伯努利定理得

$$\begin{aligned}P(B)&=\sum_{k=2}^{10}P_{10}(k)=1-P_{10}(0)-P_{10}(1)\\&=1-0.96^{10}-\mathrm{C}_{10}^{1}\times0.04\times0.96^{9}\\&=0.0582.\end{aligned}$$

(2) 由题意，至第二次抽到次品时，共抽取了 10 次，前 9 次中抽到 8 件正品、1 件次品，设事件 C=“前 9 次中抽到 8 件、正品 1 件次品”，事件 D=“第 10 次抽到次品”，则由独立性和伯努利公式，所求的概率为

$$P(CD)=P(C)P(D)=\mathrm{C}_{9}^{1}\times0.04\times0.96^{8}\times0.04=0.0104.$$

概率人物卡片(柯尔莫哥洛夫)

安德列·柯尔莫哥洛夫(Андрей Николаевич Колмогоров，1903 年 4 月 25 日—1987 年 10 月 20 日)，20 世纪苏联最杰出的数学家，也是 20 世纪世界上为数极少的几个最有影响的数学家之一. 1933 年，他出版的《概率论基础》是概率论的经典之作. 该书首次将概率论建立在严格的公理基础上，解决了希尔伯特第 6 问题的概率部分，

标志着概率论发展新阶段的开始.此外,他研究的关于独立随机变量的三级数定理、随机变量序列服从大数定理的充要条件等都是划时代的发现.

基本练习题 1

1. 写出下列随机试验的样本空间：

(1) 抛三枚硬币；

(2) 抛三颗骰子；

(3) 连续抛一枚硬币,直至出现正面为止；

(4) 在某十字路口,一小时内通过的机动车辆数；

(5) 某城市一天内的用电量.

2. 设 A、B、C 表示 3 个随机事件,试将下列事件用 A、B、C 表示出来：

(1) A、C 出现,B 不出现；

(2) 恰好有 2 个事件出现；

(3) 3 个事件中至少有 2 个出现；

(4) 3 个事件中不多于 1 个出现.

3. 一个射手命中率为 80%,另一射手命中率为 70%,两人各射击一次,求两人中至少有一个人命中的概率.

4. 已知 A,B 为两事件,且 $P(A)=0.5$,$P(B)=0.7$,$P(A\cup B)=0.8$.试求 $P(B-A)$与 $P(A-B)$.

5. 已知 $P(A)=P(B)=\frac{1}{4}$,$P(C)=\frac{1}{2}$,$P(AB)=\frac{1}{8}$,$P(BC)=P(CA)=0$.试求 A,B,C 中至少有一个发生的概率.

6. 从 52 张扑克牌(不含大小王)中任意取出 13 张,问:有 5 张黑桃、3 张红心、3 张方块、2 张草花的概率是多少?

7. 某油漆公司发出 17 桶油漆,其中白漆 10 桶,黑漆 4 桶,红漆 3 桶.在搬运过程中所有的标签脱落,交货人随机地将这些油漆发给顾客,问:一个订货为 4 桶白漆,3 桶黑漆和 2 桶红漆的顾客,能按所订颜色如数得到订货的概率是多少?

8. 已知 $P(A)=0.5, P(B)=0.6, P(B|A)=0.8$,求 $P(AB)$ 及 $P(\overline{A}\,\overline{B})$.

9. 将一枚硬币抛掷两次,若已知第一次出现正面,求第二次出现正面的概率.

10. 由长期统计资料得知,某一地区在 4 月份下雨(记作事件 A)的概率为$\frac{4}{15}$,刮风(记作事件 B)的概率为$\frac{7}{15}$,既刮风又下雨的概率为$\frac{1}{10}$,求 $P(A|B)$, $P(B|A)$, $P(A\cup B)$.

综合练习题 1

1. n 个朋友随机地围绕圆桌就座,求其中两个人一定坐在一起(即座位相邻)的概率.

2. 设有 N 件产品,其中 M 件次品,今从中任取 n 件.

(1) 求其中恰有 $k(k\leqslant\min(M,n))$ 件次品的概率;

(2) 求其中至少有 2 件次品的概率.

3. 据以往资料表明,某一 3 口之家,患某种传染病的概率有以下规律. 设 A={孩子得病}, B={父亲得病}, C={母亲得病}, $P(A)=0.6$, $P(C|A)=0.5$, $P(B|AC)=0.4$. 求母亲及孩子得病但父亲未得病的概率.

4. 某人有一笔资金,他购买基金(记作 A)的概率为 0.58,购买股票(记作 B)的概率为 0.28,两项同时都投资的概率为 0.19.

(1) 已知他已购买基金,再购买股票的概率是多少?

(2) 已知他已购买股票,再购买基金的概率是多少?

5. 袋中有 r 个红球,t 个白球,每次从袋中任取一个球,观察颜色后放回,并再放入 a 个与取出的那个球同色的球,若在袋中连续取球四次,试求第一、二次取到红球且第三、四次取到白球的概率.

6. 用三个机床加工同一种零件，零件由各机床加工的概率分别为 0.5、0.3、0.2，各机床加工的零件为合格品的概率分别等于 0.94、0.9、0.95，求全部产品中的合格率.

7. 第一个盒子中有 5 个红球，4 个白球；第二个盒子中有 4 个红球，5 个白球.先从第一个盒子中任取 2 个球放入第二个盒子中去，然后从第二个盒子中任取一球，求取到白球的概率.

8. 某产品主要由三个厂家供货.甲、乙、丙三个厂家的产品分别占总数的 15%，80%，5%.其次品率分别为 0.02，0.01，0.03.试计算：

(1) 从这批产品中任取一件是次品的概率；

(2) 已知从这批产品中随机地取出的一件是次品，问：这件产品由哪个厂家生产的可能性最大？

9. 某人到某地参加一个会议，他坐火车、轮船、汽车、飞机的概率分别为 0.3、0.2、0.1、0.4.如果他坐火车，迟到的概率为 0.25；坐轮船，迟到的概率为 0.3；坐汽车，迟到的概率为 0.1；坐飞机不会迟到.则他迟到的概率是多少？若已知他迟到了，能否推测他最可能乘坐什么交通工具？

第2章　一维随机变量

实际案例(求职面试问题):

你刚刚接到三位有可能成为你的雇主的面试通知.每位雇主都有三个不同的空缺职位:一般的、好的、极好的职位,其年薪分别为25000,30000,40000.你所在的学院就业指导中心估计每个公司向你提供一般职位的可能性为4/10,而提供好的和极好的职位的可能性分别为3/10和2/10,不聘你的可能性为1/10.假定每个公司都要求你在面试结束时表态接受或拒绝他们提供的职位.你应采取什么样的对策?

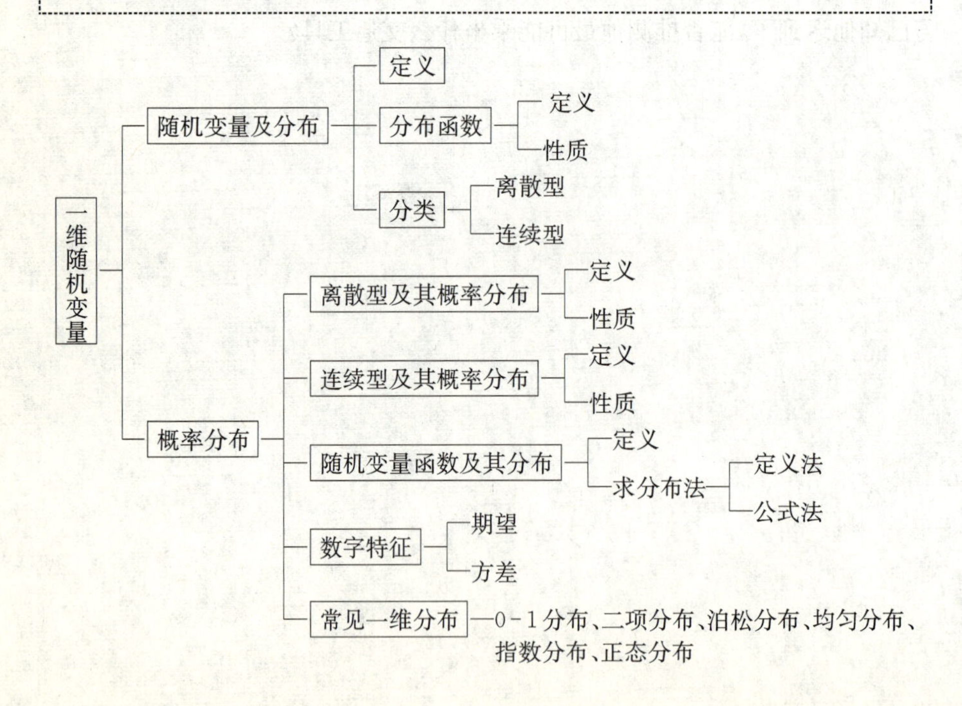

本章将讨论一维随机变量及其分布. 我们将随机试验的结果与实数对应起来,将随机试验的结果数量化,这就是引入随机变量的原因. 对于随机变量,人们无法事先预知其确切取值,但可以研究其取值的统计规律性.

2.1　随机变量的概念及分布

2.1.1　随机变量的概念

在一些随机试验中,它们的结果可以用数来表示,比如投一颗骰子,观察其出现的点数的试验中,试验的结果可以由数 1,2,3,4,5,6 来表示. 再如,观察一个灯泡的使用寿命,使用寿命可能是$[0,+\infty)$中的任何一个实数;但有些随机试验,其试验结果与数字无关,比如某人射击一次,观察其是否射中的试验,虽然其实际结果与数字无关,但是若规定"击中"对应数字 1,"未击中"对应数字 0,则该随机试验的每个可能结果,都有一个实数与之对应,且这个数依赖于试验的结果.

定义 2.1.1　设随机试验的样本空间为 S,若对于任意的样本点 $e\in S$,都有一个实数 $X=X(e)$与之对应,则称 X 为**随机变量**. 我们常用大写字母 X,Y,Z 等表示随机变量,小写字母 x,y,z 等表示实数. 由定义可以看出,不同于一般的函数,随机变量是定义在样本空间上的映射,且因为随机试验结果的出现有一定的概率,所以随机变量的取值也有一定的概率.

例 2.1.1　将一枚硬币投掷三次,观察出现正面(用 H 表示)或者反面(用 T 表示)的情况,记 X 为出现正面总次数,则 X 是随机变量,可记为

$$X=X(e)=\begin{cases}0, & e=\mathrm{TTT},\\ 1, & e=\mathrm{HTT},\mathrm{THT},\mathrm{TTH},\\ 2, & e=\mathrm{HHT},\mathrm{HTH},\mathrm{THH},\\ 3, & e=\mathrm{HHH}.\end{cases}$$

易见,X 取值为 1,对应的样本点的集合 $A=\{\mathrm{HTT},\mathrm{THT},\mathrm{TTH}\}$,当且仅当 A 发生时有$\{X=1\}$. 我们称 A 发生的概率为$\{X=1\}$的概率,即 $P(A)=$

$P\{X=1\}=\frac{3}{8}$.

类似地，有 $P\{X\leqslant 1\}=P\{\text{HTT},\text{THT},\text{TTH},\text{TTT}\}=\frac{1}{2}$，$P\{X\geqslant 2\}=P\{\text{HHT},\text{HTH},\text{THH},\text{HHH}\}=\frac{1}{2}$.

一般地，若 L 是一个实数集合，将随机变量 X 在 L 上取值写成 $\{X\in L\}$. 它表示随机事件 $A=\{e: X(e)\in L\}$，即 A 是由样本空间 S 中使得 $\{x(e)\in L\}$ 的所有样本点 e 所组成的事件，此时 $P\{X\in L\}=P(A)$.

例 2.1.2 在测试灯泡的使用寿命的试验中，每一个灯泡的使用寿命可能是 $[0,+\infty)$ 中的任何一个实数，若用 X 表示灯泡的寿命(小时)，则 X 是定义在样本空间 $S=\{t\,|\,t\geqslant 0\}$ 上的函数，即 $X=X(t)=t$ 是随机变量.

随机变量的引入，使我们能够用它来描述各种随机现象，并应用高等数学的方法来深入研究随机现象及其统计规律性.

2.1.2 随机变量的分布函数

下面引入随机变量的分布函数定义.

定义 2.1.2 设 X 是一个随机变量，x 为任意实数，函数

$$F(x)=P\{X\leqslant x\},\quad -\infty<x<+\infty$$

称为随机变量 X 的**分布函数**.

若将 X 看成是数轴上的随机点的坐标，则分布函数 $F(x)$ 在 x 处的函数值就表示 X 落在区间 $(-\infty,x]$ 上的概率.

由分布函数的定义可以推得分布函数的如下性质：

性质 1 对任意实数 $x_1,x_2(x_1<x_2)$，有

$$P\{x_1<X\leqslant x_2\}=P\{X\leqslant x_2\}-P\{X\leqslant x_1\}=F(x_2)-F(x_1).$$

因此，若已知 X 的分布函数，我们就知道 X 落在任一区间 $(x_1,x_2]$ 上的概率，从这个意义上说，分布函数完整地描述了随机变量的统计规律性.

性质 2 $F(x)$ 是一个单调不减函数.

事实上，由性质 1，对任意实数 x_1,x_2 且 $x_1<x_2$，有 $F(x_2)-F(x_1)=P\{x_1<X\leqslant x_2\}\geqslant 0$.

性质 3　$0\leqslant F(x)\leqslant 1$，且 $F(-\infty)=\lim\limits_{x\to-\infty}F(x)=0$，$F(+\infty)=\lim\limits_{x\to+\infty}F(x)=1$.

事实上，当 $x\to-\infty$ 时，“随机点 X 落在点 x 的左边”这一事件趋于不可能事件，从而其概率趋于 0，即 $F(-\infty)=0$；当 $x\to+\infty$ 时，“随机点 X 落在点 x 的左边”这一事件趋于必然事件，从而其概率趋于 1，即 $F(+\infty)=1$.

性质 4　$F(x)$ 在任何点 x 处右连续，即 $F(x+0)=F(x)$.

2.2　随机变量的分类

按照随机变量可能取值的情况，可以把随机变量分成两类：离散型随机变量和非离散性随机变量，而非离散型随机变量中最重要的是连续型随机变量. 因此本章主要研究离散型随机变量及连续型随机变量.

2.2.1　离散型随机变量的分布律

若一个随机变量，它全部可能取到的值最多有可数个，则称这个随机变量是**离散型随机变量**. 例如，例 2.1.1 中，随机变量 X 的所有可能取的数值为 0，1，2，3，因此它是离散型随机变量. 若以 Y 记电视机的寿命，则 Y 所可能的取值充满一个区间，是无法一一列举出来的，因此它是非离散型随机变量.

对于离散型随机变量，我们不仅想知道它可能取哪些值，而且还想知道它以多大的概率来取这些值.

例如，根据资料显示，某地新生婴儿的男、女概率分别为 0.517 和 0.483，婴儿的性别可用性别变量 X 来表示：若出生女性婴儿，则 X 取 1，相应的概率为 0.483；若出生男性婴儿，则 X 取 0，相应的概率为 0.517. 于是，随机变量 X 取值的统计规律为

$$P\{X=0\}=0.517,P\{X=1\}=0.483.$$

或列成表格

X	0	1
p_i	0.517	0.483

定义 2.2.1 设离散型随机变量 X 的所有可能取值为 $x_i(i=1,2,\cdots)$，X 取各个可能值 x_i 的概率为 p_i，$i=1,2,\cdots$则称 $P\{X=x_i\}=p_i$，$i=1,2,\cdots$为离散型随机变量 X 的**概率分布或分布律**，分布律也可用如下表格来表示：

X	x_1	x_2	$\cdots$	x_i	$\cdots$
p_i	p_1	p_2	$\cdots$	p_i	$\cdots$

由概率的定义，p_i 满足：

(1) **非负性**：$p_i \geqslant 0(i=1,2,\cdots)$；

(2) **规范性**：$\sum\limits_{i=1}^{\infty} p_i = 1$.

例 2.2.1 某系统有甲、乙两台机器相互独立地运转. 设甲、乙机器发生故障的概率分别为 0.1，0.2，以 X 表示系统中发生故障的机器数，求 X 的分布律.

解 设事件 A_1＝“甲发生故障”，事件 A_2＝“乙发生故障”，则

$$P\{X=0\}=P(\overline{A_1}\,\overline{A_2})=0.9\times 0.8=0.72,$$

$$P\{X=1\}=P(A_1\overline{A_2}\cup\overline{A_1}A_2)=P(A_1\overline{A_2})+P(\overline{A_1}A_2)$$

$$=0.1\times 0.8+0.9\times 0.2=0.26,$$

$$P\{X=2\}=P(A_1A_2)=0.1\times 0.2=0.02.$$

故 X 的分布律为

X	0	1	2
p_i	0.72	0.26	0.02

例 2.2.2 设随机变量 X 的分布律为

X	-1	0	1
p_i	$\frac{1}{4}$	$\frac{1}{2}$	$\frac{1}{4}$

求 X 的分布函数，并求 $P\{0\leqslant X\leqslant 1\}$.

解 当 $x<-1$ 时，$\{X\leqslant x\}=\varnothing$，得 $F(x)=P\{X\leqslant x\}=0$；

当 $-1 \leqslant x < 0$ 时，$F(x)=P\{X \leqslant x\}=P\{X=-1\}=\frac{1}{4}$；

当 $0 \leqslant x < 1$ 时，$F(x)=P\{X \leqslant x\}=P\{X=-1\}+P\{X=0\}=\frac{1}{4}+\frac{1}{2}=\frac{3}{4}$；

当 $x \geqslant 1$ 时，$F(x)=P\{X \leqslant x\}=P\{X=-1\}+P\{X=0\}+P\{X=1\}=1$.

所以，有

$$F(x)=\begin{cases} 0, & x<-1, \\ \frac{1}{4}, & -1 \leqslant x<0, \\ \frac{3}{4}, & 0 \leqslant x<1, \\ 1, & x \geqslant 1. \end{cases}$$

$F(x)$ 的图像如图 2.1 所示.

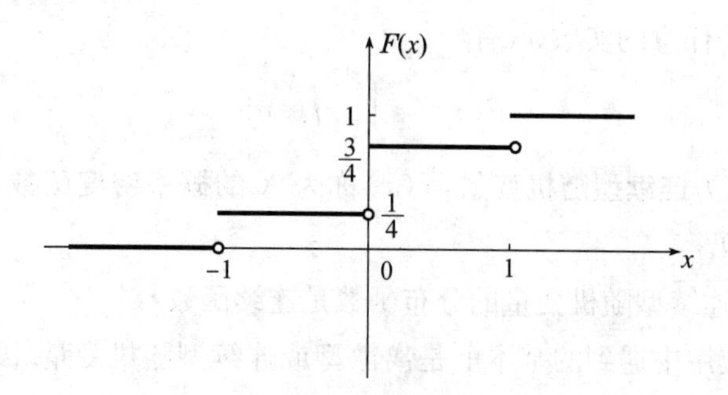

图 2.1　离散随机变量的分布函数

由图 2.1 可以看到，这个离散型随机变量的分布函数 $F(x)$ 的图像是一条阶梯曲线，它在 $X=-1,0,1$ 处有跳跃，其跳跃值分别是 X 取 $-1,0,1$ 的概率 $\frac{1}{4},\frac{1}{2},\frac{1}{4}$.

一般地，设离散型随机变量 X 的概率分布为

$$P\{X=x_i\}=p_i, i=1,2,\cdots$$

由概率的可列可加性,得 X 的分布函数为

$$F(x)=P\{X\leqslant x\}=\sum_{x_i\leqslant x}P\{X=x_i\}=\sum_{x_i\leqslant x}p_i.$$

并且分布函数 $F(x)$ 在 $x=x_i(i=1,2,\cdots)$ 处有跳跃,其跳跃值为

$$p_i=P\{X=x_i\}.$$

2.2.2 连续型随机变量的分布规律

对于某些随机变量 X 来说,它的可能取值不是集中在有限个或者可列无限个点上,而是充满某个区间,因此考察 X 取值于一点的概率意义并不大.只有确知 X 取值于任一区间上的概率,才能掌握它取值的统计规律.尽管分布函数能全面地描述随机变量的统计规律,但由于它不够直观,用起来往往不是很方便.对于离散型随机变量,我们用分布律来描述就显得既简单又直观.同样,对于非离散型随机变量,我们也希望有一种比分布函数更为直观的描述方式.为此,引入概率密度函数的概念.

定义 2.2.2 对于随机变量 X 的分布函数 $F(x)$,若存在非负可积函数 $f(x)$,使得对于任意的实数 x,有

$$F(x)=\int_{-\infty}^{x}f(t)\mathrm{d}t$$

成立,则称 X 为**连续型随机变量**,$f(x)$ 称为 X 的**概率密度函数**,简称**概率密度**或**密度函数**.

由上式,连续型随机变量的分布函数是连续函数.

在实际应用中遇到的基本上是离散型或连续型随机变量.因此本书只讨论这两种随机变量.

显然,概率密度函数具有如下性质:

性质 1(非负性):$f(x)\geqslant 0$,即概率密度曲线 $y=f(x)$ 位于 x 轴上方;

性质 2(规范性):$\int_{-\infty}^{+\infty}f(x)\mathrm{d}x=1$,即概率密度曲线 $y=f(x)$ 与 x 轴围成的图形的面积等于 1.如图 2.2 所示.

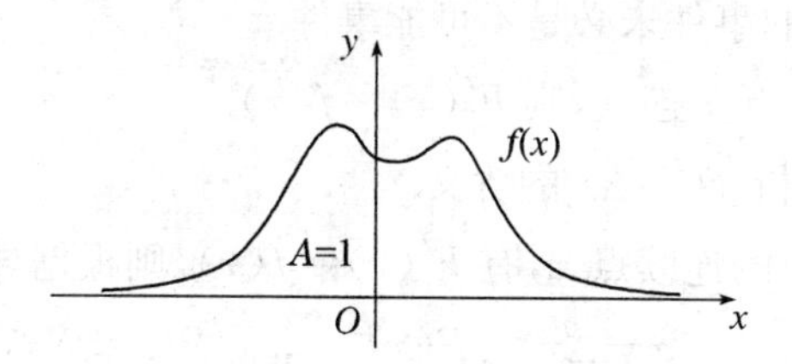

图 2.2　概率密度函数

注:(1) 设 X 是连续型随机变量,$f(x)$是它的概率密度,对任意实数 $x_1 \leqslant x_2$,有

$$P\{x_1 < X \leqslant x_2\} = F(x_2) - F(x_1) = \int_{x_1}^{x_2} f(x)\mathrm{d}x\ ;$$

即 X 落在区间$(x_1, x_2]$上的概率 $P\{x_1 < X \leqslant x_2\}$等于区间$(x_1, x_2]$上曲线 $f(x)$之下的曲边梯形的面积,如图 2.3 所示.

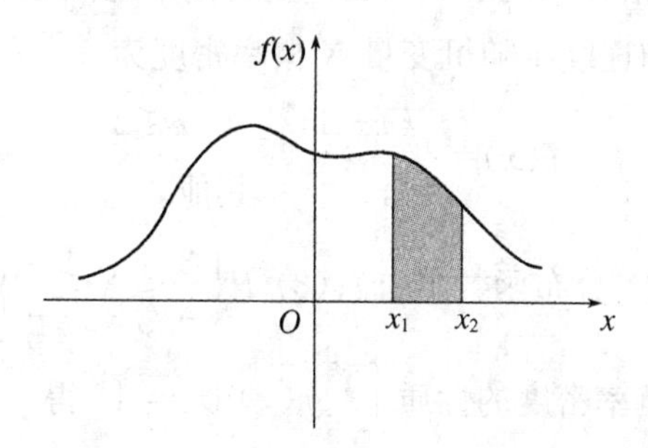

图 2.3　随机变量落在区间上的概率

(2) 设 X 是连续型随机变量,a 为任意常数,则

$$P\{X=a\}=0.$$

即连续型随机变量取任一实数的概率为零.

事实上,$P\{X=a\} = \lim\limits_{\Delta x \to 0^+} P\{a - \Delta x < X \leqslant a\} = \lim\limits_{\Delta x \to 0^+} \int_{a-\Delta x}^{a} f(x)\mathrm{d}x = 0.$

故对连续型随机变量 X,有

$$P\{a<X\leqslant b\}=P\{a<X<b\}=P\{a\leqslant X<b\}=P\{a\leqslant X\leqslant b\}.$$

(3) 概率为零的事件未必是不可能事件.

(4) 若 $f(x)$在点 x 连续,则 $F'(x)=f(x)$.

下面我们来分析 $f(x)\Delta x$ 的含义.

由于对于 $f(x)$的连续点 x,有 $F'(x)=f(x)$,则根据导数定义

$$f(x)=\lim_{\Delta x\to 0^+}\frac{F(x+\Delta x)-F(x)}{\Delta x}=\lim_{\Delta x\to 0^+}\frac{P\{x<X\leqslant x+\Delta x\}}{\Delta x}.$$

上式表明,X 在点 x 处的概率密度 $f(x)$恰好是 X 落在区间$(x,x+\Delta x]$上的概率与区间长度 Δx 之比的极限. 由极限论可知

$$\frac{P\{x<X\leqslant x+\Delta x\}}{\Delta x}=f(x)+o(\Delta x)(\Delta x\to 0),$$

若不计高阶无穷小 $o(\Delta x)$,则有

$$P\{x<X\leqslant x+\Delta x\}\approx f(x)\Delta x.$$

这表示随机变量 X 落在区间$(x,x+\Delta x]$上的概率近似等于 $f(x)\Delta x$.

例 2.2.3 已知连续型随机变量 X 概率密度为

$$f(x)=\begin{cases}kx+1, & 0\leqslant x\leqslant 2,\\ 0, & \text{其他}.\end{cases}$$

试求:(1) 常数 k;(2) 分布函数 $F(x)$;(3) $P\left\{\frac{3}{2}<X<\frac{5}{2}\right\}$.

解 (1) 根据概率密度的性质 $\int_{-\infty}^{+\infty}f(x)\mathrm{d}x=1$, 得

$$\int_0^2(kx+1)\mathrm{d}x=\left(\frac{k}{2}x^2+x\right)\bigg|_0^2=2k+2=1,$$

于是,$k=-\frac{1}{2}$.

$$(2)\ F(x)=\int_{-\infty}^{x}f(t)\mathrm{d}t=\begin{cases}0, & x<0,\\ -\frac{1}{4}x^2+x, & 0\leqslant x\leqslant 2,\\ 1, & x>2.\end{cases}$$

$$(3)\ P\left\{\frac{3}{2}<X<\frac{5}{2}\right\}=\int_{\frac{3}{2}}^{\frac{5}{2}}f(x)\mathrm{d}x=\int_{\frac{3}{2}}^{2}\left(-\frac{1}{2}x+1\right)\mathrm{d}x=\frac{1}{16}$$

或 $$P\left\{\frac{3}{2}<X<\frac{5}{2}\right\}=F\left(\frac{5}{2}\right)-F\left(\frac{3}{2}\right)=1-\frac{15}{16}=\frac{1}{16}$$

例 2.2.4 设随机变量 X 的分布函数为

$$F(x)=\begin{cases}0, & x<1,\\ \ln x, & 1\leqslant x<\mathrm{e},\\ 1, & x\geqslant \mathrm{e}.\end{cases}$$

求：(1) $P\{0<x\leqslant 3\}$；(2) X 的概率密度函数 $f(x)$.

解 (1) $P\{0<x\leqslant 3\}=F(3)-F(0)=1-0=1.$

(2) $$f(x)=F'(x)=\begin{cases}\frac{1}{x}, & 1\leqslant x<\mathrm{e},\\ 0, & 其他.\end{cases}$$

2.3 随机变量函数的分布

在实际中，往往所关心的随机变量不能由直接测量得到. 而它却是某个能直接测量的随机变量的函数. 比如，我们能测量圆轴截面的直径为 d，而关心的却是截面面积 $A=\frac{1}{4}\pi d^2$. 这里随机变量 A 是随机变量 d 的函数. 在这一节中，我们将讨论如何由已知的随机变量 X 的概率分布去求得它的函数 $Y=g(X)$的概率分布. 这里，当 X 取值 x，Y 取值 $g(x)$.

定义 2.3.1 设 $y=g(x)$是一个实值函数，X，Y 是随机变量. 若 X 取值 x 时，Y 取值 $g(x)$，则称 Y 是**随机变量 X 的函数**. 记作 $Y=g(X)$.

2.3.1 离散型随机变量函数的分布

设 X 是离散型随机变量，显然，X 的函数 $Y=g(X)$还是离散型随机变量. 下面通过例题，讨论如何由 X 的概率分布导出 Y 的概率分布.

例 2.3.1 设随机变量 X 具有以下分布律.

X	-1	0	1	2
p_i	0.3	0.2	0.1	0.4

试求(1) $Y=2X$,(2) $Z=(X-1)^2$的分布律.

解 (1) Y 的所有可能取值为$-2,0,2,4$. 由 $P\{Y=2i\}=P\{X=i\}=p_i$,得Y 的分布律为

Y	-2	0	2	4
p_i	0.3	0.2	0.1	0.4

(2) Z 的所有可能取值为 0,1,4.

$$P\{Z=0\}=P\{(X-1)^2=0\}=P\{X=1\}=0.1,$$
$$P\{Z=1\}=P\{(X-1)^2=1\}=P\{X=0\}+P\{X=2\}=0.6,$$
$$P\{Z=4\}=P\{(X-1)^2=4\}=P\{X=-1\}=0.3.$$

故 Z 的分布律为

Z	0	1	4
p_i	0.1	0.6	0.3

2.3.2 连续型随机变量函数的分布

设 X 是连续型的随机变量,其概率密度为 $f_X(x)$,分布函数为 $F_X(x)$,则随机变量 X 的函数 $Y=g(X)$的分布函数 $F_Y(y)$与概率密度 $f_Y(y)$可按下列步骤求出:

(1) 对任意一个 y,求出

$$F_Y(y)=P\{Y\leqslant y\}=P\{g(x)\leqslant y\}=P\{x\in S_y\}=\int_{S_y} f_X(x)\mathrm{d}x.$$

其中,$S_y=\{x\,|\,g(x)\leqslant y\}$.

(2) 通过对 $F_Y(y)$的变量 y 求导得到 $f_Y(y)$,$-\infty<y<+\infty$.

例 2.3.2 设随机变量 X 具有概率密度:

$$f_X(x)=\begin{cases}\dfrac{x}{8}, & 0<x<4,\\ 0, & 其他,\end{cases}$$

求随机变量 $Y=2X+8$ 的概率密度.

解 分别记 X,Y 的分布函数为 $F_X(x),F_Y(y)$. 下面先来求 $F_Y(y)$. 对任意 y 有

$$F_Y(y)=P\{Y\leqslant y\}=P\{2X+8\leqslant y\}=P\left\{X\leqslant\frac{y-8}{2}\right\}=F_X\left(\frac{y-8}{2}\right).$$

将 $F_Y(y)$ 关于 y 求导数,得 $Y=2X+8$ 的概率密度为

$$f_Y(y)=[F_Y(y)]'=f_X\left(\frac{y-8}{2}\right)\cdot\left(\frac{y-8}{2}\right)'$$

$$=\begin{cases}\dfrac{1}{2}\cdot\dfrac{\frac{y-8}{2}}{8}, & 0<\dfrac{y-8}{2}<4,\\ 0, & \text{其他}\end{cases}$$

$$=\begin{cases}\dfrac{y-8}{32}, & 8<y<16,\\ 0, & \text{其他}.\end{cases}$$

例 2.3.3 设随机变量 X 具有概率密度 $f_X(x),-\infty<y<+\infty$,求 $Y=X^2$ 的概率密度.

解 分别记 X,Y 的分布函数为 $F_X(x),F_Y(y)$,由于 $Y=X^2\geqslant 0$. 故当 $y\leqslant 0$ 时 $F_Y(y)=0$. 当 $y>0$ 时,有

$$F_Y(y)=P\{Y\leqslant y\}=P\{X^2\leqslant y\}=P\{-\sqrt{y}\leqslant X\leqslant\sqrt{y}\}=F_X(\sqrt{y})-F_X(-\sqrt{y}).$$

从而,Y 的概率密度为

$$f_Y(y)=\begin{cases}\dfrac{1}{2\sqrt{y}}(f_X(\sqrt{y})+f_X(-\sqrt{y})), & y>0,\\ 0, & y\leqslant 0.\end{cases}$$

上述两个例子解法的关键是在"$g(X)\leqslant y$"中解出 X,从而得到一个与"$g(X)\leqslant y$"等价的 X 的不等式,然后利用已知的 X 的概率密度来求出 Y 的分布函数或概率密度. 一般来说,可以用这样的方法求连续型随机变量的函数的分布函数或概率密度. 下面,我们给出当 $g(x)$ 是严格单调函数的特殊情况下的结论.

定理 2.3.1 设随机变量 X 具有概率密度 $f_X(x)$，$-\infty<x<+\infty$，函数 $y=g(x)$处处可导且恒有 $g'(x)>0$(或恒有 $g'(x)<0$)，设 $y=g(x)$的反函数为 $x=h(y)$，则 $Y=g(X)$是一个连续型随机变量，其概率密度为

$$f_Y(y)=\begin{cases} f_X[h(y)]|h'(y)|, & \alpha<y<\beta, \\ 0, & \text{其他}, \end{cases}$$

其中 $\alpha=\min\{g(-\infty),g(+\infty)\}$，$\beta=\max\{g(-\infty),g(+\infty)\}$.

证明 先证 $g'(x)>0$ 的情况. 此时，$g(x)$在$(-\infty,+\infty)$上严格单调增加，它的反函数 $h(y)$存在，且在(α,β)内严格单调增加、可导. 分别记 X,Y 的分布函数为 $F_X(x)$，$F_Y(y)$，下面求 $F_Y(y)$.

由于 $Y=g(X)$在(α,β)内取值，故当 $y\leqslant\alpha$ 时，$F_Y(y)=0$；当 $y\geqslant\beta$ 时，$F_y(y)=1$.

当 $\alpha<y<\beta$ 时，

$$F_Y(y)=P\{Y\leqslant y\}=P\{g(X)\leqslant y\}=P\{X\leqslant h(y)\}=F_X[h(y)].$$

将 $F_Y(y)$关于 y 求导，得 Y 的概率密度

$$f_Y(y)=\begin{cases} f_X[h(y)]h'(y), & \alpha<y<\beta, \\ 0, & \text{其他}. \end{cases}$$

类似地，对于 $g'(x)<0$ 时的情况有

$$f_Y(y)=\begin{cases} f_X[h(y)][-h'(y)], & \alpha<y<\beta, \\ 0, & \text{其他}. \end{cases}$$

综合以上两式，定理得证.

例 2.3.4 设随机变量 X 的概率密度为 $f_X(x)=\begin{cases} \dfrac{1}{\pi}, & -\dfrac{\pi}{2}<x<\dfrac{\pi}{2}, \\ 0, & \text{其他}. \end{cases}$

求 $Y=\tan X$ 的概率密度.

解 在$\left(-\dfrac{\pi}{2},\dfrac{\pi}{2}\right)$上，由 $y=\tan x$ 解得 $x=\arctan y$，且 $x'(y)=\dfrac{1}{1+y^2}$. 故由定理 2.3.1，

$$f_Y(y)=f_X(\arctan y)\cdot\frac{1}{1+y^2}=\frac{1}{\pi}\cdot\frac{1}{1+y^2}, -\infty<y<+\infty.$$

此分布称为**柯西分布**,是概率论中有名的分布之一.

2.4 数学期望与方差

随机变量的分布函数完整地描述了随机变量的统计特性,但是对于更一般的随机变量,要确定其分布函数却不容易,并且对于许多实际问题,并不需要确定随机变量的分布函数,只要知道它的某些特征就足够了.例如,在测量电源电压时,测量结果是一个随机变量,在实际工作中往往用测量电压的平均值来表示电源电压的大小;又比如在测试电子元件的寿命指标时,要知道其平均寿命的大小,还要考虑其偏离平均寿命的离散程度,这些特征都可以通过数字来表示.

2.4.1 数学期望

一、随机变量的数学期望

平均值是日常生活中常用的一个数字特征,它对评判事物、做出决策等具有重要的作用.例如,某商场计划搞一次促销活动.统计资料表明,如果在商场内搞促销活动,可获得经济效益3万元;在商场外搞促销活动,如果不遇到雨天,可获得经济效益12万元,如果遇到雨天,会带来经济损失5万元.若前一天的天气预报称该日有雨的概率为40%,则商场应如何选择促销方式?

显然,商场该日在商场外搞促销活动预期获得的经济效益X是一个随机变量,其分布律为

$$P\{X=12\}=0.6, P\{X=-5\}=0.4.$$

要做出决策,就要将户外做活动的平均效益与商场内的效益作比较.然而,要客观地反映平均效益,既要考虑X的所有可能取值,又要考虑X取每个可能值的概率.因此可用如下方式来表示平均效益:

$$12\times0.6+(-5)\times0.4=5.2(\text{万元}).$$

这个平均效益称为随机变量X的数学期望.一般地,有以下的定义.

定义 2.4.1 设离散型随机变量X的分布律为

$$P\{X=x_i\}=p_i, i=1,2,\cdots$$

若级数 $\sum_{i=1}^{\infty} x_i p_i$ 绝对收敛,则称

$$E(X)=\sum_{i=1}^{\infty} x_i p_i$$

为离散型随机变量 X 的**数学期望**.

设连续型随机变量 X 的概率密度为 $f(x)$,若积分 $\int_{-\infty}^{\infty} x f(x)\mathrm{d}x$ 绝对收敛,则称

$$E(X)=\int_{-\infty}^{\infty} x f(x)\mathrm{d}x$$

为连续型随机变量 X 的**数学期望**.

数学期望简称**期望**,又称**均值**.

例 2.4.1 设 X 表示掷一枚均匀骰子出现的点数,求 $E(X)$.

解 X 所有可能取的值有 1,2,3,4,5,6. 因为

$$P\{X=1\}=P\{X=2\}=P\{X=3\}=P\{X=4\}=P\{X=5\}=P\{X=6\}=\frac{1}{6},$$

所以有

$$E(X)=1\times\frac{1}{6}+2\times\frac{1}{6}+3\times\frac{1}{6}+4\times\frac{1}{6}+5\times\frac{1}{6}+6\times\frac{1}{6}=\frac{7}{2}.$$

例 2.4.2 设甲、乙两人进行打靶,所得分数分别记为 X_1,X_2,它们的分布律如下:

X_1	0	1	2
p_i	0	0.2	0.8

X_2	0	1	2
p_k	0.6	0.3	0.1

试评定他们的成绩的好坏.

解 首先,我们来计算 X_1 数学期望 $E(X_1)$.

$$E(X_1)=0\times 0+1\times 0.2+2\times 0.8=1.8.$$

这意味着,如果甲进行很多次射击,那么一次射击的平均得分约 1.8 分. 下面我们来计算 X_2 的数学期望 $E(X_2)$.

$$E(X_2)=0\times 0.6+1\times 0.3+2\times 0.1=0.5.$$

显然,乙的成绩不如甲.

例 2.4.3　设随机变量 X 的概率密度为

$$f(x)=\begin{cases}1+x, & -1\leqslant x<0,\\ 1-x, & 0\leqslant x\leqslant 1,\\ 0, & \text{其他}.\end{cases}$$

求数学期望 $E(X)$.

解　$E(X)=\int_{-\infty}^{\infty}xf(x)\mathrm{d}x=\int_{-1}^{0}x(1+x)\mathrm{d}x+\int_{0}^{1}x(1-x)\mathrm{d}x$

$$=\left(\frac{x^2}{2}+\frac{x^3}{3}\right)\Big|_{-1}^{0}+\left(\frac{x^2}{2}-\frac{x^3}{3}\right)\Big|_{0}^{1}$$

$$=0.$$

例 2.4.4　设随机变量 X 服从柯西分布,其概率密度为

$$f(x)=\frac{1}{\pi}\frac{1}{1+x^2},-\infty<x<\infty.$$

则 X 的数学期望不存在.

事实上,$\int_{-\infty}^{\infty}|x|f(x)\mathrm{d}x=\frac{2}{\pi}\int_{0}^{\infty}\frac{x}{1+x^2}\mathrm{d}x=\frac{1}{\pi}\ln(1+x^2)\Big|_{0}^{\infty}=\infty.$

二、随机变量的函数的数学期望

我们经常需要求随机变量的函数的数学期望.一般的情形,我们可利用下面的定理来确定随机变量函数的数学期望.

定理 2.4.1　设 Y 是随机变量 X 的函数 $Y=g(X)$(g 是连续函数).

(1) 如果 X 是离散型随机变量,其分布律为

$$P\{X=x_i\}=p_i,i=1,2,\cdots$$

若 $\sum_{i=1}^{\infty}g(x_i)p_i$ 绝对收敛,则有

$$E(Y)=E[g(X)]=\sum_{i=1}^{\infty}g(x_i)p_i. \tag{2.1}$$

(2) 如果 X 是连续型随机变量,其概率密度为 $f(x)$,若 $\int_{-\infty}^{\infty}g(x)f(x)\mathrm{d}x$ 绝对收敛,则有

$$E(Y)=E[g(X)]=\int_{-\infty}^{\infty}g(x)f(x)\mathrm{d}x. \tag{2.2}$$

例 2.4.5　已知随机变量 X 的分布律为

X	0	1	2	3
p_i	$\frac{1}{2}$	$\frac{1}{2^2}$	$\frac{1}{2^3}$	$\frac{1}{2^3}$

求数学期望 $E\left(\frac{1}{1+X}\right)$.

解　由(2.1)式,

$$E\left(\frac{1}{1+X}\right)=\frac{1}{1+0}\cdot\frac{1}{2}+\frac{1}{1+1}\cdot\frac{1}{2^2}+\frac{1}{1+2}\cdot\frac{1}{2^3}+\frac{1}{1+3}\cdot\frac{1}{2^3}=\frac{67}{96}.$$

例 2.4.6　设随机变量 X 的概率密度为

$$f(x)=\begin{cases}\frac{1}{2\pi}, & 0<x<2\pi,\\ 0, & 其他.\end{cases}$$

求 $E(\sin X)$.

解　由(2.2)式,

$$E(\sin X)=\int_{-\infty}^{\infty}f(x)\sin x\mathrm{d}x=\int_0^{2\pi}\frac{\sin x}{2\pi}\mathrm{d}x=0.$$

2.4.2　随机变量的方差

随机变量的数学期望是对随机变量取值水平的综合评价,而随机变量取值的稳定性是判断随机现象性质的另一个十分重要的指标.

例如,甲、乙两种品牌的手表,它们的日走时误差分别为 X,Y,其分布律如下:

X	−2	−1	0	1	2
p_i	0.03	0.07	0.8	0.07	0.03

Y	−2	−1	0	1	2
p_k	0.1	0.2	0.4	0.2	0.1

易证,$E(X)=E(Y)=0$. 仅从日走时误差的数学期望分不出两品牌的优劣,但

仔细观察会发现,甲品牌手表的日走时误差与其平均值 $E(X)$ 的偏差比乙品牌手表的日走时误差与其平均值 $E(Y)$ 的偏差的要小的多,因此甲品牌的质量比较稳定. 由此可见,研究随机变量与其均值的偏离程度是十分必要的. 那么,如何刻画随机变量与其均值之间的偏离程度呢? 容易看到 $E\{|X-E(X)|\}$ 能度量随机变量 X 与其均值 $E(X)$ 的偏离程度,但由于上式带有绝对值,运算不方便. 为方便起见,通常用量 $E\{[X-E(X)]^2\}$ 来度量随机变量 X 与其均值 $E(X)$ 的偏离程度.

定义 2.4.2　设 X 是随机变量,若 $E\{[X-E(X)]^2\}$ 存在,则称

$$D(X)=E\{[X-E(X)]^2\} \tag{2.3}$$

为 X 的方差,称 $\sigma(X)=\sqrt{D(X)}$ 为 X 的标准差或均方差.

由定义可看出,方差 $D(X)$ 是随机变量 X 的函数的数学期望. 于是若 X 是离散型随机变量,则(2.3)式为

$$D(X)=\sum_{i=1}^{\infty}[x_i-E(X)]^2 p_i,$$

其中 $P\{X=x_i\}=p_i, i=1,2,\cdots$ 是 X 的分布律.

若 X 是连续型随机变量,则(2.3)式为

$$D(X)=\int_{-\infty}^{\infty}[x-E(X)]^2 f(x)\mathrm{d}x,$$

其中 $f(x)$ 是 X 的概率密度.

随机变量的方差可按下列公式计算:

$$D(X)=E(X^2)-[E(X)]^2.$$

证　$D(X)=E\{[X-E(X)]^2\}=E\{X^2-2XE(X)+[E(X)]^2\}$

$$=E(X^2)-2E(X)E(X)+[E(X)]^2$$

$$=E(X^2)-[E(X)]^2.$$

例 2.4.7　若随机变量 X 的分布律为 $P\{X=1\}=0.4, P\{X=2\}=0.6$,求其方差 $D(X)$.

解　$E(X)=1\times0.4+2\times0.6=1.6, E(X^2)=1^2\times0.4+2^2\times0.6=2.8$. 故

$$D(X)=E(X^2)-[E(X)]^2=2.8-(1.6)^2=0.24.$$

例 2.4.8 随机变量 X 的概率密度为

$$f(x)=\begin{cases}\dfrac{x}{4}, & 0<x<2,\\ 1-\dfrac{x}{4}, & 2\leqslant x\leqslant 4,\\ 0, & \text{其他}.\end{cases}$$

求其方差 $D(X)$.

解 $E(X)=\int_{-\infty}^{\infty}xf(x)\mathrm{d}x=\int_{0}^{2}\dfrac{x^2}{4}\mathrm{d}x+\int_{2}^{4}\left(x-\dfrac{x^2}{4}\right)\mathrm{d}x=2,$

$$E(X^2)=\int_{-\infty}^{\infty}x^2f(x)\mathrm{d}x=\int_{0}^{2}\frac{x^3}{4}\mathrm{d}x+\int_{2}^{4}\left(x^2-\frac{x^3}{4}\right)\mathrm{d}x=\frac{14}{3},$$

故 $D(X)=E(X^2)-[E(X)]^2=\dfrac{14}{3}-4=\dfrac{2}{3}$.

2.5 几种常见的随机变量

在实际生活中,一些不同的随机实验的结果却具有某种相同的规律性,比如,放射性物质单位时间内的放射次数,单位体积内粉尘的计数,人群中患病率很低的非传染型疾病的患病数等. 下面介绍在实际问题中常见的几种随机变量.

2.5.1 几种常见的离散型随机变量

(一) 0-1 分布

若随机变量 X 只有两个可能取值 x_1,x_2,且其分布律是

$$P\{X=x_1\}=p,P\{X=x_2\}=1-p \quad (0<p<1),$$

则称 X 服从以 p 为参数的两点分布.

特别地,若 $x_1=1,x_2=0$,则称 X 服从以 p 为参数的 0-1 分布,记为 $X\sim b(1,p)$,其分布律为

X	0	1
p_i	$1-p$	p

对于一个随机试验,若它的样本空间只包含两个元素,即 $S=\{e_1,e_2\}$,则总能在 S 上定义一个服从 0-1 分布的随机变量

$$X=X(e)=\begin{cases}0, & e=e_1\\1, & e=e_2\end{cases}$$

来描述这个随机试验的结果.例如,抛硬币试验、检查产品的质量是否合格、对新生婴儿的性别进行登记等.

例 2.5.1 100 产品中,有 95 件正品,5 件次品,今从 100 件产品中随机抽取 1 件,以 X 表示抽取的正品数,则 X 的分布律为

$$P\{X=0\}=\frac{5}{100}=0.05, P\{X=1\}=\frac{95}{100}=0.95.$$

因此,X 服从以 0.95 为参数的 0-1 分布.

例 2.5.2 设随机变量 $X\sim b(1,p)$,求 $E(X)$,$D(X)$.

解 $E(X)=0\cdot(1-p)+1\cdot p=p$.又 $E(X^2)=0^2(1-p)+1^2\cdot p=p$,故

$$D(X)=E(X^2)-[E(X)]^2=p-p^2=p(1-p).$$

(二) 二项分布

在 n 重伯努利试验中,设每次试验中事件 A 发生的概率为 p,以 X 表示 n 重伯努利试验中事件 A 发生的次数,则 X 的可能取值为 $0,1,2,\cdots,n$.根据伯努利概型,n 重试验中事件 A 恰好发生 $k(0\leqslant k\leqslant n)$ 次的概率为 $C_n^k p^k(1-p)^{n-k}$,即

$$P\{X=k\}=C_n^k p^k(1-p)^{n-k}, k=0,1,\cdots,n. \tag{2.4}$$

若一个随机变量 X 的分布律满足(2.4)式,则称 X 服从以 n,p 为参数的二项分布,记为 $X\sim b(n,p)$.

特别地,当 $n=1$ 时,(2.4)式化为 $P\{X=k\}=p^k(1-p)^{1-k}$,$k=0,1$,随机变量 X 服从 0-1 分布.

若 $X\sim b(n,p)$,则

$$\frac{P\{X=k\}}{P\{X=k-1\}}=\frac{C_n^k p^k q^{n-k}}{C_n^{k-1}p^{k-1}q^{n-k+1}}=1+\frac{(n+1)p-k}{kq}.$$

由此可知,当 $k<(n+1)p$ 时 $P\{X=k\}$ 单调增加,$k>(n+1)p$ 时 $P\{X=k\}$ 单

调下降.因此当 k 在 $(n+1)p$ 附近时 $P\{X=k\}$ 达最大值,也就是说,在 n 重伯努利试验中,事件 A 发生 $[(n+1)p]$ 次的概率最大,通常称 $[(n+1)p]$ 为 n 次独立重复试验中最可能成功的次数,记为 K.即

$$K=\begin{cases}(n+1)p-1\text{ 或}(n+1)p, & (n+1)p\in\mathbf{N},\\ [(n+1)p], & (n+1)p\notin\mathbf{N}.\end{cases}$$

例 2.5.3 某人进行射击,设每次射击的命中率为 0.02,独立射击 400 次,试求:

(1) 至少击中两次的概率;(2) 击中目标的最可能次数是多少?

解 设击中的次数为 X,则 $X\sim b(400,0.02)$. X 的分布律为

$$P\{X=k\}=\mathrm{C}_{400}^{k}(0.02)^{k}(0.98)^{400-k},k=0,1,2,\cdots,400.$$

(1) $P\{X\geqslant 2\}=1-P\{X=0\}-P\{X=1\}=1-(0.98)^{400}-400\times 0.02\times(0.98)^{399}=0.9972.$

(2) $(n+1)p=401\times 0.02=8.02,[8.02]=8$. 所以,击中目标的最可能次数是 8.

从这个结果可看出,尽管这个人每次射击命中的概率很小,但射击 400 次至少击中 2 次的概率很接近 1,这也告诉人们绝不能轻视小概率事件.另一方面,若此人在 400 次射击中,击中目标竟不到 2 次,则我们将认为此人射击的命中率达不到 0.02.

例 2.5.4 设随机变量 $X\sim b(n,p)$,求 $E(X),D(X)$.

解 因为

$$P\{X=k\}=\mathrm{C}_{n}^{k}p^{k}q^{n-k},q=1-p,k=0,1,2,\cdots,n.$$

由离散型随机变量数学期望的定义,得

$$E(X)=\sum_{k=0}^{n}kP\{X=k\}=\sum_{k=0}^{n}k\mathrm{C}_{n}^{k}p^{k}q^{n-k}=\sum_{k=0}^{n}k\frac{n!}{k!(n-k)!}p^{k}q^{n-k}$$

$$=np\sum_{k=1}^{n}\frac{(n-1)!}{(k-1)![(n-1)-(k-1)]!}p^{k-1}q^{[(n-1)-(k-1)]}.$$

令 $i=k-1$,则

$$E(X)=np\sum_{i=0}^{n-1}\frac{(n-1)!}{i![(n-1)-i]!}p^{i}q^{[(n-1)-i]}=np(p+q)^{n-1}=np.$$

又 $E(X^2) = \sum_{k=0}^{n} k^2 C_n^k p^k q^{n-k}$

$$= \sum_{k=0}^{n} k(k-1) \frac{n!}{k!(n-k)!} p^k q^{n-k} + \sum_{k=0}^{n} k C_n^k p^k q^{n-k}$$

$$= n(n-1)p^2 \sum_{k=2}^{n} \frac{(n-2)!}{(k-2)![(n-2)-(k-2)]!} p^{k-2} q^{[(n-2)-(k-2)]} + E(X)$$

$$= n(n-1)p^2(p+q)^{n-2} + np = n^2p^2 + npq.$$

于是，

$$D(X)=E(X^2)-[E(X)]^2=(n^2p^2+npq)-(np)^2=npq.$$

（三）泊松分布

若随机变量 X 的分布律为

$$P\{X=k\}=\frac{\lambda^k e^{-\lambda}}{k!},\lambda>0,k=0,1,2,\cdots$$

则称 X 服从以 λ 为参数的泊松分布，记为 $X\sim\pi(\lambda)$.

易知，(1) $P\{X=k\}\geqslant 0,k=0,1,2,\cdots$,

(2) $\sum_{k=0}^{\infty} P\{X=k\} = \sum_{k=0}^{\infty} \frac{\lambda^k e^{-\lambda}}{k!} = e^{-\lambda} \sum_{k=0}^{\infty} \frac{\lambda^k}{k!} = e^{-\lambda} \cdot e^{\lambda} = 1.$

泊松分布在实际问题中具有十分广泛的应用，实际问题中许多随机现象都服从泊松分布. 例如，一本书里有一页或若干页印刷错误的数量；一天中拨错电话号码的次数；一家便利店里每天卖出狗粮饼干的盒数；某地区一天内邮递遗失的信件数等.

例 2.5.5　统计资料表明，某路口每月发生交通事故次数服从参数为 6 的泊松分布，求该个路口一个月至少发生一起交通事故的概率.

解　设该路口每月发生交通事故次数为 X，则由题意，$X\sim\pi(6)$，故所求概率为

$$P\{X\geqslant 1\}=1-P\{X=0\}=1-\frac{6^0 e^{-6}}{0!}=0.99752.$$

例 2.5.6　设随机变量 $X\sim\pi(\lambda)$，求 $E(X)$，$D(X)$.

解 因为$P\{X=k\}=\frac{\lambda^k}{k!}e^{-\lambda},\lambda>0,k=0,1,2,\cdots$所以

$$E(X)=\sum_{k=0}^{\infty}k\cdot\frac{\lambda^k}{k!}e^{-\lambda}=\sum_{k=1}^{\infty}\frac{\lambda^k}{(k-1)!}e^{-\lambda}$$

$$=\lambda e^{-\lambda}\sum_{k=1}^{\infty}\frac{\lambda^{k-1}}{(k-1)!}=\lambda e^{-\lambda}e^{\lambda}=\lambda.$$

又$E(X^2)=\sum_{k=0}^{\infty}k^2\frac{\lambda^k}{k!}e^{-\lambda}=\sum_{k=0}^{\infty}[k(k-1)+k]\frac{\lambda^k}{k!}e^{-\lambda}=\lambda^2+\lambda$，于是

$$D(X)=\lambda^2+\lambda-\lambda^2=\lambda.$$

下面的定理给出了二项分布与泊松分布间的近似关系.

定理 2.5.1 设$\lambda>0$是一个常数，n是任意正整数，设$np_n=\lambda$，则对于任一固定的非整数k，有

$$\lim_{n\to\infty}C_n^k p_n^k(1-p_n)^{n-k}=\frac{\lambda^k e^{-\lambda}}{k!}.$$

定理 2.5.1 的证明从略. 根据定理 2.5.1，当n很大时，p很小时，有

$$C_n^k p^k(1-p)^{n-k}\approx\frac{\lambda^k e^{-\lambda}}{k!}\quad(\lambda=np).$$

实际计算中，当$n\geqslant 20$，$p\leqslant 0.05$时近似效果就很好.

例 2.5.7 现有 90 台同类型的设备，各台设备的工作是相互独立的，发生故障的概率都是 0.01，且一台设备的故障能由一个人处理. 配备维修工人的方法有两种，一种是由三人分开维护，每人负责 30 台，另一种是由 3 人共同维护 90 台. 试比较两种方法下设备发生故障时不能及时维修的概率的大小.

解 设事件A_i=“第i个人负责的 30 台设备发生故障而无人修理”，X_i表示第i个人负责的 30 台设备中同时发生故障的设备台数，$i=1,2,3$，则$X_i\sim b(30,0.01)$，$\lambda=np=0.3$. 于是

$$P(A_i)=P\{X_i\geqslant 2\}\approx\sum_{k=2}^{\infty}\frac{(0.3)^k}{k!}e^{-0.3}=0.0369.$$

而 90 台设备发生故障无人修理的事件为$A_1\cup A_2\cup A_3$，故采用第一种配备维修工人的方法时，所求概率为

$$P(A_1 \cup A_2 \cup A_3) = 1 - P(\overline{A_1})P(\overline{A_2})P(\overline{A_3}) = 1 - (1 - 0.0369)^3 = 0.1067.$$

采用第二种配备维修工人的方法时，设 X 为 90 台设备中同时发生故障的设备台数，则 $X \sim b(90, 0.01)$，$\lambda = np = 0.9$，从而所求概率为

$$P\{X \geqslant 4\} \approx \sum_{k=4}^{n} \frac{(0.9)^k}{k!} \mathrm{e}^{-0.9} = 0.0135.$$

显然共同负责比分块负责的维修效率高.

例 2.5.8　保险公司为了估计企业的利润，需要计算各种各样的概率. 如若一年中某类保险者每人死亡的概率为 0.005，现有 1000 个这类人参加保险，每个参加保险的人每年交保险费 150 元，而在死亡时家属可以从保险公司领取赔偿金 10000 元，问：(1) 保险公司在该项业务上亏本的概率是多少？(2) 该项业务获利不少于 50000 元的概率有多大？

解　(1) 保险公司在该项业务中共收入 150(元)×1000=150000(元)，若一年中死亡 x 人，则保险公司在一年应付出 $10000x$ 元. 只要 $10000x > 150000$，即 $x > 15$，保险公司在该项业务上就亏本，设死亡人数为随机变量 X，则 $X \sim b(1000, 0.005)$，利用近似公式，$\lambda = np = 1000 \times 0.005 = 5$，故

$$P\{X > 15\} = P\{X \geqslant 16\} \approx \sum_{k=16}^{1000} \frac{\mathrm{e}^{-5} 5^k}{k!} = 0.000069.$$

(2) 该项业务额获利不少于 50000 元，即 $150000 - 10000x \geqslant 50000$，$x \leqslant 10$，故所求概率为

$$P\{X \leqslant 10\} \approx \sum_{k=0}^{10} \frac{\mathrm{e}^{-5} 5^k}{k!} = 0.9863.$$

由上面的计算可知，保险公司在办理该项业务上亏本的风险很小，盈利 50000 元以上的可能性接近 99%.

2.5.2　几种常见的连续型随机变量

(一) 均匀分布

若连续型随机变量 X 的概率密度为

$$f(x) = \begin{cases} \dfrac{1}{b-a}, & a < x < b, \\ 0, & \text{其他}, \end{cases}$$

则称 X 在区间 (a,b) 上服从**均匀分布**，记为 $X\sim U(a,b)$.

易知 $f(x)\geqslant 0$，且 $\int_{-\infty}^{+\infty} f(x)\mathrm{d}x = 1$.

根据均匀分布的定义，易得它的分布函数为

$$F(x)=\begin{cases}0, & x\leqslant a,\\ \dfrac{x-a}{b-a}, & a<x<b,\\ 1, & x\geqslant b,\end{cases}$$

$f(x)$，$F(x)$ 的图形分别如图 2.4，图 2.5 所示.

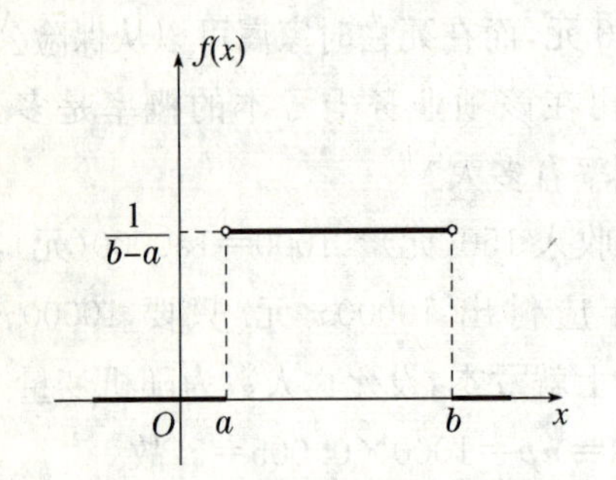

图 2.4 均匀分布概率密度

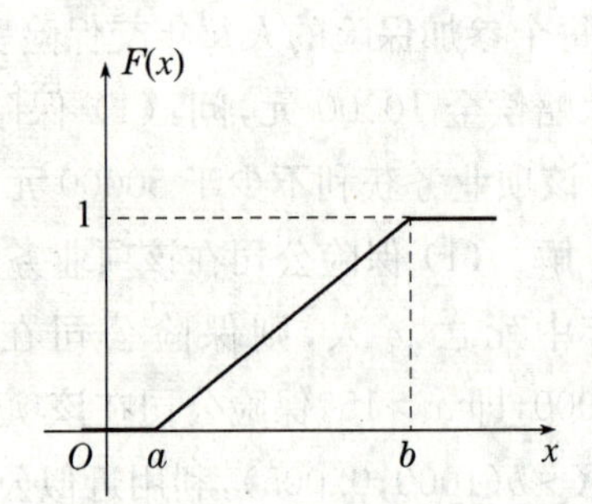

图 2.5 均匀分布分布函数

由定义，对于任一长度为 l 的子区间 $(c,c+l)$，$a\leqslant c<c+l\leqslant b$，有

$$P\{c<x\leqslant c+l\}=\int_c^{c+l} f(x)\mathrm{d}x=\int_c^{c+l}\frac{1}{b-a}\mathrm{d}x=\frac{l}{b-a}.$$

这说明在区间 (a,b) 上服从均匀分布的随机变量 X，它落在区间 (a,b) 中任意等长度的子区间内的可能性是相同的，或者说它落在 (a,b) 的子区间内的概率只依赖于子区间的长度，与子区间的位置无关.

例 2.5.9 设长途客车到达某一个中途停站的时间 T 在 12 点 10 分到 12 点 45 分之间是等可能的，某旅馆与 12:20 到达该车站，等候 20 min 后离开，求他在这段时间能赶上客车的概率.

解 由题意，$T\sim U(10,45)$，T 的分布函数为

$$F(t)=\begin{cases}0, & t\leqslant 10,\\ \dfrac{t-10}{35}, & 10<t<45,\\ 1, & t\geqslant 45.\end{cases}$$

则所求概率为 $P\{20\leqslant T\leqslant 40\}=F(40)-F(20)=\dfrac{4}{7}$.

例 2.5.10 设随机变量 X 服从$[a,b]$上的均匀分布,求 $E(X)$,$D(X)$.

解 已知 X 的概率密度为 $f(x)=\begin{cases}\dfrac{1}{b-a}, & a<x<b,\\ 0, & \text{其他}.\end{cases}$故

$$E(X)=\int_{-\infty}^{\infty}xf(x)\mathrm{d}x=\int_a^b\frac{x}{b-a}\mathrm{d}x=\frac{a+b}{2}.$$

可见,在$[a,b]$上服从均匀分布的随机变量 X 的数学期望就是该区间的中点.

又因为 $E(X^2)=\int_{-\infty}^{\infty}x^2f(x)\mathrm{d}x=\int_a^b\dfrac{x^2}{b-a}\mathrm{d}x=\dfrac{a^2+ab+b^2}{3}$,所以

$$D(X)=\frac{a^2+ab+b^2}{3}-\left(\frac{a+b}{2}\right)^2=\frac{(b-a)^2}{12}.$$

(二) 指数分布

若连续型随机变量 X 的概率密度为

$$f(x)=\begin{cases}\dfrac{1}{\theta}\mathrm{e}^{-\frac{x}{\theta}}, & x>0,\\ 0, & \text{其他}.\end{cases}$$

其中 $\theta>0$ 为常数,则称 X 服从参数为 θ 的**指数分布**,记为 $X\sim E(\theta)$.

易知 $f(x)\geqslant 0$,且 $\int_{-\infty}^{+\infty}f(x)\mathrm{d}x=1$.

根据指数分布的定义,易得它的分布函数为

$$F(x)=\begin{cases}1-\mathrm{e}^{-\frac{x}{\theta}}, & x>0,\\ 0, & \text{其他}.\end{cases}$$

$f(x)$,$F(x)$的图像分别如图 2.6,图 2.7 所示.

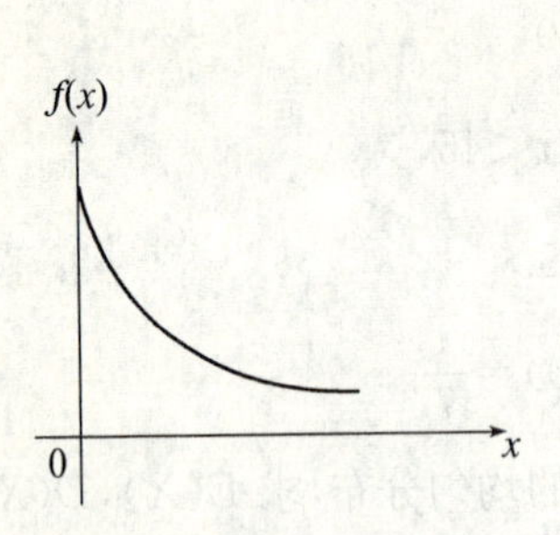

图 2.6　指数分布概率密度

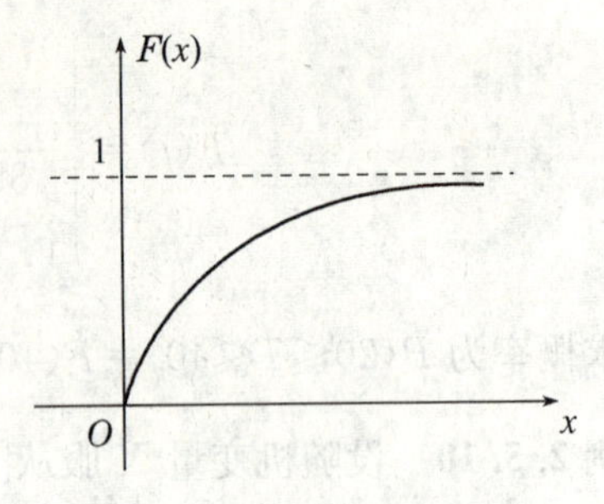

图 2.7　指数分布分布函数

服从指数分布的随机变量 X 具有以下有趣的性质：

定理 2.5.2　对于任意 $s,t>0$，有 $P\{X>s+t|X>s\}=P\{X>t\}$.

证　由条件概率的定义，

$$\begin{aligned}P\{X>s+t|X>s\}&=\frac{P\{(X>s+t)\bigcap(X>s)\}}{P\{X>s\}}\\&=\frac{P\{X>s+t\}}{P\{X>s\}}=\frac{1-F(s+t)}{1-F(s)}\\&=\frac{e^{-\frac{(s+t)}{\theta}}}{e^{-\frac{s}{\theta}}}=e^{-\frac{t}{\theta}}\\&=P\{X>t\}.\end{aligned}$$

这个性质称为**无记忆性**. 如果 X 是某一元件的寿命，那么定理 2.5.2 表明，已知原件使用了 s 小时，它总共能使用至少 $(s+t)$ 小时的条件概率，与从开始使用时计算起，它至少能使用 t 小时的概率相等. 这就是说，元件对它已使用过的 s 小时没有记忆. 事实上，指数分布不仅具有无记忆性，而且是唯一具有无记忆性的分布.

例 2.5.11　已知某种电子元件的寿命 X(单位：小时)服从参数 $\theta=1000$ 的指数分布，求 3 个这样的元件使用 1000 小时至少有 1 个已损坏的概率.

解　由题意，X 的概率密度为

$$f(x)=\begin{cases}\frac{1}{1000}e^{-\frac{x}{1000}}, & x>0,\\0, & x\leqslant 0,\end{cases}$$

于是，$P\{X>1000\}=1-F(1000)=1-(1-e^{-\frac{1000}{1000}})=e^{-1}$.
各元件的寿命是否超过1000小时是独立的，因此3个元件使用1000小时都未损坏的概率为e^{-3}，从而至少有1个已损坏的概率为$1-e^{-3}$.

例 2.5.12　设随机变量X服从参数为θ的指数分布，求$E(X)$，$D(X)$.

解　$E(X)=\int_{-\infty}^{\infty}xf(x)\mathrm{d}x=\frac{1}{\theta}\int_{0}^{\infty}xe^{-\frac{x}{\theta}}\mathrm{d}x=-xe^{-\frac{x}{\theta}}\Big|_{0}^{\infty}+\int_{0}^{\infty}e^{-\frac{x}{\theta}}\mathrm{d}x=\theta.$

又$E(X^2)=\int_{-\infty}^{\infty}x^2f(x)\mathrm{d}x=\frac{1}{\theta}\int_{0}^{\infty}x^2e^{-\frac{x}{\theta}}\mathrm{d}x=2\theta^2$，所以

$$D(X)=2\theta^2-\theta^2=\theta^2.$$

（三）正态分布

若连续型随机变量X的概率密度为$f(x)=\frac{1}{\sqrt{2\pi}\sigma}e^{-\frac{(x-\mu)^2}{2\sigma^2}}$，$-\infty<x<\infty$，其中$\mu,\sigma(\sigma>0)$为常数，则称$X$服从参数为$\mu,\sigma$的**正态分布**，记为$X\sim N(\mu,\sigma^2)$.

显然$f(x)\geqslant 0$，下面来证明$\int_{-\infty}^{\infty}f(x)\mathrm{d}x=1$. 令$\frac{x-\mu}{\sigma}=t$，得到

$$\int_{-\infty}^{\infty}f(x)\mathrm{d}x=\int_{-\infty}^{\infty}\frac{1}{\sqrt{2\pi}\sigma}e^{-\frac{(x-\mu)^2}{2\sigma^2}}\mathrm{d}x=\frac{1}{\sqrt{2\pi}}\int_{-\infty}^{\infty}e^{-\frac{t^2}{2}}\mathrm{d}t.$$

记$I=\int_{-\infty}^{\infty}e^{-\frac{t^2}{2}}\mathrm{d}t$，则$I^2=\int_{-\infty}^{\infty}\int_{-\infty}^{\infty}e^{-\frac{t^2+\mu^2}{2}}\mathrm{d}t\mathrm{d}u$. 令$\begin{cases}t=r\cos\theta,\\ \mu=r\sin\theta,\end{cases}$则

$$I^2=\int_{0}^{2\pi}\int_{0}^{\infty}re^{-\frac{r^2}{2}}\mathrm{d}t\mathrm{d}\theta=2\pi.$$

而$I>0$，故$I=\sqrt{2\pi}$. 即$\int_{-\infty}^{\infty}e^{-\frac{t^2}{2}}\mathrm{d}t=\sqrt{2\pi}$. 从而

$$\int_{-\infty}^{\infty}f(x)\mathrm{d}x=\frac{1}{\sqrt{2\pi}}\int_{-\infty}^{\infty}e^{-\frac{t^2}{2}}\mathrm{d}t=1.$$

若$X\sim N(\mu,\sigma^2)$，其分布函数为

$$F(x)=\frac{1}{\sqrt{2\pi}\sigma}\int_{-\infty}^{x}e^{-\frac{(t-\mu)^2}{2\sigma^2}}\mathrm{d}t.$$

$f(x)$，$F(x)$的图像分别如图2.8，图2.9所示.

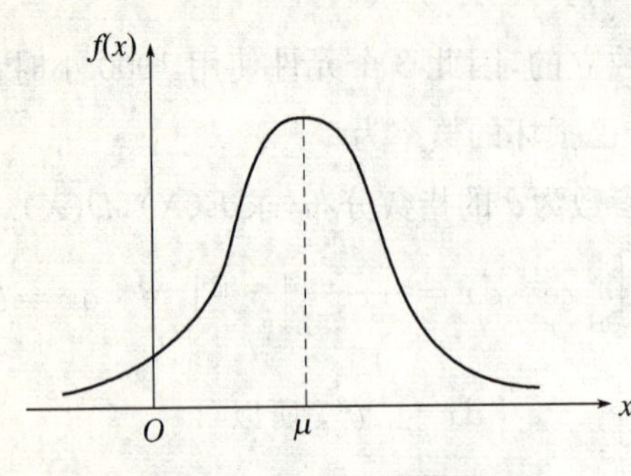

图 2.8 正态分布概率密度

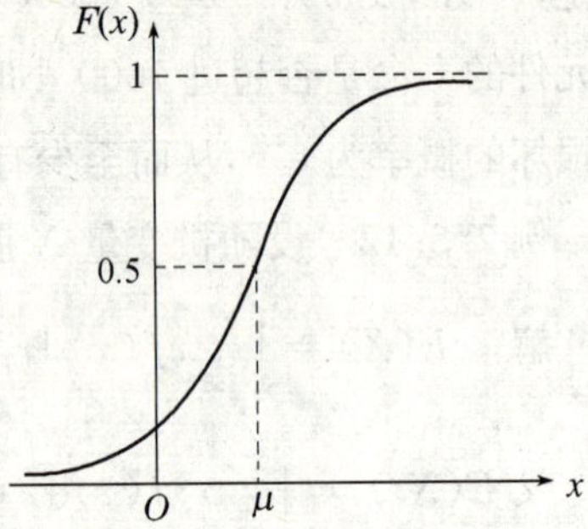

图 2.9 正态分布分布函数

应用微分学知识，可以得到概率密度函数 $f(x)$ 有如下性质：

性质 1 曲线 $f(x)$ 关于直线 $x=\mu$ 对称，即对任意 $h>0$，有

$$P\{\mu-h<X<\mu\}=P\{\mu<X<\mu+h\}.$$

性质 2 当 $x=\mu$ 时，$f(x)$ 取得最大值 $f(\mu)=\dfrac{1}{\sqrt{2\pi}\sigma}$.

性质 3 曲线 $f(x)$ 在 $x=\mu\pm\sigma$ 处有拐点，且 $f(x)$ 以 x 轴为渐近线.

性质 4 若固定 σ，让 μ 值变化，则曲线 $f(x)$ 沿 x 轴平移，形状不变（如图 2.10 所示）. 即 μ 的值确定图形的中心位置，μ 称为位置参数.

性质 5 如果固定 μ，当 σ 较大时，图形矮而胖；当 σ 较小时，图形高而瘦（如图 2.11 所示）. 即 σ 的值确定图形中的峰的陡峭形状，σ 称为形状参数.

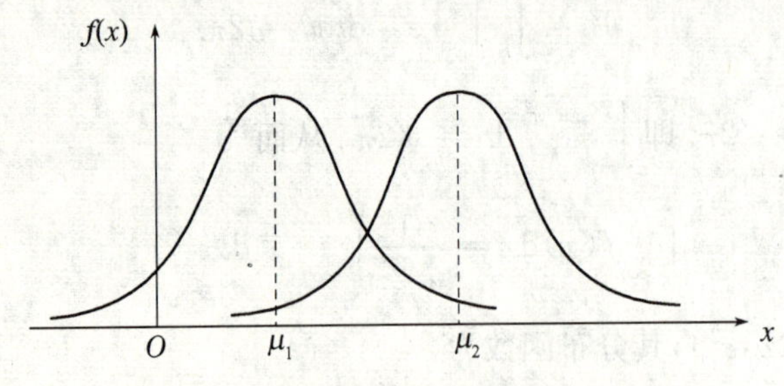

图 2.10 不同 μ 的正态分布概率密度函数

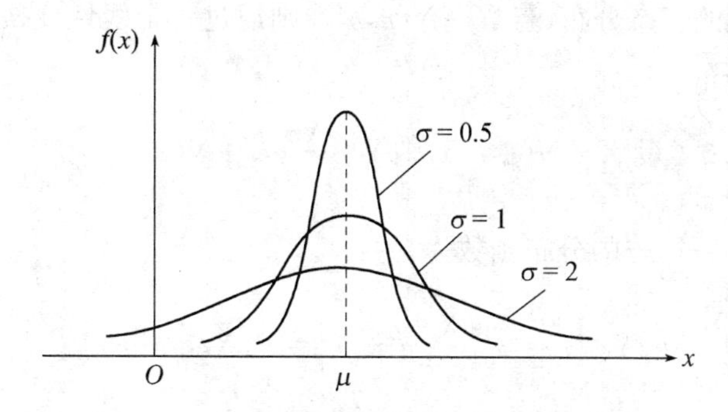

图 2.11　不同 σ 的正态分布概率密度函数

特别地,当 $\mu=0,\sigma=1$ 时称随机变量 X 服从**标准正态分布**,其概率密度和分布函数分别用 $\varphi(x),\Phi(x)$ 表示,即

$$\varphi(x)=\frac{1}{\sqrt{2\pi}}\mathrm{e}^{-\frac{x^2}{2}},$$

$$\Phi(x)=\int_{-\infty}^{x}\varphi(t)\,\mathrm{d}t=\frac{1}{\sqrt{2\pi}}\int_{-\infty}^{x}\mathrm{e}^{-\frac{t^2}{2}}\,\mathrm{d}t.$$

$\varphi(x),\Phi(x)$ 的图像分别如图 2.12,图 2.13 所示.

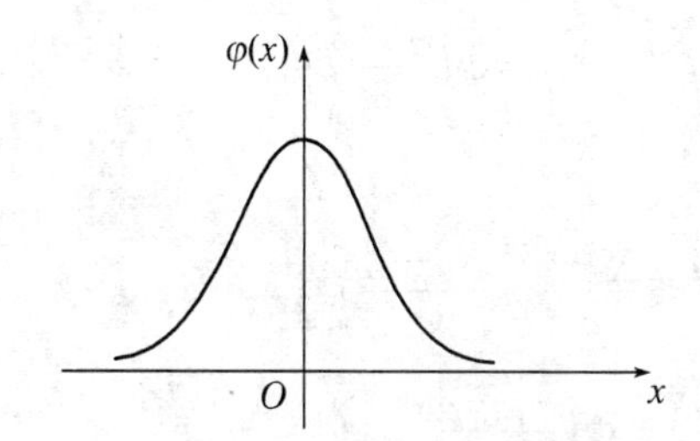

图 2.12　标准正态分布概率密度

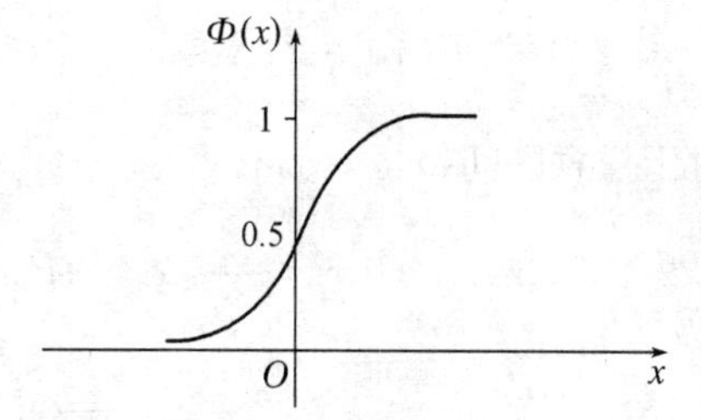

图 2.13　标准正态分布分布函数

由于标准正态分布的概率密度函数是偶函数,图像关于 y 轴对称(如图 2.12 所示),故当随机变量 $X\sim N(0,1)$ 时,对任意实数 x,有

$$\Phi(-x)=P(X\leqslant -x)=P(X\geqslant x)=1-P(X<x)=1-\Phi(x),$$

即
$$\Phi(-x)=1-\Phi(x).$$

标准正态分布函数 $\Phi(x)$ 有函数表(见附表),供计算时查找.

对于一般的正态分布，若 $X\sim N(\mu,\sigma^2)$，则通过一个线性变换就能将它化成标准正态分布.

定理 2.5.3 设 $X\sim N(\mu,\sigma^2)$，则 $Y=\frac{X-\mu}{\sigma}\sim N(0,1)$.

证明 $Y=\frac{X-\mu}{\sigma}$的分布函数为

$$P\{Y\leqslant x\}=P\left\{\frac{X-\mu}{\sigma}\leqslant x\right\}=P\{X\leqslant \mu+\sigma x\}$$

$$=\int_{-\infty}^{\mu+\sigma x}\frac{1}{\sqrt{2\pi}\sigma}\mathrm{e}^{-\frac{(t-\mu)^2}{2\sigma}}\mathrm{d}t.$$

令 $u=\frac{t-\mu}{\sigma}$，则

$$P\{Y\leqslant x\}=\frac{1}{\sqrt{2\pi}}\int_{-\infty}^{x}\mathrm{e}^{-\frac{u^2}{2}}\mathrm{d}u=\Phi(x).$$

所以

$$Y=\frac{X-\mu}{\sigma}\sim N(0,1).$$

于是，若 $X\sim N(\mu,\sigma^2)$，则它的分布函数 $F(x)$可写成

$$F(x)=P\{X\leqslant x\}=P\left\{\frac{X-\mu}{\sigma}\leqslant\frac{x-\mu}{\sigma}\right\}=\Phi\left(\frac{x-\mu}{\sigma}\right).$$

对于任意区间$(x_1,x_2]$，有

$$P\{x_1<X\leqslant x_2\}=P\left\{\frac{x_1-\mu}{\sigma}<\frac{X-\mu}{\sigma}\leqslant\frac{x_2-\mu}{\sigma}\right\}$$

$$=\Phi\left(\frac{x_2-\mu}{\sigma}\right)-\Phi\left(\frac{x_1-\mu}{\sigma}\right).$$

例 2.5.13 设 $X\sim n(1.5,4)$，计算 $P\{X\leqslant 3.5\}$，$P\{X>2.5\}$，$P\{|X|<3\}$.

解 $P\{X\leqslant 3.5\}=P\left\{\frac{X-1.5}{2}\leqslant\frac{3.5-1.5}{2}\right\}=\Phi(1)=0.8413$，

$$P\{X>2.5\}=1-P\{X\leqslant 2.5\}=1-P\left\{\frac{X-1.5}{2}\leqslant\frac{2.5-1.5}{2}\right\}$$

$$=1-\Phi(0.5)=1-0.6915=0.3085,$$

$$P\{|X|<3\}=P\{-3<X<3\}=P\left\{\frac{-3-1.5}{2}<\frac{X-1.5}{2}<\frac{3-1.5}{2}\right\}$$
$$=\Phi(0.75)-\Phi(-2.25)=\Phi(0.75)+\Phi(2.25)-1$$
$$=0.7612.$$

例 2.5.14 若 $X\sim N(\mu,\sigma^2)$，求 $P\{|X-\mu|<\sigma\}$，$P\{|X-\mu|<2\sigma\}$，$P\{|X-\mu|<3\sigma\}$.

解 $P\{|X-\mu|<\sigma\}=P\left\{-1<\frac{X-\mu}{\sigma}<1\right\}=\Phi(1)-\Phi(-1)$
$$=2\Phi(1)-1=0.6826.$$

同理，有

$$P\{|X-\mu|<2\sigma\}=2\Phi(2)-1=0.9544.$$
$$P\{|X-\mu|<3\sigma\}=2\Phi(3)-1=0.9974.$$

我们看到，尽管正态变量的取值范围是$(-\infty,+\infty)$，但它的值落在$(\mu-3\sigma,\mu+3\sigma)$内几乎是肯定的事. 这一说法称之为正态分布的"$3\sigma$"原则.

例 2.5.15 公共汽车车门的高度，是按成年男子与车门碰头的机会在0.01以下来设计的，设成年男子身高 X 服从 $\mu=168$ cm，$\sigma=7$ cm 的正态分布，问：车门的高度应如何确定？

解 若车门的高度为 h cm，由题意

$$P\{X\geqslant h\}\leqslant 0.01, \text{即 } P\{X<h\}\geqslant 0.99.$$

由于 $X\sim N(168,7^2)$，因此

$$P\{X<h\}=P\left\{\frac{X-168}{7}<\frac{h-168}{7}\right\}=\Phi\left(\frac{h-168}{7}\right)\geqslant 0.99.$$

查表可知 $\Phi(2.33)\approx 0.9901>0.99$，即有

$$\frac{h-168}{7}\geqslant 2.33.$$

于是
$$h\geqslant 168+7\times 2.33=184.31.$$

从而车门的高度应不低于 184.31 cm.

例 2.5.16 设随机变量 $X\sim N(\mu,\sigma^2)$，求 $E(X)$，$D(X)$.

解 $E(X)=\int_{-\infty}^{\infty}xf(x)\mathrm{d}x=\int_{-\infty}^{\infty}\frac{x}{\sqrt{2\pi}\sigma}\mathrm{e}^{-\frac{(x-\mu)^2}{2\sigma^2}}\mathrm{d}x \quad \left(\text{令}\frac{x-\mu}{\sigma}=t\right)$

$$= \frac{1}{\sqrt{2\pi}\sigma}\int_{-\infty}^{\infty}(\mu+\sigma t)\mathrm{e}^{-\frac{t^2}{2}}\sigma\mathrm{d}t$$

$$= \mu\int_{-\infty}^{\infty}\frac{1}{\sqrt{2\pi}}\mathrm{e}^{-\frac{t^2}{2}}\mathrm{d}t + \sigma\int_{-\infty}^{\infty}\frac{1}{\sqrt{2\pi}}t\mathrm{e}^{-\frac{t^2}{2}}\mathrm{d}t = \mu.$$

$$D(X) = \int_{-\infty}^{\infty}(x-\mu)^2 f(x)\mathrm{d}x$$

$$= \int_{-\infty}^{\infty}\frac{(x-\mu)^2}{\sqrt{2\pi}\sigma}\mathrm{e}^{-\frac{(x-\mu)^2}{2\sigma^2}}\mathrm{d}x \quad \left(令\frac{x-\mu}{\sigma}=t\right)$$

$$= \frac{\sigma^2}{\sqrt{2\pi}}\int_{-\infty}^{\infty}t^2\mathrm{e}^{-\frac{t^2}{2}}\mathrm{d}t = \frac{\sigma^2}{\sqrt{2\pi}}\left(-t\mathrm{e}^{-\frac{t^2}{2}}\right)\Big|_{-\infty}^{\infty} + \frac{\sigma^2}{\sqrt{2\pi}}\int_{-\infty}^{\infty}\mathrm{e}^{-\frac{t^2}{2}}\mathrm{d}t$$

$$= \sigma^2.$$

这就是说,正态分布的概率密度中的两个参数 μ 和 σ^2 分别就是该分布的数学期望和方差,因而正态分布完全可由它的数学期望和方差所决定.

概率人物卡片(泊松)

西莫恩·德尼·泊松(Simeon-Denis Poisson,1781年6月21日—1840年4月25日),法国数学家、几何学家和物理学家.他贡献的最突出的是1837年在《关于判断的概率之研究》一文中提出描述随机现象的一种常用分布,在概率论中现称泊松分布.这一分布在公用事业、放射性现象等许多方面都有应用.而这一贡献对概率论的进一步发展更是起到了重大的推动作用.

基本练习题 2

1. 如下几个函数,哪个可作为随机变量 X 的分布函数?

(1) $F(x)=\begin{cases}0, & x<-2,\\ \dfrac{1}{2}, & -2\leqslant x<0,\\ 1, & x\geqslant 0;\end{cases}$　　(2) $F(x)=\begin{cases}0, & x<0,\\ \sin x, & 0\leqslant x<\pi,\\ 1, & x\geqslant \pi;\end{cases}$

(3) $F(x)=\begin{cases}0, & x<0,\\ \sin x, & 0\leqslant x<\dfrac{\pi}{2},\\ 1, & x\geqslant \dfrac{\pi}{2};\end{cases}$　　(4) $F(x)=\begin{cases}0, & x<-2,\\ x+\dfrac{1}{3}, & -2\leqslant x<0,\\ 1, & x\geqslant 0.\end{cases}$

2. 一批产品包括10件正品,3件次品,有放回地抽取,每次抽取1件,直到取得正品为止.假定每件产品被取到的机会相同,求抽取次数 X 的概率分布.

3. 已知随机变量 X 只能取 -1、0、1、2 四个值,相应概率依次为 $\frac{1}{2c}$、$\frac{3}{4c}$、$\frac{5}{8c}$、$\frac{7}{16c}$,确定常数 c 并计算 $P\{X<1|X\neq 0\}$.

4. 设 X 的分布函数为

$$F(x)=\begin{cases}A(1-\mathrm{e}^{-x}), & x\geqslant 0,\\ 0, & x<0,\end{cases}$$

求常数 A 及 $P\{1<x\leqslant 3\}$.

5. 一个靶子是半径为2米的圆盘,设击中靶上任一同心圆盘上的点的概率与该圆盘的面积成正比,并设射击都能中靶,以 X 表示弹着点与圆心的距离,试求随机变量 X 的分布函数.

6. 已知随机变量 X 的概率密度为

$$f(x)=\begin{cases}\dfrac{1}{2\sqrt{x}}, & 0<x<1,\\ 0, & \text{其他}.\end{cases}$$

求 X 的分布函数,画出分布函数的图像.

7. 设 K 在区间(1,6)上服从均匀分布,求方程

$$x^2+Kx+1=0$$

有实根的概率.

8. 某型号电子管的寿命 X 服从 $\theta=1000$ 的指数分布,计算 $P\{1000<X\leqslant 1200\}$.

9. 设 $X\sim N(0,1)$,求 $P\{X\geqslant 0\}$,$P\{|X|<3\}$,$P\{0<X\leqslant 5\}$,$P\{X>3\}$,$P\{-1<X<3\}$.

10. 设随机变量 $X\sim N(10,2^2)$,求 $P\{10<X<13\}$,$P\{X>13\}$,$P\{|X-10|<2\}$.

11. 设随机变量 X 的概率分布为

X	0	$\frac{\pi}{2}$	π
p_k	$\frac{1}{4}$	$\frac{1}{2}$	$\frac{1}{4}$

试求(1) $E(X)$,$D(X)$,(2) $Y=\cos X$ 的概率分布.

12. 设随机变量 $X\sim b(3,0.4)$,求 $E(X)$,$D(X)$.

综合练习题 2

1. 设某个随机变量 X 的分布函数为

$$F(x)=\begin{cases}0, & x<0,\\ Ax^2, & 0\leqslant x<1,\\ 1, & x\geqslant 1,\end{cases}$$

求未知参数 A.

2. 某仪器装有 3 只独立工作的同型号电子元件,其寿命(单位:小时)都服从同一指数分布,概率密度为 $f(x)=\begin{cases}\frac{1}{600}e^{-\frac{x}{600}}, & x>0,\\ 0, & x\leqslant 0,\end{cases}$ 试求:在仪器使用的最初 200 小时内,至少有 1 只电子元件损坏的概率 α.

3. 假设一厂家生产的每台仪器,以概率 0.7 可以直接出厂;以概率 0.3

需进一步调试,经调试后以 0.8 的概率可以出厂;以 0.2 的概率定为不合格品不能出厂.现该厂新生产了 n 台仪器(假设各仪器的生产过程相互独立).求:(1) 全部能出厂的概率 α;(2) 其中恰好有两件不能出厂的概率 β;(3) 其中至少有两件不能出厂的概率 θ.

4. 设随机变量 X 的概率密度为 $f(x)=\begin{cases}\dfrac{A}{\sqrt{1-x^2}}, & |x|<1,\\ 0, & |x|\geqslant 1.\end{cases}$

求:(1) 系数 A;(2) X 落在 $\left(-\dfrac{1}{2},\dfrac{1}{2}\right)$ 内的概率;(3) X 的分布函数 $F(x)$;(4) $E(X)$,$D(X)$.

5. 设 X 的分布函数为 $F(x)$,且 $F(x)$ 单调.证明:$Y=F(X)$ 服从区间 $(0,1)$ 上的均匀分布.

6. 某地抽样调查结果表明,考生的外语成绩 X(百分制)近似地服从正态分布——$X\sim N(72,\sigma^2)$,96 分以上的占考生总数的 2.3%,试求考生的外语成绩在 60 分至 84 分之间的概率.

7. 将一温度调节器放置在贮存着某种液体的容器内,调节器的温度定在 d ℃,液体的温度 X(以℃计)是一个随机变量,且 $X\sim N(d,0.5^2)$.

(1) 若 $d=90$ ℃,求 X 小于 89 ℃的概率;

(2) 若要求保持液体的温度至少为 80 ℃的概率不低于 0.99,问:d 至少为多少?

8. 已知随机变量 X 的概率密度为

$$f(x)=\begin{cases}12x^2-12x+3, & 0<x<1,\\ 0, & \text{其他},\end{cases}$$

计算:(1) $E(X)$,$D(X)$;(2) $P\{X\leqslant 0.2\,|\,0.1<X\leqslant 0.5\}$.

9. 设随机变量 $X\sim U(0,1)$,求:(1) $Y=\mathrm{e}^X$ 的概率密度;(2) $Y=-2\ln X$ 的概率密度.

第3章　多维随机变量

实际案例:

实例1　某部队进行炮弹演练射击,为了精确炮弹射击地点,仅仅以一个随机变量来衡量或者刻画炮弹射击位置是不够的.那么如何才能更精确地描述炮弹的弹着点的位置呢?

实例2　考察某地区学龄前儿童发育情况,对这一地区的儿童进行抽样检查,需要同时观察他们的身高和体重,这样,儿童的发育情况仅以一个简单的随机变量未必能描述清楚,需要用定义在同一个样本空间上的两个随机变量来加以描述.

因此,像这些同时需要考虑若干个随机变量来描述事件发生的情况就是本节所要介绍的多维随机变量及其分布.

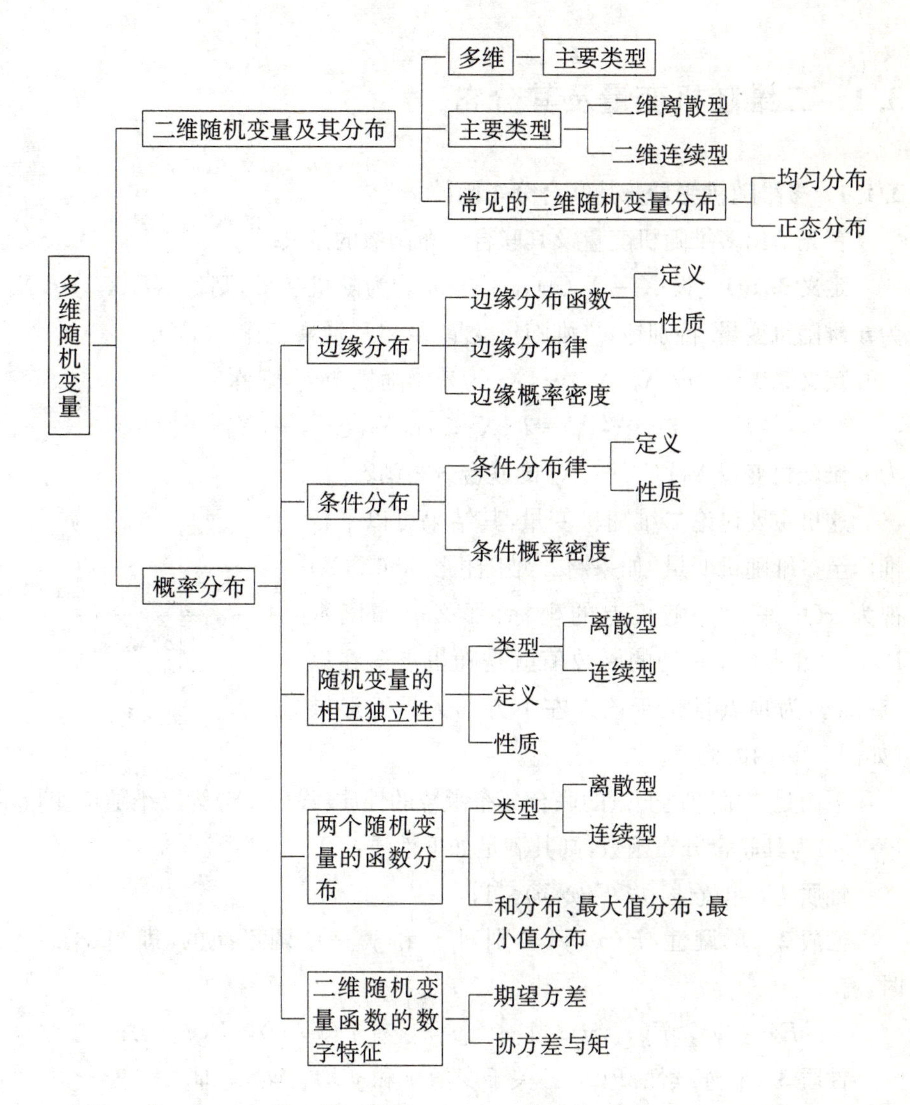

在第2章，主要介绍了单个随机变量及其概率分布，而在实际问题中，有些随机试验的结果需要同时用两个或更多个随机变量来描述，而且这些随机变量往往并非是彼此孤立的，要研究这些随机变量以及它们之间的关系，有时往往需要将它们作为一个整体来考虑，为此本章引进多维随机变量概念，并着重讨论二维随机变量.

3.1 二维随机变量及其分布

3.1.1 多维随机变量及其联合分布函数

首先给出多维随机变量及其联合分布函数的定义.

定义 3.1.1 设 $X_i=X_i(\mathrm{e}), 1\leqslant i\leqslant n$ 均为随机变量,则称 $X_1, X_2, \cdots, X_n$ 为 ***n* 维随机变量**. 特别地,二维随机变量 X 和 Y 通常记作 (X,Y).

定义 3.1.2 设 $X_1, X_2, \cdots, X_n$ 为 n 维随机变量,则称

$$F(x_1, x_2, \cdots, x_n)=P\{X_1\leqslant x_1, X_2\leqslant x_2, \cdots, X_n\leqslant x_n\}$$

为 ***n* 维随机变量 $\boldsymbol{X_1, X_2, \cdots, X_n}$ 的联合分布函数**.

这里主要讨论二维随机变量,其结果可以平行推广至多维随机变量. 如果将二维随机变量 (X,Y) 视为 xOy 平面上随机点的坐标,那么分布函数 $F(x,y)$ 在点 (x,y) 处的函数值就是随机点落在以点 (x,y) 为顶点且位于该点左下方的无界矩形域(如图 3.1)内的概率.

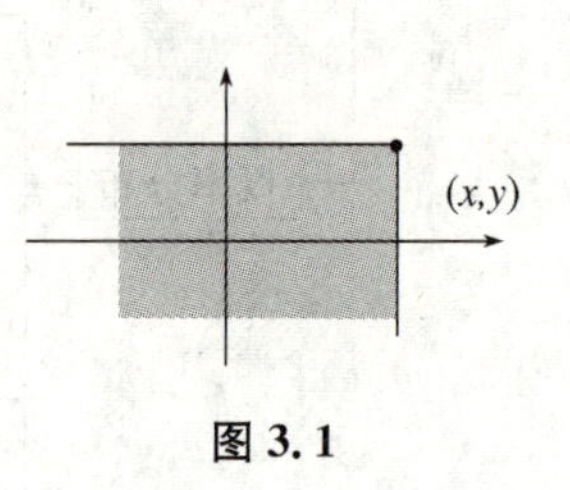

图 3.1

下面是二维随机变量的联合分布函数的性质. 设 (X,Y) 为二维随机变量, $F(x,y)$ 为其联合分布函数,则其满足如下性质:

性质 1 非负性: $0\leqslant F(x,y)\leqslant 1$;

性质 2 单调性: $F(x,y)$ 分别对 x 和 y 是单调不减的,即当 $x_2>x_1$ 时,有

$$F(x_2,y)\geqslant F(x_1,y);\text{当 } y_2>y_1 \text{ 时,有 } F(x,y_2)\geqslant F(x,y_1).$$

性质 3 右连续性: $F(x,y)$ 关于变量 x 和 y 均右连续,即

$$F(x+0,y)=F(x,y), F(x,y+0)=F(x,y).$$

性质 4 正规性: $F(-\infty,-\infty)=F(-\infty,y)=F(x,-\infty)=0, F(+\infty,+\infty)=1$.

性质 5 设 $x_1<x_2, y_1<y_2$,则

$$P\{x_1<X\leqslant x_2, y_1<Y\leqslant y_2\}=F(x_2,y_2)+F(x_1,y_1)-F(x_2,y_1)-F(x_1,y_2).$$

注：如果一个二元函数具有上述五条性质，那么该函数一定可以作为某个二维随机变量的(X,Y)分布函数.

3.1.2　二维离散型随机变量

下面给出二维离散型随机变量分布律的定义和性质.

定义 3.1.3　如果二维随机变量(X,Y)的所有可能取值为有限多对或可列无限多对，那么称(X,Y)为**二维离散型随机变量**.

显然，当且仅当X和Y都是离散型随机变量时，(X,Y)为二维离散型随机变量.

定义 3.1.4　设二维离散型随机变量(X,Y)的所有可能取值为(x_i,y_j) $(i,j=1,2,\cdots)$，且事件$X=x_i,Y=y_j$发生的概率为p_{ij}，则称

$$P\{X=x_i,Y=y_j\}=p_{ij}\ (i,j=1,2,\cdots)$$

为二维离散型随机变量(X,Y)的**联合分布律**，简称**分布律**. 联合分布律也常用一张表格表示出来：

X \ Y	y_1	y_2	……
x_1	p_{11}	p_{12}	……
x_2	p_{21}	p_{22}	……
……	……	……	……

容易验证，二维随机变量(X,Y)的联合分布律满足下列性质：

性质 1　非负性：$p_{ij}\geqslant 0,i,j=1,2,\cdots$

性质 2　正规性：$\sum\limits_{i,j}p_{ij}=1$

例 3.1.1　设箱子中装有10件产品，其中4件是次品，6件是正品，不放回地从箱子中任取两次产品，每次一个. 则有随机变量

$$X=\begin{cases}0, & \text{第一次取到的是次品},\\ 1, & \text{第一次取到的是正品},\end{cases}\qquad Y=\begin{cases}0, & \text{第二次取到的是次品},\\ 1, & \text{第二次取到的是正品},\end{cases}$$

求(X,Y)的分布律以及分布函数.

解 因 $P\{X=0,Y=0\}=P\{X=0\}\cdot P\{Y=0|X=0\}=\frac{4}{10}\times\frac{3}{9}=\frac{2}{15}$,

$P\{X=0,Y=1\}=P\{X=0\}\cdot P\{Y=1|X=0\}=\frac{4}{10}\times\frac{6}{9}=\frac{4}{15}$,

$P\{X=1,Y=0\}=P\{X=1\}\cdot P\{Y=0|X=1\}=\frac{6}{10}\times\frac{4}{9}=\frac{4}{15}$,

$P\{X=1,Y=1\}=P\{X=1\}\cdot P\{Y=1|X=1\}=\frac{6}{10}\times\frac{5}{9}=\frac{5}{15}$,

故(X,Y)的联合分布律为:

X \ Y	0	1
0	$\frac{2}{15}$	$\frac{4}{15}$
1	$\frac{4}{15}$	$\frac{5}{15}$

由分布函数定义,知(X,Y)的分布函数为

$$F(x,y)=\begin{cases}0, & x<0 \text{ 或 } y<0,\\ \frac{2}{15}, & 0\leqslant x<1,0\leqslant y<1,\\ \frac{6}{15}, & 0\leqslant x<1,y\geqslant 1 \text{ 或 } x\geqslant 1,0\leqslant y<1,\\ 1, & x\geqslant 1,y\geqslant 1.\end{cases}$$

3.1.3 二维连续型随机变量

在第 2 章,已经介绍了一维连续型随机变量的概念和性质,类似地,下面给出二维连续型随机变量的相关知识.

定义 3.1.5 设(X,Y)为二维随机变量,$F(x,y)$为其联合分布函数,若存在非负可积函数 $f(x,y)$,使得 $F(x,y)=\int_{-\infty}^{x}\mathrm{d}u\int_{-\infty}^{y}f(u,v)\mathrm{d}v$,则称$(X,Y)$为**二维连续型随机变量**,$f(x,y)$为$(X,Y)$的**概率密度**或称为 X 和 Y 的**联合概率密度**.

容易验证,联合概率密度函数 $f(x,y)$满足下列性质:

性质1　非负性：$f(x,y)\geqslant 0$；

性质2　正规性：$\int_{-\infty}^{+\infty}\mathrm{d}x\int_{-\infty}^{+\infty}f(x,y)\mathrm{d}y=1$；

性质3　设G为一个平面区域，则$P\{(X,Y)\in G\}=\iint\limits_{(X,Y)\in G}f(x,y)\mathrm{d}x\mathrm{d}y$.
特别地，设平面区域G为：$\begin{cases}x_1<X\leqslant x_2,\\ y_1<Y\leqslant y_2\end{cases}$时，则二维连续型随机变量$(X,Y)$落在该区域内的概率为：$P\{x_1<X\leqslant x_2,y_1<Y\leqslant y_2\}=\int_{x_1}^{x_2}\mathrm{d}x\int_{y_1}^{y_2}f(x,y)\mathrm{d}y$.

从几何角度来看，性质1和性质2表明：概率密度所表示的曲面是位于xOy平面的上方，并且介于它和xOy平面间的体积为1；性质3表明：随机点(X,Y)落在平面区域G内的概率$P\{(X,Y)\in G\}$等于以G为底，以曲面$z=f(x,y)$为顶的曲顶柱体的体积.

容易验证，联合分布函数$F(x,y)$除了具有一般随机变量的联合分布函数的性质之外，还具有以下性质：

性质4　连续性：$F(x,y)$为连续函数. 因此，(X,Y)在一点取值的概率为0.

性质5　可导性：若$f(x,y)$为连续函数，则$\frac{\partial^2 F(x,y)}{\partial x\partial y}=\frac{\partial^2 F(x,y)}{\partial y\partial x}=f(x,y)$.

例3.1.2　设(X,Y)的联合密度函数为：

$$f(x,y)=\begin{cases}k(x+y), & 0<x<1,0<y<1,\\ 0, & \text{其他}.\end{cases}$$

求：(1) 常数k；(2) $P\left\{X<\frac{1}{2},Y<\frac{1}{2}\right\}$；(3) $P\{X+Y<1\}$；(4) $P\left\{X<\frac{1}{2}\right\}$.

解　(1) 由正规性知，$\int_{-\infty}^{+\infty}\int_{-\infty}^{+\infty}f(x,y)\mathrm{d}x\mathrm{d}y=\int_0^1\int_0^1 k(x+y)\mathrm{d}x\mathrm{d}y=k=1$，因此，$k=1$；

(2) $P\left\{X<\frac{1}{2},Y<\frac{1}{2}\right\}=\int_{-\infty}^{\frac{1}{2}}\int_{-\infty}^{\frac{1}{2}}f(x,y)\mathrm{d}x\mathrm{d}y=\int_{0}^{\frac{1}{2}}\int_{0}^{\frac{1}{2}}(x+y)\mathrm{d}x\mathrm{d}y=\frac{1}{8}$；

(3) $P\{X+Y<1\}=\int_{0}^{1}\mathrm{d}x\int_{0}^{1-x}(x+y)\mathrm{d}y=\frac{1}{3}$；

(4) $P\left\{X<\frac{1}{2}\right\}=\int_{-\infty}^{\frac{1}{2}}\mathrm{d}x\int_{-\infty}^{+\infty}f(x,y)\mathrm{d}y=\int_{0}^{\frac{1}{2}}\mathrm{d}x\int_{0}^{1}(x+y)\mathrm{d}y=\frac{3}{8}$.

3.1.4 常见的二维连续型随机变量

(1) 二维均匀分布

设 D 为一平面区域，$S(D)$ 为其面积，若二维连续型随机变量 (X,Y) 概率密度函数为

$$f(x,y)=\begin{cases}\frac{1}{S(D)}, & (x,y)\in D,\\ 0, & (x,y)\notin D,\end{cases}$$

则称 (X,Y) 服从平面区域 D 上的**均匀分布**. 记为 $(X,Y)\sim U(D)$.

(2) 二维正态分布

若二维随机变量 (X,Y) 的联合概率密度函数为

$$f(x,y)=\frac{1}{2\pi\sigma_1\sigma_2\sqrt{1-\rho^2}}\mathrm{e}^{-\frac{1}{2(1-\rho^2)}\left[\left(\frac{x-\mu_1}{\sigma_1}\right)^2-2\rho\frac{x-\mu_1}{\sigma_1}\frac{y-\mu_2}{\sigma_2}+\left(\frac{y-\mu_2}{\sigma_2}\right)^2\right]}$$

其中，$\sigma_1,\sigma_2>0$，$|\rho|<1$. 则称 (X,Y) 服从参数为 $\mu_1,\sigma_1^2,\mu_2,\sigma_2^2,\rho$ 的**二维正态分布**，记为 $(X,Y)\sim N(\mu_1,\sigma_1^2;\mu_2,\sigma_2^2;\rho)$.

注：如果二维随机变量 (X,Y) 服从二维正态分布 $N(\mu_1,\sigma_1^2;\mu_2,\sigma_2^2;\rho)$，那么 (X,Y) 关于 X 和 Y 的边缘分布(下节介绍)都是一维正态分布，且 $X\sim N_1(\mu_1,\sigma_1^2)$，$Y\sim N_2(\mu_2,\sigma_2^2)$，并且 (X,Y) 的分布与参数 ρ 有关. 对于不同的 ρ，有不同的二维正态分布，但是 (X,Y) 关于 X 和 Y 的边缘分布都与 ρ 无关. 这一事实表明，仅仅根据 (X,Y) 关于 X 和 Y 的边缘分布，一般不能确定随机变量 X 和 Y 的联合分布.

例 3.1.3 设 (X,Y) 在区域 D 上服从均匀分布，其中 D：$x\geqslant y$，$0\leqslant x\leqslant 1$，

$y \geqslant 0$. 求 $P\{X+Y \leqslant 1\}$.

解　D 的面积 $S=\frac{1}{2}$,所以(X,Y)的概率密度为

$$f(x,y)=\begin{cases}2, & (x,y)\in D,\\ 0, & 其他,\end{cases}$$

条件$\{X+Y \leqslant 1\}$意味着随机点(X,Y)落在区域 $D_1: x+y\leqslant 1, 0\leqslant y\leqslant x$ 上,则有

$$P\{X+Y\leqslant 1\}=\iint\limits_{X+Y\leqslant 1} f(x,y)\mathrm{d}x\mathrm{d}y=\iint\limits_{D_1} 2\mathrm{d}x\mathrm{d}y=2\times\frac{1}{4}=\frac{1}{2}.$$

3.2　边缘分布

二维随机变量(X,Y)作为一个整体,具有分布函数 $F(x,y)$,由于 X 和 Y 又都是一维随机变量,所以各自也具有分布函数,那么(X,Y)作为一个整体的分布函数与 X 和 Y 各自的分布有何关系呢?有时,也需要由已知的(X,Y)的联合分布去了解 X 和 Y 的分布,这便产生了边缘分布.

对于二维连续型随机变量(X,Y)的联合分布函数,我们有如下随机变量 X 和 Y 各自的分布函数概念.

定义 3.2.1　设(X,Y)为二维随机变量,(X,Y)的联合分布函数为 $F(x,y)$,X,Y 所满足的分布称为**边缘分布**. 记

$$\begin{aligned}F_X(x)&=P\{X\leqslant x\}=P\{X\leqslant x,Y<+\infty\}\\&=F(x,+\infty)=\lim_{y\to+\infty}F(x,y),\\F_Y(y)&=P\{Y\leqslant y\}=P\{X<+\infty,Y\leqslant y\}\\&=F(+\infty,y)=\lim_{x\to+\infty}F(x,y),\end{aligned}$$

则 $F_X(x)$,$F_Y(y)$分别称为二维随机变量(X,Y)的关于 X 和 Y 的**边缘分布函数**.

例 3.2.1　设二维随机变量(X,Y)的分布函数为

$$F(x,y)=a(b+\arctan x)(c+\arctan y)\quad(-\infty<x,y<+\infty),$$

确定常数 a,b,c,并求关于 X 和 Y 的边缘分布函数.

解 由分布函数的正规性,有

$$F(+\infty,+\infty)=\lim_{\substack{x\to+\infty\\y\to+\infty}}F(x,y)=a\left(b+\frac{\pi}{2}\right)\left(c+\frac{\pi}{2}\right)=1,$$

$$F(x,-\infty)=\lim_{y\to-\infty}F(x,y)=a(b+\arctan x)\left(c-\frac{\pi}{2}\right)=0,$$

$$F(-\infty,y)=\lim_{x\to-\infty}F(x,y)=a\left(b-\frac{\pi}{2}\right)(c+\arctan y)=0,$$

解得

$$a=\frac{1}{\pi^2},b=\frac{\pi}{2},c=\frac{\pi}{2},$$

所以(X,Y)的分布函数为

$$F(x,y)=\frac{1}{\pi^2}\left(\frac{\pi}{2}+\arctan x\right)\left(\frac{\pi}{2}+\arctan y\right),$$

从而两个边缘分布函数分别为

$$F_X(x)=F(x,+\infty)=\lim_{y\to+\infty}F(x,y)=\frac{1}{\pi}\left(\frac{\pi}{2}+\arctan x\right),$$

$$F_Y(y)=F(+\infty,y)=\lim_{x\to+\infty}F(x,y)=\frac{1}{\pi}\left(\frac{\pi}{2}+\arctan y\right).$$

3.2.1 边缘分布律

对于二维离散型随机变量(X,Y)的联合分布律,下面我们考虑随机变量 X 和 Y 各自的分布律.

定义 3.2.2 设(X,Y)为二维离散型随机变量,其联合分布律为

$$P\{X=x_i,Y=y_j\}=p_{ij}\quad(i,j=1,2,\cdots),$$

则 X,Y 也都是离散型随机变量,其分布律称为(X,Y)的**边缘分布律**.

二维离散型随机变量(X,Y)的联合分布律及边缘分布如下表:

X \ Y	y_1	y_2	y_3	……	$p_{i\cdot}$
x_1	p_{11}	p_{12}	p_{13}	……	$p_{1j}=\sum_j p_{1j}$
x_2	p_{21}	p_{22}	p_{23}	……	$p_{2j}=\sum_j p_{2j}$
x_3	p_{31}	p_{32}	p_{33}	……	$p_{3j}=\sum_j p_{3j}$
$p_{\cdot j}$	$p_{i1}=\sum_i p_{i1}$	$p_{i2}=\sum_i p_{i2}$	$p_{i3}=\sum_i p_{i3}$	……	1

即 X 的边缘分布律为：

$$P_{i\cdot}=P(X=x_i)=\sum_j P\{X=x_i,Y=y_j\}=\sum_j p_{ij}\quad(i,j=1,2,\cdots)$$

Y 的边缘分布律为：

$$P_{\cdot j}=P(Y=y_j)=\sum_i P\{X=x_i,Y=y_j\}=\sum_j p_{ij}\quad(i,j=1,2,\cdots)$$

例 3.2.2　已知(X,Y)的联合分布律为：

X \ Y	0	1
0	$\frac{1}{10}$	$\frac{3}{10}$
1	$\frac{3}{10}$	$\frac{3}{10}$

求(X,Y)关于 X 和关于 Y 的边缘分布律.

解　由题意，$P\{X=0\}=P\{X=0,Y=0\}+P\{X=0,Y=1\}=\frac{1}{10}+\frac{3}{10}=\frac{2}{5}$，同理，$P\{X=1\}=P\{X=1,Y=0\}+P\{X=1,Y=1\}=\frac{3}{10}+\frac{3}{10}=\frac{3}{5}$，

$$P\{Y=0\}=P\{X=0,Y=0\}+P\{X=1,Y=0\}=\frac{1}{10}+\frac{3}{10}=\frac{2}{5},$$

$$P\{Y=1\}=P\{X=0,Y=1\}+P\{X=1,Y=1\}=\frac{3}{10}+\frac{3}{10}=\frac{3}{5}.$$

因此，关于 X 和关于 Y 的边缘分布律分别为

X	0	1
P	$\frac{2}{5}$	$\frac{3}{5}$

Y	0	1
P	$\frac{2}{5}$	$\frac{3}{5}$

3.2.2 边缘概率密度函数

定义 3.2.3 设(X,Y)为二维连续型随机变量,其联合概率密度函数为$f(x,y)$.设

$$F_X(x)=F(x,+\infty)=\int_{-\infty}^{x}\int_{-\infty}^{+\infty}f(u,v)\mathrm{d}v\mathrm{d}u,$$

则对于随机变量 X,其概率密度函数

$$f_X(x)=\int_{-\infty}^{+\infty}f(x,y)\mathrm{d}y$$

称为二维随机变量(X,Y)关于 X 的**边缘概率密度函数**,简称**边缘概率密度**.

同理,二维随机变量(X,Y)关于 Y 的边缘概率密度函数为 $f_Y(y)=\int_{-\infty}^{+\infty}f(x,y)\mathrm{d}x$.

例 3.2.3 设(X,Y)的联合密度函数如下,分别求 X 与 Y 的边缘概率密度函数.

$$f(x,y)=\frac{1}{\pi^2(1+x^2)(1+y^2)},-\infty<x<+\infty,-\infty<y<+\infty$$

解 由边缘概率密度定义,有

$$f_X(x)=\int_{-\infty}^{+\infty}f(x,y)\mathrm{d}y=\int_{-\infty}^{+\infty}\frac{1}{\pi^2(1+x^2)(1+y^2)}\mathrm{d}y=\frac{1}{\pi(1+x^2)}.$$

同理,关于 Y 的边缘概率密度函数为 $f_Y(y)=\frac{1}{\pi(1+y^2)}$.

例 3.2.4 设(X,Y)的联合密度函数如下,分别求 X 与 Y 的边缘密度函数.

$$f(x,y)=\begin{cases}\mathrm{e}^{-x}, & 0<y<x\\ 0, & 其他\end{cases}$$

解 因为当 $x\leqslant 0$ 时,$f_X(x)=0$;当 $x>0$ 时,$f_X(x)=\int_0^x\mathrm{e}^{-x}\mathrm{d}y=x\mathrm{e}^{-x}$,

所以

$$f_X(x)=\begin{cases}xe^{-x}, & x>0,\\ 0, & x\leqslant 0;\end{cases}$$

同理当 $y\leqslant 0$ 时，$f_Y(y)=0$；$y>0$ 时，$f_Y(y)=\int_y^{+\infty}e^{-x}dx=e^{-y}$，即

$$f_Y(x)=\begin{cases}e^{-y}, & y>0,\\ 0, & y\leqslant 0.\end{cases}.$$

例 3.2.5　设二维随机变量 $(X,Y)\sim N(\mu_1,\sigma_1^2;\mu_2,\sigma_2^2;\rho)$，即 (X,Y) 服从二维正态分布，其联合概率密度为

$$f(x,y)=\frac{1}{2\pi\sigma_1\sigma_2\sqrt{1-\rho^2}}e^{-\frac{1}{2(1-\rho)^2}\left[\left(\frac{x-\mu_1}{\sigma_1}\right)^2-2\rho\frac{x-\mu_1}{\sigma_1}\frac{y-\mu_2}{\sigma_2}+\left(\frac{y-\mu_2}{\sigma^2}\right)^2\right]},$$

求二维正态分布关于 X 和 Y 的边缘概率密度.

解　由题意，X 的边缘概率密度函数为

$$f_X(x)=\int_{-\infty}^{+\infty}f(x,y)dy=\frac{1}{2\pi\sigma_1\sigma_2\sqrt{1-\rho^2}}\int_{-\infty}^{+\infty}e^{-\frac{1}{2(1-\rho)^2}\left[\left(\frac{x-\mu_1}{\sigma_1}\right)^2-2\rho\frac{x-\mu_1}{\sigma_1}\frac{y-\mu_2}{\sigma_2}+\left(\frac{y-\mu_2}{\sigma^2}\right)^2\right]}dy$$

$$\overset{z=\frac{y-\mu_2}{\sqrt{1-\rho^2}\sigma_2}}{\underset{y=\sqrt{1-\rho^2}\sigma_2 z+\mu_2}{=}}\frac{\sqrt{1-\rho^2}\sigma^2}{2\pi\sigma_1\sigma_2\sqrt{1-\rho^2}}\int_{-\infty}^{+\infty}e^{-\frac{1}{2(1-\rho)^2}\left[\left(\frac{x-\mu_1}{\sigma_1}\right)^2-2\rho\frac{x-\mu_1}{\sigma_1}\sqrt{1-\rho^2}z+(1-\rho^2)z^2\right]}dz$$

$$=\frac{1}{2\pi\sigma_1}\int_{-\infty}^{+\infty}e^{-\frac{1}{2}\left[z^2-\frac{2\rho}{\sqrt{1-\rho^2}}\frac{x-\mu_1}{\sigma_1}z+\frac{1}{1-\rho^2}\left(\frac{x-\mu_1}{\sigma_1}\right)^2\right]}dz$$

$$=\frac{1}{2\pi\sigma_1}\int_{-\infty}^{+\infty}e^{-\frac{1}{2}\left[\left(z-\frac{\rho}{\sqrt{1-\rho^2}}\frac{x-\mu_1}{\sigma_1}\right)^2+\frac{1}{1-\rho^2}\left(\frac{x-\mu_1}{\sigma_1}\right)^2-\frac{\rho^2}{1-\rho^2}\left(\frac{x-\mu_1}{\sigma_1}\right)^2\right]}dz$$

$$=\frac{e^{-\frac{(x-\mu_1)^2}{2\sigma_1^2}}}{\sqrt{2\pi}\sigma_1}\int_{-\infty}^{+\infty}\frac{1}{\sqrt{2\pi}}e^{-\frac{1}{2}\left(z-\frac{\rho}{\sqrt{1-\rho^2}}\frac{x-\mu_1}{\sigma_1}\right)^2}dz$$

$$=\frac{1}{\sqrt{2\pi}\sigma_1}e^{-\frac{(x-\mu_1)^2}{2\sigma_1^2}}.$$

因此，$X\sim N(\mu_1,\sigma_1^2)$. 同理，$Y\sim N(\mu_2,\sigma_2^2)$.

3.3 条件分布

在第 1 章,介绍了条件概率,下面给出两个随机变量条件概率分布的定义.

3.3.1 条件分布律

设(X,Y)为二维离散型随机变量,其联合分布律为

$$P\{X=x_i,Y=y_i\}=p_{ij}(i,j=1,2,\cdots)$$

(X,Y)关于 X 和 Y 的边缘分布分别为

$$P_{i\cdot}=P(X=x_i)=\sum_j P\{X=x_i,Y=y_j\}=\sum_j p_{ij}(i,j=1,2,\cdots)$$

$$P_{\cdot j}=P(Y=y_j)=\sum_i P\{X=x_i,Y=y_j\}=\sum_i p_{ij}(i,j=1,2,\cdots)$$

下面考虑在事件$\{X=x_i\}$发生的条件下事件$\{Y=y_j\}$发生的概率.

定义 3.3.1 设(X,Y)为二维离散型随机变量,对于固定的 i,若 $P\{X=x_i\}>0$,则称

$$P(Y=y_j|X=x_i)=\frac{P\{X=x_i,Y=y_i\}}{P\{X=x_i\}}=\frac{p_{ij}}{p_{i\cdot}}$$

为在 $X=x_i$ 条件下随机变量 Y 的**条件分布律.**

同样,对于固定的 j,若 $P\{Y=y_j\}>0$,则称

$$P(X=x_j|Y=y_i)=\frac{P\{X=x_i,Y=y_j\}}{P\{X=y_j\}}=\frac{p_{ij}}{p_{\cdot j}}$$

为在 $Y=y_j$ 条件下随机变量 X 的**条件分布律.**

例 3.3.1 设(X,Y)的联合分布律如下:

Y \ X	1	2	3
1	$\frac{1}{6}$	$\frac{1}{9}$	$\frac{1}{18}$
2	a	b	$\frac{1}{9}$

已知 $P(X>1|Y=2)=0.5$,求 a,b 的值.

解 由正规性,可知

$$\frac{1}{6}+\frac{1}{9}+\frac{1}{18}+a+b+\frac{1}{9}=1,\text{即 } a+b=\frac{5}{9}.$$

又由条件分布律的定义,有

$$P(X>1|Y=2)=\frac{P\{X>1,Y=2\}}{P\{Y=2\}}=\frac{P\{X=2,Y=2\}}{P\{Y=2\}}+\frac{P\{X=3,Y=2\}}{P\{Y=2\}}$$

$$=\frac{b+\frac{1}{9}}{a+3+\frac{1}{9}}=0.5.$$

所以解得 $a=\frac{1}{3},b=\frac{2}{9}$.

3.3.2 条件概率密度函数

下面给出二维连续型随机变量的条件概率密度的定义.

定义 3.3.2 设二维连续型随机变量(X,Y)的概率密度函数为 $f(x,y)$,(X,Y)关于 Y 的边缘概率密度为 $f_Y(y)$. 若 $f_Y(y)>0$,则称

$$f(x|y)=\frac{f(x,y)}{f_Y(y)}$$

为在 $Y=y$ 的条件下,X 的**条件概率密度函数.**

同样,(X,Y)关于 X 的边缘概率密度为 $f_X(x)$. 若 $f_X(x)>0$,则称

$$f(y|x)=\frac{f(x,y)}{f_X(x)}$$

为在 $X=x$ 的条件下,Y 的**条件概率密度函数.**

例 3.3.2 设数 X 在区间$(0,1)$上随机地取值,当观察到 $X=x(0<x<1)$时,数 Y 在区间$(x,1)$上随机地取值. 求 Y 的边缘概率密度 $f_Y(y)$.

解 由题意知,X 的概率密度为

$$f_X(x)=\begin{cases}1, & 0<x<1,\\ 0, & \text{其他}.\end{cases}$$

对于给定的值 $x(0<x<1)$,在 $X=x$ 的条件下 Y 的条件概率密度为

$$f(y|x)=\begin{cases}\dfrac{1}{1-x}, & x<y<1\\ 0, & \text{其他.}\end{cases}$$

由条件概率密度公式知，X 和 Y 的联合概率密度函数为

$$f(x,y)=f(y|x)\cdot f_X(x)=\begin{cases}\dfrac{1}{1-x} & 0<x<y<1,\\ 0, & \text{其他,}\end{cases}$$

所以关于 Y 的边缘概率密度为

$$f_Y(y)=\int_{-\infty}^{\infty}f(x,y)\mathrm{d}x=\begin{cases}\displaystyle\int_0^y\frac{1}{1-x}\mathrm{d}x=-\ln(1-y), & 0<y<1,\\ 0, & \text{其他.}\end{cases}$$

3.4 随机变量的相互独立性

一般来说，二维随机变量(X,Y)中的两个随机变量 X 和 Y 之间存在相互联系，因而一个随机变量的取值可能会影响到另一个随机变量取值的概率. 本节将利用两个事件相互独立的概念引出两个随机变量相互独立的概念，这是一个十分重要的概念.

定义 3.4.1 设 $F(x,y)$及 $F_X(x)$，$F_Y(y)$分别是二维随机变量(X,Y)的联合分布函数及边缘分布函数. 若对于所有的 x,y 有

$$P\{X\leqslant x,Y\leqslant y\}=P\{X\leqslant x\}\cdot P\{Y\leqslant y\},$$

即

$$F(x,y)=F_X(x)\cdot F_Y(y)$$

则称随机变量 X 和 Y **相互独立.**

定义 3.4.1 说明了事件$\{X\leqslant x\}$与事件$\{Y\leqslant y\}$的相互独立性和随机变量 X 与 Y 的相互独立性是等价的.

关于两个随机变量的相互独立性，我们不加证明地给出如下的定理.

定理 3.4.1 设(X,Y)是二维离散型随机变量，且(X,Y)的联合分布律和边缘分布律分别为

$$P\{X=x_i,Y=y_j\}=p_{ij},i,j=1,2,\cdots$$

$$P\{X=x_i\}=p_{i\cdot},i=1,2,\cdots$$
$$P\{Y=y_j\}=p_{\cdot j},j=1,2,\cdots$$

则随机变量 X 和 Y 相互独立的充分必要条件是:对于 (X,Y) 所有可能的取值 (x_i,y_j),有

$$P\{X=x_i,Y=y_j\}=P(X=x_i)\cdot P\{Y=y_j\},i,j=1,2,\cdots$$

定理 3.4.2　设 (X,Y) 是二维连续型随机变量,其联合概率密度和边缘概率密度分别为 $f(x,y)$,$f_X(x)$ 和 $f_Y(y)$,则随机变量 X 和 Y 相互独立的充分必要条件是:对于任意的实数 x,y,都有 $f(x,y)=f_X(x)f_Y(y)$. 也就是说,联合概率密度函数可以分离变量.

例 3.4.1　设 (X,Y) 的联合分布律如下:

X \ Y	1	2	3
1	$\frac{1}{6}$	$\frac{1}{9}$	$\frac{1}{18}$
2	a	b	$\frac{1}{9}$

试根据下列条件分别求 a,b 的值.

(1) $P\{Y=1\}=\frac{1}{3}$.

(2) 已知 X 与 Y 相互独立.

解　由正规性,

$$\frac{1}{6}+\frac{1}{9}+\frac{1}{18}+a+b+\frac{1}{9}=1,a+b=\frac{5}{9}.$$

(1) 因为 $P\{Y=1\}=\frac{1}{6}+a=\frac{1}{3}$,即 $a=\frac{1}{6}$,所以 $b=\frac{5}{9}-a=\frac{7}{18}$;

(2) 因为 X 与 Y 相互独立,所以 $\frac{b}{a}=\frac{\frac{1}{9}}{\frac{1}{6}}=\frac{2}{3}$,再由 $a+b=\frac{5}{9}$,得到 $b=\frac{2}{9}$,$a=\frac{3}{9}$.

例 3.4.2 已知二维随机变量(X,Y)的联合密度函数为

$$f(x,y)=\begin{cases}cxy^2, & 0\leqslant x\leqslant 1,0\leqslant y\leqslant 1,\\ 0, & \text{其他},\end{cases}$$

求常数c,并讨论X与Y是否相互独立.

解 由正规性知,$\int_{-\infty}^{+\infty}\int_{-\infty}^{+\infty}f(x,y)\mathrm{d}x\mathrm{d}y=\int_0^1\int_0^1 cxy^2\mathrm{d}x\mathrm{d}y=\frac{1}{6}c=1,c=6$.

因为(X,Y)关于X的边缘概率密度为

$$f_X(x)=\int_{-\infty}^{+\infty}f(x,y)\mathrm{d}y=\int_0^1 6xy^2\mathrm{d}y=2x,$$

即

$$f_X(x)=\begin{cases}2x, & 0\leqslant x\leqslant 1,\\ 0, & \text{其他},\end{cases}$$

同理可得

$$f_Y(y)=\begin{cases}3y^2, & 0\leqslant y\leqslant 1,\\ 0, & \text{其他}.\end{cases}$$

经验证,对任意的实数x,y,都有$f(x,y)=f_X(x)f_Y(y)$,故X与Y相互独立.

注: 在例 3.4.2 中,显然有X与Y相互独立,因为$f(x,y)$可分离变量.

对于多个随机变量相互独立以及连续函数的情况,我们有下面的定理

定理 3.4.3 若$(X_1,X_2,\cdots,X_m)$和$(Y_1,Y_2,\cdots,Y_n)$相互独立,则$X_i(i=1,2,\cdots,m)$和$Y_j(j=1,2,\cdots,n)$相互独立. 又若h,g是连续函数,则$h(X_1,X_2,\cdots,X_m)$和$g(Y_1,Y_2,\cdots,Y_n)$相互独立.

下面给出两个随机变量相互独立的性质:

性质 1 若X与Y独立,则$h(X)$和$g(Y)$独立.

例如,若X与Y独立,则$3X+1$和$5Y-2$独立.

性质 2 若$(X,Y)\sim N(\mu_1,\sigma_1^2;\mu_2,\sigma_2^2;\rho)$,则$X,Y$独立当且仅当$\rho=0$.

证明 设有二维正态分布$(X,Y)\sim N(\mu_1,\sigma_1^2;\mu_2,\sigma_2^2;\rho)$,即$(X,Y)$的联合

概率密度为

$$f(x,y)=\frac{1}{2\pi\sigma_1\sigma_2\sqrt{1-\rho^2}}e^{-\frac{1}{2(1-\rho^2)}\left[\left(\frac{x-\mu_1}{\sigma_1}\right)^2-2\rho\frac{x-\mu_1}{\sigma_1}\frac{y-\mu_2}{\sigma_2}+\left(\frac{y-\mu_2}{\sigma_2}\right)^2\right]},$$

此时，$f_X(x)=\frac{1}{\sqrt{2\pi}}e^{-\frac{(x-\mu_1)^2}{2\sigma_1^2}}$，$f_Y(y)=\frac{1}{\sqrt{2\pi}}e^{-\frac{(x-\mu_2)^2}{2\sigma_2^2}}$.

因为 X,Y 独立当且仅当 $f(x,y)=f_X(x)f_Y(y)$.

所以若 X,Y 独立，则

$$f(\mu_1,\mu_2)=\frac{1}{2\pi\sigma_1\sigma_2\sqrt{1-\rho^2}}=f_X(\mu_1)f_Y(\mu_2)=\frac{1}{\sqrt{2\pi}\sigma_1}\frac{1}{\sqrt{2\pi}\sigma_2}=\frac{1}{2\pi\sigma_1\sigma_2},$$

即 $\rho=0$；

反之，若 $\rho=0$，则

$$\begin{aligned}f(x,y)&=\frac{1}{2\pi\sigma_1\sigma_2}e^{-\frac{1}{2}\left[\left(\frac{x-\mu_1}{\sigma_1}\right)^2+\left(\frac{y-\mu_2}{\sigma_2}\right)^2\right]}\\&=\frac{1}{\sqrt{2\pi}}e^{-\frac{(x-\mu_1)^2}{2\sigma_1^2}}\frac{1}{\sqrt{2\pi}}e^{-\frac{(y-\mu_2)^2}{2\sigma_2^2}}=f_X(x)f_Y(y),\end{aligned}$$

即 X,Y 独立.

3.5 二个随机变量的函数分布

在第2章，我们已经讨论过单个随机变量的函数分布，本节将讨论两个随机变量的函数分布，下面给出二维离散型和连续型随机变量的函数分布情况.

定义 3.5.1 设二维离散型随机变量(X,Y)的联合分布律为

$$P\{X=x_i,Y=y_j\}=p_{ij},i,j=1,2,\cdots$$

$z=g(x,y)$是一个二元函数，并设随机变量 $Z=g(X,Y)$的所有不同取值为 $z_1,z_2,\cdots,z_k,\cdots$则

$$P\{Z=z_k\}=\sum_{g(x_i,y_j)=z_k}p_{ij}\,(k=1,2,\cdots)$$

为随机变量 $Z=g(X,Y)$的**分布律**.

其中，求和 $\sum\limits_{g(x_i,y_j)=z_k}p_{ij}$ 是对所有满足 $g(x_i,y_j)=z_k$ 的值 $p_{ij}=P\{X=x_i,$

$Y=y_j\}$进行的.

例 3.5.1 设随机变量 X 与 Y 相互独立,且 $X\sim P(\lambda_1)$,$Y\sim P(\lambda_2)$,试证明:

$$X+Y\sim P\{\lambda+\lambda_2\}.$$

证明 设 $Z=X+Y$,由题意知,

$$P\{X=k_1\}=\frac{\lambda_1^{k_1}}{k_1!}\mathrm{e}^{-\lambda_1}\,(k_1=0,1,2,\cdots),$$

$$P\{Y=k_2\}=\frac{\lambda_2^{k_2}}{k_2!}\mathrm{e}^{-\lambda_2}\,(k_2=0,1,2,\cdots),$$

Z 的所有可能值为 $0,1,2,\cdots$而

$$\begin{aligned}P\{Z=i\}=P\{X+Y=i\}&=\sum_{k=0}^{i}P\{X=k,Y=i-k\}\\&=\sum_{k=0}^{i}P\{X=k\}\cdot P\{Y=i-k\}\\&=\sum_{k=0}^{i}\frac{\lambda_1^{k_1}}{k_1!}\mathrm{e}^{-\lambda_1}\cdot\frac{\lambda_2^{i-k}}{(i-k)!}\mathrm{e}^{-\lambda_2}\\&=\mathrm{e}^{-(\lambda_1+\lambda_2)}\cdot\frac{1}{i!}\sum_{k=0}^{i}\frac{i!}{k!(i-k)!}\lambda_1^k\cdot\lambda_2^{i-k}\\&=\frac{(\lambda_1+\lambda_2)^i}{i!}\mathrm{e}^{-(\lambda_1+\lambda_2)}\,(i=0,1,2,\cdots),\end{aligned}$$

故

$$X+Y\sim P\{\lambda_1+\lambda_2\}.$$

定义 3.5.2 设二维连续型随机变量(X,Y)的联合密度函数分布为 $f(x,y)$,且 X,Y 的函数为 $Z=g(X,Y)$,Z 是一维随机变量,函数

$$F_Z(z)=P\{Z\leqslant z\}=P\{g(X,Y)\leqslant z\}=\iint_{g(x,y)\leqslant z}f(x,y)\mathrm{d}x\mathrm{d}y$$

称为随机变量 $Z=g(X,Y)$的**分布函数**.

这里 $F_Z(z)$可以用 $f(x,y)$在平面区域 $g(X,Y)\leqslant z$ 上的二重积分得到.

定义 3.5.3 设二维连续型随机变量(X,Y)的联合密度函数分布为 $f(x,y)$,且 X,Y 的函数为 $Z=g(X,Y)$,$F_Z(z)$是 Z 的分布函数,则函数

$$f_Z(z)=\frac{\mathrm{d}}{\mathrm{d}z}F_Z(z)=\frac{\mathrm{d}}{\mathrm{d}z}\iint\limits_{g(x,y)\leqslant z}f(x,y)\mathrm{d}x\mathrm{d}y$$

称为随机变量 $Z=g(X,Y)$ 的**概率密度**.

下面我们介绍几个常用的函数密度的概率分布.

(1) 求随机变量和 $Z=X+Y$ 的分布

设 (X,Y) 为二维连续型随机变量，且 (X,Y) 的联合密度函数为 $f(x,y)$，则 $Z=X+Y$ 的分布函数为

$$F_Z(z)=P\{Z\leqslant z\}=P\{X+Y\leqslant z\}=\iint\limits_{x+y\leqslant z}f(x,y)\mathrm{d}x\mathrm{d}y$$

$$=\int_{-\infty}^{+\infty}\left[\int_{-\infty}^{+\infty}f(x,y)\mathrm{d}x\right]\mathrm{d}y.$$

Z 的密度函数为

$$f_Z(z)=\frac{\mathrm{d}}{\mathrm{d}z}F_Z(z)=\int_{-\infty}^{+\infty}f(z-y,y)\mathrm{d}y.$$

定理 3.5.1　设二维连续型随机变量 (X,Y) 的联合密度函数为 $f(x,y)$，若 X 与 Y 相互独立，则和 $Z=X+Y$ 的密度函数 $f_Z(z)$ 有下列性质：

$$f_Z(z)=\int_{-\infty}^{+\infty}f_X(x)f_Y(z-x)\mathrm{d}x=\int_{-\infty}^{+\infty}f_X(z-y)f_Y(y)\mathrm{d}y,$$

其中 $f_X(x)$ 和 $f_Y(y)$ 分别是 X 和 Y 的密度函数.

此时，上式称为 $f_X(x)$ 和 $f_Y(y)$ **卷积**，常记作 $f_X(x)*f_Y(y)$，即当 X 与 Y 相互独立时，有

$$f_Z(z)=f_X(x)*f_Y(y).$$

证明　事实上，

$$F_Z(z)=P(Z\leqslant z)=P(X+Y\leqslant z)=\int_{-\infty}^{+\infty}\mathrm{d}x\int_{-\infty}^{z-x}f(x,y)\mathrm{d}y$$

$$\overset{y=u-x}{=}\int_{-\infty}^{+\infty}\mathrm{d}x\int_{-\infty}^{z}f(x,u-x)\mathrm{d}(u-x)$$

$$=\int_{-\infty}^{+\infty}\mathrm{d}x\int_{-\infty}^{z}f(x,u-x)\mathrm{d}u=\int_{-\infty}^{z}\left[\int_{-\infty}^{+\infty}f(x,u-x)\mathrm{d}x\right]\mathrm{d}u$$

因此，

$$f_Z(z)=\int_{-\infty}^{+\infty} f(x,z-x)\mathrm{d}x\,.$$

又

$$f_Z(z)=\int_{-\infty}^{+\infty} f(x,z-x)\mathrm{d}x=\int_{+\infty}^{-\infty} f(z-y,y)\mathrm{d}(z-y)$$

$$=\int_{-\infty}^{+\infty} f(z-y,y)\mathrm{d}y,$$

所以，

$$f_Z(z)=\int_{-\infty}^{+\infty} f(x,z-x)\mathrm{d}x=\int_{-\infty}^{+\infty} f(z-y,y)\mathrm{d}y.$$

当 X 与 Y 独立时，

$$f(x,z-x)=f_X(x)f_Y(z-x),\ f(z-y,y)=f_X(z-y)f_Y(y),$$

这样，

$$f_Z(z)=\int_{-\infty}^{+\infty} f_X(x)f_Y(z-x)\mathrm{d}x=\int_{-\infty}^{+\infty} f_X(z-y)f_Y(y)\mathrm{d}y.$$

例 3.5.2 若 $X\sim N(\mu_1,\sigma_1^2)$，$Y\sim N(\mu_2,\sigma_2^2)$，$X,Y$ 独立，求 $Z=X+Y$ 的分布.

解 因为

$$f_Z(z)=\int_{-\infty}^{+\infty} f_X(x)f_Y(z-x)\mathrm{d}x=\int_{-\infty}^{+\infty}\frac{1}{\sqrt{2\pi}\sigma_1}\mathrm{e}^{-\frac{(x-\mu_1)^2}{2\sigma_1^2}}\frac{1}{\sqrt{2\pi}\sigma_2}\mathrm{e}^{-\frac{(z-x-\mu_2)^2}{2\sigma_2^2}}\mathrm{d}x$$

$$=\int_{-\infty}^{+\infty}\frac{1}{2\pi\sigma_1\sigma_2}\mathrm{e}^{-\frac{(x-\mu_1)^2}{2\sigma_1^2}-\frac{(z-x-\mu_2)^2}{2\sigma_2^2}}\mathrm{d}x$$

$$=\int_{-\infty}^{+\infty}\frac{1}{2\pi\sigma_1\sigma_2}\mathrm{e}^{-\frac{(\sigma_1^2+\sigma_2^2)x^2-2(\sigma_2^2\mu_1-\sigma_1^2\mu_2+\sigma_1^2z)x+\sigma_2^2\mu_1^2+\sigma_1^2(z-\mu_2)^2}{2\sigma_1^2\sigma_2^2}}\mathrm{d}x$$

$$=\int_{-\infty}^{+\infty}\frac{1}{2\pi\sigma_1\sigma_2}\mathrm{e}^{-\frac{(\sigma_1^2+\sigma_2^2)\left(x-\frac{\sigma_2^2\mu_1-\sigma_1^2\mu_2+\sigma_1^2z}{\sigma_1^2+\sigma_2^2}\right)^2+\sigma_2^2\mu_1^2+\sigma_1^2(z-\mu_2)^2-\frac{(\sigma_2^2\mu_1-\sigma_1^2\mu_2+\sigma_1^2z)^2}{\sigma_1^2+\sigma_2^2}}{2\sigma_1^2\sigma_2^2}}\mathrm{d}x$$

$$=\int_{-\infty}^{+\infty}\frac{1}{2\pi\sigma_1\sigma_2}\mathrm{e}^{-\frac{(\sigma_1^2+\sigma_2^2)\left(x-\frac{\sigma_2^2\mu_1-\sigma_1^2\mu_2+\sigma_1^2z}{\sigma_1^2+\sigma_2^2}\right)^2+\frac{\sigma_1^2\sigma_2^2}{\sigma_1^2+\sigma_2^2}(z-\mu_1-\mu_2)^2}{2\sigma_1^2\sigma_2^2}}\mathrm{d}x$$

$$=\frac{1}{\sqrt{2\pi}\sqrt{\sigma_1^2+\sigma_2^2}}e^{-\frac{(x-\mu_1-\mu_2)^2}{2(\sigma_1^2+\sigma_2^2)}}\int_{-\infty}^{+\infty}\frac{1}{\sqrt{2\pi}\frac{\sigma_1\sigma_2}{\sqrt{\sigma_1^2+\sigma_2^2}}}e^{-\frac{\left(x-\frac{\sigma_2^2\mu_1-\sigma_1^2\mu_2+\sigma_1^2z}{\sigma_1^2+\sigma_2^2}\right)^2}{2\frac{\sigma_1^2\sigma_2^2}{\sigma_1^2+\sigma_2^2}}}dx$$

$$=\frac{1}{\sqrt{2\pi}\sqrt{\sigma_1^2+\sigma_2^2}}e^{-\frac{(x-\mu_1-\mu_2)^2}{2(\sigma_1^2+\sigma_2^2)}},$$

因此 $X+Y\sim N(\mu_1+\mu_2,\sigma_1^2+\sigma_2^2)$.

对于多元随机变量,若 $X_i\in N(\mu_i,\sigma_i^2),i=1,2,\cdots,n$ 且相互独立,则

$$\sum_{i=1}^{n}X_i\sim N(\sum_{i=1}^{n}\mu_i,\sum_{i=1}^{n}\sigma_i^2).$$

(2) $M=\max(X_1,X_2)$ 和 $N=\min(X_1,X_2)$ 的分布

设 X_1 与 X_2 是两个相互独立的随机变量,它们的分布函数分别为 $F_{X_1}(x)$ 和 $F_{X_2}(x)$. 现在来求 M 和 N 的分布函数.

由于事件 $\{M\leqslant z\}=\{X\leqslant z,Y\leqslant z\}$,且 X_1 与 X_2 相互独立,因此

$F_M(z)=P\{M\leqslant z\}=P\{\max\limits_{1\leqslant i\leqslant 2}(X_i)\leqslant z\}=P\{X_1\leqslant z,X_2\leqslant z\}=P\{X_1\leqslant z\}P\{X_2\leqslant z\}=F_{X_1}(z)F_{X_2}(z)$.

同理,

$F_N(z)=P\{N\leqslant z\}=P\{\min\limits_{1\leqslant i\leqslant 2}(X_i)\leqslant z\}=1-P\{\min(X_i)>z\}=1-P\{X_1>z,X_2>z\}=1-P\{X_1>z\}P\{X_2>z)=1-[1-P\{X_1\leqslant z\}][1-P\{X_2\leqslant z\}]$

$=1-[1-F_{X_1}(z)][1-F_{X_2}(z)]$.

(3) n 维随机变量的最值分布

设 $X_1,X_2,\cdots,X_n$ 的联合分布函数为 $F(x_1,x_2,\cdots,x_n)$.

当 $Z=\max\limits_{1\leqslant i\leqslant n}\{X_i\}$ 时,有

$F_Z(z)=P\{Z\leqslant z\}=P\{\max\limits_{1\leqslant i\leqslant n}\{X_i\}\leqslant z\}=P\{X_1\leqslant z,X_2\leqslant z,\cdots,X_n\leqslant z\}=F(z,z,\cdots,z)$,若 $X_1,X_2,\cdots,X_n$ 是独立的,则 $F_Z(z)=F_{X_1}(z)F_{X_2}(z)\cdots F_{X_n}(z)$.

当 $Z=\min\limits_{1\leqslant i\leqslant n}\{X_i\}$ 时,有

$F_Z(z)=P\{Z\leqslant z\}=P\{\min\limits_{1\leqslant i\leqslant n}\{X_i\}\leqslant z\}=1-P\{\min\limits_{1\leqslant i\leqslant n}\{X_i\}>z\}=1-P\{X_1>z,X_2>z,\cdots,X_n>z\}$，若 $X_1,X_2,\cdots,X_n$ 是独立的，则

$$\begin{aligned}F_Z(z)&=1-P\{X_1>z\}P\{X_2>z\}\cdots P\{X_n>z\}\\&=1-[1-P\{X_1\leqslant z\}][1-P\{X_2\leqslant z\}]\cdots[1-P\{X_n\leqslant z\}]\\&=1-[1-F_{X_1}(z)][1-F_{X_2}(z)]\cdots[1-F_{X_n}(z)].\end{aligned}$$

例 3.5.3 设系统 L 由两个相互独立的子系统 L_1 和 L_2 连接而成，其连接的方式分别为串联和并联两种形式. 设 L_1 和 L_2 的寿命分别为 X 和 Y，已知它们的密度函数分别为

$$f_X(x)=\begin{cases}\alpha e^{-\alpha x}, & x>0,\\0, & \text{其他}\end{cases} \text{和 } f_Y(y)=\begin{cases}\beta e^{-\beta y}, & y>0,\\0, & \text{其他}\end{cases}$$

其中 $\alpha>0,\beta>0$. 试分别就以上两种连接方式写出系统 L 的寿命 Z 的密度函数.

解 (1) 串联的情况.

因为当 L_1 和 L_2 中有一个损坏时，系统 L 就停止工作，所以这时 L 的寿命为 $Z=\min(X,Y)$. 因 X 和 Y 的分布函数分别为

$$F_X(x)=\begin{cases}1-e^{-\alpha x}, & x>0,\\0, & \text{其他}\end{cases} \text{和 } F_Y(y)=\begin{cases}1-e^{-\beta y}, & y>0,\\0, & \text{其他}\end{cases}$$

故 Z 的分布函数为

$$F_{\min}(z)=1-[1-F_X(x)][1-F_Y(y)]=\begin{cases}1-e^{-(\alpha+\beta)z}, & z>0,\\0, & \text{其他}.\end{cases}$$

于是，Z 的密度函数为

$$f_{\min}(z)=F'_{\min}(z)=\begin{cases}(\alpha+\beta)e^{(-\alpha+\beta)z}, & z>0,\\0, & \text{其他}.\end{cases}$$

(2) 并联的情况.

因为当且仅当 L_1 和 L_2 都损坏时，系统 L 才停止工作，所以 L 的寿命为 $Z=\max(X,Y)$. 由此知，Z 的分布函数为

$$F_{\max}(z)=F_X(z)F_Y(z)=\begin{cases}(1-e^{-\alpha z})(1-e^{-\beta z}), & z>0,\\0, & \text{其他},\end{cases}$$

于是，Z 的密度函数为

$$f_{\max}(z)=F'_{\max}(z)=\begin{cases}\alpha e^{-\alpha z}+\beta e^{-\beta z}-(\alpha+\beta)e^{-(\alpha+\beta)z}, & z>0,\\ 0, & \text{其他}.\end{cases}$$

3.6　二维随机变量函数的数字特征

本章前5节主要介绍了随机变量的分布函数、概率密度和分布律，它们都能完整地描述随机变量，但在某些实际或理论问题中，人们感兴趣于某些能描述随机变量某一种特征的常数，这些与随机变量有关的数值，我们称之为随机变量的数字特征. 在第2章中，我们已经介绍了一维随机变量的数字特征，如数学期望、方差等. 本节主要介绍二维随机变量函数的数学期望、方差、协方差、矩以及相关系数等概念.

3.6.1　函数的期望、方差

类似于一维随机变量，下面引出二维或者多维随机变量函数的数学期望. 设 Z 是随机变量 X,Y 的函数，$Z=g(X,Y)$（g 为连续函数）.

(1) 设 (X,Y) 为二维离散型随机变量，$P\{X=x_i,Y=y_j\}=p_{ij}$，$i,j=1,2,\cdots$ 为分布律，则

$$E(Z)=E[g(X,Y)]=\sum_{i,j}g(x_i,y_j)p_{ij}.$$

(2) 设 (X,Y) 为二维连续型随机变量，$f(x,y)$ 为联合概率密度，则

$$E(Z)=E[g(X,Y)]=\int_{-\infty}^{+\infty}\int_{-\infty}^{+\infty}g(x,y)f(x,y)\mathrm{d}x\mathrm{d}y.$$

注　① 设 (X,Y) 为二维离散型随机变量，当 $g(X,Y)=X=x_i$ 时，

$$E(X)=\sum_{i}x_ip_{i\cdot}=\sum_{i,j}x_ip_{ij}.$$

若级数 $\sum_{i,j}x_ip_{ij}$ 绝对收敛，则称此级数和为随机变量 X 的**数学期望**.

$$D(X)=\sum_{i}[x_i-E(X)]^2p_{i\cdot}=\sum_{i,j}[x_i-E(X)]^2p_{ij}$$

则为随机变量 X 的**方差**.

同理，随机变量 Y 的数学期望记为 $E(Y)=\sum_{j}y_jp_{\cdot j}=\sum_{i,j}y_jp_{ij}$. 随机变

量 Y 的方差记为

$$D(Y)=\sum_j[y_j-E(Y)]^2p_{\cdot j}=\sum_{i,j}[y_j-E(Y)]^2p_{ij}.$$

② 设二维连续型随机变量(X,Y)的联合概率密度为 $f(x,y)$，若反常积分

$$\int_{-\infty}^{+\infty}x\mathrm{d}x\int_{-\infty}^{+\infty}f(x,y)\mathrm{d}y$$

绝对收敛，则称此反常积分为随机变量 X 的**数学期望**，记为

$$E(X)=\int_{-\infty}^{+\infty}xf_X(x)\mathrm{d}x=\int_{-\infty}^{+\infty}x\mathrm{d}x\int_{-\infty}^{+\infty}f(x,y)\mathrm{d}y,$$

而

$$D(X)=\int_{-\infty}^{+\infty}[x-E(X)]^2f_X(x)\mathrm{d}x=\int_{-\infty}^{+\infty}[x-E(X)]^2\mathrm{d}x\int_{-\infty}^{+\infty}f(x,y)\mathrm{d}y$$

称为随机变量 X 的**方差**. 同理，随机变量 Y 的数学期望记为

$$E(Y)=\int_{-\infty}^{+\infty}yf_Y(x)\mathrm{d}y=\int_{-\infty}^{+\infty}y\mathrm{d}y\int_{-\infty}^{+\infty}f(x,y)\mathrm{d}x.$$

而 Y 的**方差**记为

$$D(Y)=\int_{-\infty}^{+\infty}[y-E(Y)]^2f_Y(x)\mathrm{d}x=\int_{-\infty}^{+\infty}[y-E(Y)]^2\mathrm{d}y\int_{-\infty}^{+\infty}f(x,y)\mathrm{d}x.$$

例 3.6.1 设二维随机变量(X,Y)的概率密度函数为

$$f(x,y)=\begin{cases}\dfrac{1}{4x(1+3y^2)}, & 0<x<2,0<y<1,\\ 0, & \text{其他},\end{cases}$$

求 $E(X),E(Y),E(XY),E\left(\dfrac{Y}{X}\right)$.

解 $E(X)=\int_0^1\int_0^2x\dfrac{1}{4}x(1+3y^2)\mathrm{d}x\mathrm{d}y=\dfrac{1}{4}\int_0^2x^2\mathrm{d}x\int_0^1(1+3y^2)\mathrm{d}y=\dfrac{4}{3}$；

$$E(Y)=\int_0^1\int_0^2y\frac{1}{4}x(1+3y^2)\mathrm{d}x\mathrm{d}y=\frac{1}{4}\int_0^2x\mathrm{d}x\int_0^1y(1+3y^2)\mathrm{d}y=\frac{5}{8};$$

$$E(XY)=\int_0^1\int_0^2xy\frac{1}{4}x(1+3y^2)\mathrm{d}x\mathrm{d}y=\frac{1}{4}\int_0^2x^2\mathrm{d}x\int_0^1y(1+3y^2)\mathrm{d}y=\frac{5}{6};$$

$$E\left(\frac{Y}{X}\right)=\int_0^1\int_0^2\frac{y}{x}\frac{1}{4}x(1+3y^2)\mathrm{d}x\mathrm{d}y=\int_0^1\frac{1}{2}y(1+3y^2)\mathrm{d}y=\frac{5}{8}.$$

3.6.2 协方差与矩

对于二维随机变量(X,Y)，除了讨论X与Y的数学期望和方差以外，还需要讨论描述X与Y之间的相互关系的数字特征. 下面介绍有关这方面的数字特征.

定义 3.6.1 设(X,Y)是一个二维随机变量，若$E\{[X-E(X)][Y-E(Y)]\}$存在，则称它是X与Y的**协方差**，记为$\mathrm{Cov}(X,Y)$或σ_{XY}，即

$$\mathrm{Cov}(X,Y)=E\{[X-E(X)][Y-E(Y)]\}.$$

如果$D(X)>0,D(Y)>0$，$\rho_{XY}=\dfrac{\mathrm{Cov}(X,Y)}{\sqrt{D(X)}\sqrt{D(Y)}}$称为$X$与$Y$的**相关系数**.

设X和Y是两个随机变量，协方差具有下述性质：

性质 1 $\mathrm{Cov}(X,Y)=\mathrm{Cov}(Y,X)$，$\mathrm{Cov}(X,X)=D(X)$.

事实上，由对称性显然有$\mathrm{Cov}(X,Y)=\mathrm{Cov}(Y,X)$，而由定义知，

$$\mathrm{Cov}(X,X)=E\{[X-E(X)][X-E(X)]\}=E\{[X-E(X)^2\}=D(X).$$

性质 2 $\mathrm{Cov}(X,Y)=E(XY)-E(X)E(Y)$.

证明 由定义，

$$\begin{aligned}\mathrm{Cov}(X,Y)&=E\{[X-E(X)][Y-E(Y)]\}\\&=E[XY-E(X)Y-E(Y)X+E(X)E(Y)]\\&=E(XY)-E(X)E(Y)-E(Y)E(X)+E(X)E(Y)\\&=E(XY)-E(X)E(Y).\end{aligned}$$

性质 3 $D(X\pm Y)=D(X)\pm 2\mathrm{Cov}(X,Y)+D(Y)$.

证明 因为$D(X\pm Y)=D(X)\pm 2E\{[X-E(X)]\cdot[Y-E(Y)]\}+D(Y)$，再由定义即得，$D(X\pm Y)=D(X)\pm 2\mathrm{Cov}(X,Y)+D(Y)$.

性质 4 $\mathrm{Cov}(X+Y,Z)=\mathrm{Cov}(X,Z)+\mathrm{Cov}(Y,Z)$.

证明

$$\begin{aligned}\mathrm{Cov}(X+Y,Z)&=E\{[X+Y-E(X+Y)][Z-E(Z)]\}\\&=E\{[X-E(X)][Z-E(Z)]+[Y-E(Y)][Z-E(Z)]\}\\&=E\{[X-E(X)][Z-E(Z)]\}+E\{[Y-E(Y)][Z-E(Z)]\}\\&=\mathrm{Cov}(X,Z)+\mathrm{Cov}(Y,Z).\end{aligned}$$

性质 5 $\mathrm{Cov}(aX,bY)=ab\mathrm{Cov}(X,Y)$，$a,b$ 是常数.

证明
$$\begin{aligned}\mathrm{Cov}(aX,bY)&=E\{[aX-E(aX)][bY-E(bY)]\}\\&=E\{ab[X-E(X)][Y-E(Y)]\}\\&=ab\mathrm{Cov}(X,Y).\end{aligned}$$

下面介绍相关系数 ρ_{XY} 的两条重要性质.

定理 3.6.1

① $|\rho_{XY}|\leqslant 1$.

② $|\rho_{XY}|=1$ 充分必要条件是存在常数 a,b，其中 $a\neq 0$，使得 $P(X=aY+b)=1$. 此时称 X 与 Y 完全相关. 若 $a>0$，称为正相关；若 $a<0$，称为负相关.

一般地，ρ_{XY} 是一个可以用来表征 X 与 Y 之间线性关系紧密程度的量. 当 $|\rho_{XY}|$ 较大时，通常说 X 与 Y 线性相关的程度较好；当 $|\rho_{XY}|$ 较小时，通常说 X 与 Y 线性相关的程度较差.

当 $\rho_{XY}=0$ 时，称 X 与 Y **不相关或无关**.

注: 假设随机变量 X 与 Y 的相关系数 ρ_{XY} 存在. 当 X 和 Y 相互独立时，由数学期望的性质知 $\mathrm{Cov}(X,Y)=0$，从而 $\rho_{XY}=0$，即 X 与 Y 不相关. 反之，若 X 与 Y 不相关，则 X 与 Y 不一定相互独立. 上述情况表明，从"不相关"和"相互独立"的含义来看是明显的. 这是因为不相关只是就线性关系来说的，而相互独立是就一般关系而言的.

例 3.6.2 若 $X\sim N(0,1)$，且 $Y=X^2$，问：X 与 Y 是否相关？

解 由于 $X\sim N(0,1)$，密度函数 $f(x)=\dfrac{1}{\sqrt{2\pi}}\mathrm{e}^{-\frac{x^2}{2}}$ 为偶函数，有

$E(X)=E(X^3)=0$，所以

$$\begin{aligned}\mathrm{Cov}(X,Y)&=E(XY)-E(X)E(Y)\\&=E(X\cdot X^2)-E(X)E(X^2)\\&=E(X^3)-E(X^2)E(X)=0,\end{aligned}$$

得

$$\rho_{XY}=\frac{\mathrm{Cov}(X,Y)}{\sqrt{D(X)}\sqrt{D(Y)}}=0.$$

这说明 X 与 Y 是不相关的，虽然 X 与 Y 无线性关系，但具有函数关系，所以 X 与 Y 是不独立的.

下面给出矩的定义.

定义 3.6.2　设 X 和 Y 是随机变量，若

$$E(X^k),k=1,2,3,\cdots$$

存在，则称它为 X 的 k **阶原点矩**，简称 k **阶矩**.

若

$$E\{[X-E(X)]^k\},k=1,2,3,\cdots$$

存在，则称它为 X 的 k **阶中心矩**.

若

$$E(X^kY^l),k=1,2,3,\cdots,l=1,2,3,\cdots$$

存在，则称它为 X 和 Y 的$(k+l)$**阶混合矩**.

若

$$E[X-E(X)]^k[Y-E(Y)]^l),k=1,2,3,\cdots,l=1,2,3,\cdots$$

存在，则称它为 X 和 Y 的$(k+l)$**阶混合中心矩**.

注：显然，随机变量 X 的数学期望 $E(X)$ 是 X 的一阶原点矩，方差 $D(X)$ 是 X 的二阶中心矩，协方差 $\mathrm{Cov}(X,Y)$ 是 X 和 Y 的二阶混合中心矩.

概率人物卡片(高斯)

约翰·卡尔·弗里德里希·高斯(Johann Carl Friedrich Gauss，1777 年 4 月 30 日—1855 年 2 月 23 日)德国著名数学家、物理学家、天文学家、大地测量学家. 是近代数学奠基者之一，高斯被认为是历史上最重要的数学家之一，并享有“数学王子”之称. 他在概率论同样做出了巨大的贡献——正态分布. 正态分布，又称高斯分布，高斯和拉普拉斯在棣莫弗得到该分布的基础上进一步研究了其性质，在统计学的许多方面起到了巨大的影响力.

基本练习题 3

1. 设 X 在 1,2,3 中任取一值后,Y 再从 1 到 X 中任取一整数,试求 (X,Y)的分布律.

2. 求(X,Y)的分布函数,已知(X,Y)的分布律为

X \ Y	1	2
1	0	$\frac{1}{3}$
2	$\frac{1}{3}$	$\frac{1}{3}$

3. 设二维随机变量(X,Y)的概率密度函数为

$$f(x,y)=\begin{cases}a(x+y), & 0<x<1,0<y<2,\\ 0, & \text{其他},\end{cases}$$

求常数 a.

4. 设二维随机变量(X,Y)的概率密度函数为

$$f(x,y)=\begin{cases}Ce^{-2x-3y}, & x>0,y>0,\\ 0, & \text{其他},\end{cases}$$

试求:(1) 常数 C;(2) 分布函数 $F(x,y)$;(3) $P(X\leqslant Y)$.

5. 设盒子中有 2 个红球,2 个白球,1 个黑球,从中随机地取 3 个,用 X 表示取到的红球个数,用 Y 表示取到的白球个数,求(X,Y)的联合分布律及边缘分布律.

6. 设随机变量(X,Y)的联合密度函数

$$f(x,y)=\begin{cases}A, & 0<x<2,|y|<x,\\ 0, & \text{其他},\end{cases}$$

求:(1) 常数 A;(2) 条件密度函数 $f(y|x)$;(3) 讨论 X 与 Y 的相关性.

7. 设随机变量 $X\sim U(0,1)$(均匀分布),$Y\sim E(1)$(指数分布),且它们相

互独立，试求 $Z=2X+Y$ 的密度函数 $f_Z(z)$.

8. 设二维随机变量(X,Y)的联合密度函数

$$f(x,y)=\begin{cases}6x, & 0<x<y<1,\\ 0, & \text{其他},\end{cases}$$

求：(1) X 与 Y 的边缘密度函数；(2) 当 $X=\frac{1}{3}$时，Y 的条件密度函数$f(y|x)$；(3) $P(X+Y\leqslant 1)$.

9. 设二维随机变量(X,Y)的概率密度为

$$f(x,y)=\begin{cases}2-x-y, & 0<x<1,0<y<1,\\ 0, & \text{其他},\end{cases}$$

求：(1) 求 $P(X\leqslant 2Y)$；(2) 求 $Z=X+Y$ 的概率密度 $f_Z(z)$.

综合练习题 3

1. 设随机变量 X 在$(0,a)$上随机地取值，服从均匀分布，当观察到 $X=x(0<x<a)$时，Y 在区间(x,a)内任一子区间上取值的概率与子区间的长度成正比，求：(1) (X,Y)的联合密度函数 $f(x,y)$；(2) Y 的密度函数 $f_Y(y)$.

2. 设(X,Y)在区域 D 上服从均匀分布，求分布函数，其中 D 为 x 轴、y 轴及$y=x+1$ 所围成的三角形.

3. 从 1,2,3 三个数字中随机地取一个，记所取的数为 X，再从 1 到 X 的整数中随机地取一个，记为 Y，试求(X,Y)的联合分布列.

4. 设随机变量 X,Y 相互独立，其概率密度分别为

$$f_X(x)=\begin{cases}\lambda e^{-\lambda x}, & x>0,\\ 0, & x\leqslant 0,\end{cases}\quad f_Y(y)=\begin{cases}\mu e^{-\mu y}, & y>0,\\ 0, & y\leqslant 0,\end{cases}$$

其中 $\lambda>0,\mu>0$ 是常数，引入随机变量 $Z=\begin{cases}1, & X\leqslant Y,\\ 0, & X>Y,\end{cases}$ 求 Z 的分布律和分布函数.

5. 若二维随机变量(X,Y)的联合概率密度为

$$f(x,y)=\begin{cases}e^{-x-y}, & x>0,y>0,\\ 0, & \text{其他},\end{cases}$$

证明:X 和 Y 相互独立.

6. 设随机变量(X,Y)的密度为

$$\varphi(x,y)=\begin{cases}x^2+\frac{1}{3}xy, & 0\leqslant x\leqslant 1,0\leqslant y\leqslant 2,\\ 0, & \text{其他},\end{cases}$$

试求:(1) (X,Y)的分布函数;(2) (X,Y)的两个边缘概率密度;(3) (X,Y)的两个条件密度;(4) $P(X+Y>1)$,$P(Y>X)$及$P\left(Y<\frac{1}{2}\middle|X<\frac{1}{2}\right)$.

7. 在1到4中任取一个数,记为 X,在1到 X 中任取一个数,记为 Y.回答下列几个问题:

(1) 求 X,Y 的联合分布律和边缘分布律;

(2) 分别求 X 与 Y 的期望与方差;

(3) 求 X 与 Y 的协方差和相关系数.

第4章　大数定律与中心极限定理

实际案例(保险公司的收益问题):

某地区的保险公司规定,每个人一年的人身保险费为200元,若一年内发生重大人身事故,其本人或家属可获得2万元赔偿. 已知该地区的人一年中发生重大人身事故的概率为0.006,现有6000人参加此项保险,问保险公司此项业务一年内所得到的总收益在20万到30万元之间的概率是多少?

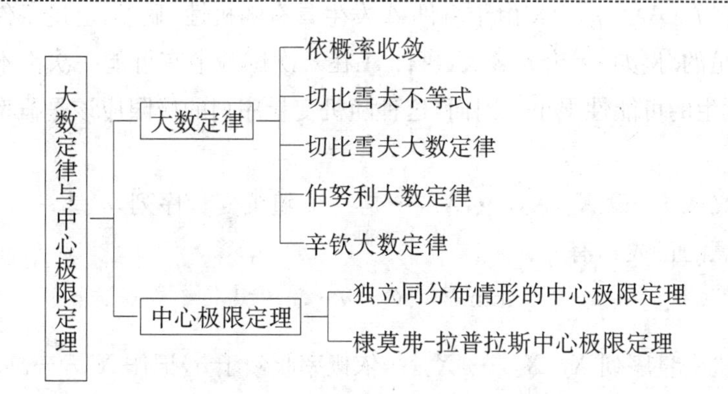

在第一章讨论概率的定义时,我们曾直观地指出事件发生的频率具有稳定性,即随着试验次数的增加,事件发生的频率逐渐稳定于事件的概率. 实际上,不仅仅是随机事件的频率具有稳定性,大量随机现象的一般平均结果也具有稳定性,即大量随机现象的平均结果与各个随机现象的特征无关. 大数定律就是来描述这种稳定性的定理.

在概率论的实际应用中,正态分布占有特殊重要的地位. 有许多随机变量是由于大量的相互独立的随机因素综合影响所形成的，而其中每个因素在总的综合影响中所起的作用是微小的. 可以证明，这类随机变量近似地服从正态分布，这种现象就是中心极限定理的客观背景和所要介绍的内容.

4.1 大数定律

4.1.1 依概率收敛

统计规律性是大量的重复试验中试验结果呈现的某种规律性，例如，假设事件 A 在一次试验中发生的概率为 p，将试验在相同的条件下重复进行 n 次，当 $n\to\infty$ 时，A 发生的频率 $f_n(A)$ 收敛于事件 A 的概率 p，这种收敛，是否就是高等数学中的数列收敛意义下的收敛呢？即判断是否有

$$\lim_{n\to\infty} f_n(A)=p.$$

根据数列的收敛定义，上式成立的条件是：对任意的正数 ε，当 n 足够大时，总有 $|f_n(A)-p|<\varepsilon$. 由于事件 A 发生具有随机性，显然，上述条件并不总是能满足的. 例如，无论 n 多大，事件 A 在 n 次试验中有可能一次都不会发生(尽管发生的可能性很小). 因而，这种随机变量序列的极限应该是概率意义下的极限.

定义 4.1 设 $X_1,X_2,\cdots,X_n,\cdots$ 是一个随机变量序列，a 是一个常数，若对于任意的正数 ε，有

$$\lim_{n\to\infty} P\{|X_n-a|<\varepsilon\}=1,$$

则称随机变量序列 $X_1,X_2,\cdots,X_n,\cdots$ 依概率收敛于 a，记作 $X_n\xrightarrow{P}a$.

“$X_n\xrightarrow{P}a$”的直观解释是：对于任意的正数 ε，当 n 充分大时，“X_n 与 a 的偏差大于 ε”这一事件 $\{|X_n-a|>\varepsilon\}$ 发生的概率很小(趋于 0). 也就是说，当 n 很大时，就会有很大的把握保证 X_n 和 a 非常地接近.

利用求对立事件概率的计算公式，随机变量序列 $X_1,X_2,\cdots,X_n,\cdots$ 依概率收敛于 a，也可以表示为

$$\lim_{n\to\infty} P\{|X_n-a|\geqslant\varepsilon\}=0.$$

可以证明,依概率收敛的随机变量序列具有如下性质:

设 $X_n \xrightarrow{P} a, Y_n \xrightarrow{P} b$,又假设二元函数 $g(x,y)$ 在点 (a,b) 处连续,则 $g(X_n,Y_n) \xrightarrow{P} g(a,b)$.

4.1.2　切比雪夫不等式

在介绍大数定律之前,先介绍概率论中的一个重要不等式.

定理 4.1　(切比雪夫不等式)设随机变量 X 的数学期望 $E(X)$ 与方差 $D(X)$ 存在,则对任意的 $\varepsilon>0$,有

$$P\{|X-E(X)|\geqslant\varepsilon\}\leqslant\frac{D(X)}{\varepsilon^2}.$$

证明　这里仅就连续型随机变量的情形证明,设 X 的概率密度为 $f(x)$,于是

$$\begin{aligned}P\{|X-E(X)|\geqslant\varepsilon\} &= \int_{|X-E(X)|\geqslant\varepsilon} f(x)\mathrm{d}x \\ &\leqslant \int_{|X-E(X)|\geqslant\varepsilon} \frac{[x-E(X)]^2}{\varepsilon^2} f(x)\mathrm{d}x \\ &\leqslant \frac{1}{\varepsilon^2}\int_{-\infty}^{+\infty}[x-E(X)]^2 f(x)\mathrm{d}x = \frac{D(X)}{\varepsilon^2}.\end{aligned}$$

因为 $\{|X-E(X)|\geqslant\varepsilon\}$ 与 $\{|X-E(X)|<\varepsilon\}$ 为对立事件,所以切比雪夫不等式也可以写成如下形式:

$$P\{|X-E(X)|<\varepsilon\}\geqslant 1-\frac{D(X)}{\varepsilon^2}.$$

例 4.1.1　设有一大批种子,其中良种占 $\frac{1}{6}$,现从中任取 6000 粒.试用切比雪夫不等式估计,6000 粒中良种所占比例与 $\frac{1}{6}$ 之差的绝对值不超过 0.01 的概率.

解　任取出的 6000 粒种子中良种数是一个随机变量 X,由题意可知,$X\sim B\left(6000,\frac{1}{6}\right)$,从而,$E(X)=1000, D(X)=6000\times\frac{1}{6}\times\frac{5}{6}=\frac{5000}{6}$.

由切比雪夫不等式有

$$P\left\{\left|\frac{X}{6000}-\frac{1}{6}\right|<0.01\right\}=P\{|X-1000|\leqslant 60\}$$
$$=P\{|X-1000|\leqslant 60\}\geqslant 1-\frac{D(X)}{60^2}$$
$$=1-\frac{1}{60^2}\times\frac{5000}{6}=1-\frac{1}{6^3}\approx 0.769.$$

4.1.3 大数定律

定理 4.2 （切比雪夫大数定律的特殊情况）设随机变量序列 $X_1,X_2,\cdots,X_n,\cdots$相互独立，且具有相同的数学期望和方差 $E(X_i)=\mu,D(X_i)=\sigma^2,i=1,2,\cdots$ 记$\overline{X}=\frac{1}{n}\sum_{i=1}^{n}X_i$，则对于任意正数 ε，有

$$\lim_{n\to\infty}P\{|\overline{X}-\mu|<\varepsilon\}=1.$$

证明 由于

$$E\left(\frac{1}{n}\sum_{i=1}^{n}X_i\right)=\frac{1}{n}\sum_{i=1}^{n}E(X_i)=\frac{1}{n}\cdot n\mu=\mu,$$

$$D\left(\frac{1}{n}\sum_{i=1}^{n}X_k\right)=\frac{1}{n^2}\sum_{i=1}^{n}D(X_i)=\frac{1}{n^2}\cdot n\sigma^2=\frac{\sigma^2}{n},$$

对于任意的正数 ε，由切比雪夫不等式可得

$$P\left\{\left|\frac{1}{n}\sum_{i=1}^{n}X_i-\mu\right|<\varepsilon\right\}\geqslant 1-\frac{\sigma^2}{n\varepsilon^2}.$$

在上式中令 $n\to\infty$，并注意到概率不能大于 1，可得

$$\lim_{n\to\infty}P\left\{\left|\frac{1}{n}\sum_{i=1}^{n}X_i-\mu\right|<\varepsilon\right\}=1.$$

定理 4.2 表明，在所给条件下，n 个随机变量 $X_1,X_2,\cdots,X_n$ 的算术平均值 $\overline{X}=\frac{1}{n}\sum_{i=1}^{n}X_i$，当 $n\to\infty$时，依概率收敛于其数学期望 μ.

定理 4.3 （伯努利大数定律）设 n_A 是 n 重伯努利试验中事件 A 发生的次数，每次试验中 A 发生的概率为 $p(0<p<1)$，则对于任意正数 ε，有

$$\lim_{n\to\infty}P\left\{\left|\frac{n_A}{n}-p\right|<\varepsilon\right\}=1$$

或

$$\lim_{n\to\infty} P\left\{\left|\frac{n_A}{n}-p\right|\geqslant\varepsilon\right\}=0.$$

证明　因为 $n_A \sim b(n,p)$，故

$$E(n_A)=np, D(n_A)=np(1-p).$$

根据数学期望和方差的性质，有

$$E\left(\frac{n_A}{n}\right)=p, D\left(\frac{n_A}{n}\right)=\frac{1}{n^2}D(n_A)=\frac{p(1-p)}{n}.$$

于是任取 $\varepsilon>0$，由切比雪夫不等式可得

$$P\left\{\left|\frac{n_A}{n}-p\right|\geqslant\varepsilon\right\}\leqslant\frac{1}{\varepsilon^2}D\left(\frac{n_A}{n}\right)=\frac{p(1-p)}{n\varepsilon^2}\to 0\,(n\to\infty),$$

即

$$\lim_{n\to\infty} P\left\{\left|\frac{n_A}{n}-p\right|<\varepsilon\right\}=1-\lim_{n\to\infty} P\left\{\left|\frac{n_A}{n}-p\right|\geqslant\varepsilon\right\}=1.$$

伯努利大数定律是切比雪夫大数定律的特例，其含义是，当试验次数 n 足够大时，某一事件 A 出现的频率将几乎接近于其发生的概率，即频率的稳定性. 在实际应用中，当试验次数 n 很大时，可以利用事件 A 发生的频率来近似地替代事件 A 发生的概率.

当然，若事件 A 在一次试验中发生的概率很小，由定理 4.3 可知，事件 A 发生的频率也是很小的，或者说事件 A 在一次试验中发生的可能性很小，即"概率很小的随机事件在一次试验中几乎不会发生"，这一原理称为小概率原理. 但要注意到，小概率事件与不可能事件是有区别的. 在多次试验中，小概率事件也是有可能发生的.

定理 4.2 中要求随机变量 $X_1, X_2, \cdots, X_n, \cdots$ 的方差存在，但在这些随机变量服从同一分布的情况下，可以不需要这一条件，我们有如下的辛钦大数定律.

定理 4.4　(辛钦大数定律)设 $X_1, X_2, \cdots, X_n, \cdots$ 是相互独立且服从同一分布的随机变量序列，具有数学期望 $E(X_i)=\mu, i=1,2,\cdots$ 则对于任意正数 ε，有

$$\lim_{n\to\infty}P\left\{\left|\frac{1}{n}\sum_{i=1}^{n}X_i-\mu\right|<\varepsilon\right\}=1.$$

4.2 中心极限定理

在实际问题中,有许多随机现象可以看成是由大量相互独立的随机因素综合影响的结果,其中每一个因素在总的影响中所起的作用都很微小. 那么作为因素总和的随机变量往往服从或近似服从正态分布,这种现象就是中心极限定理的研究背景. 本节将介绍两个常用的中心极限定理.

定理 4.5 (独立同分布情形的中心极限定理)设随机变量 $X_1,X_2,\cdots,X_n,\cdots$相互独立,且服从同一分布,其数学期望和方差分别为 $E(X_i)=\mu$,$D(X_i)=\sigma^2\neq 0,i=1,2,\cdots$则对于任意 x,随机变量 $X_1,X_2,\cdots,X_n$ 之和 $\sum\limits_{i=1}^{n}X_i$ 的标准化变量

$$Y_n=\frac{\sum\limits_{i=1}^{n}X_i-E\left(\sum\limits_{i=1}^{n}X_i\right)}{\sqrt{D\left(\sum\limits_{i=1}^{n}X_i\right)}}=\frac{\sum\limits_{i=1}^{n}X_i-n\mu}{\sqrt{n}\sigma}$$

的分布函数 $F_n(x)$满足

$$\lim_{n\to\infty}F_n(x)=\lim_{n\to\infty}P\left\{\frac{\sum\limits_{i=1}^{n}X_i-n\mu}{\sqrt{n}\sigma}\leqslant x\right\}=\frac{1}{\sqrt{2\pi}}\int_{-\infty}^{x}\mathrm{e}^{-\frac{t^2}{2}}\,\mathrm{d}t=\Phi(x)$$

(证明略).

定理 4.4 实际上说明数学期望为 μ,方差为 $\sigma^2>0$ 的独立同分布的随机变量 $X_1,X_2,\cdots,X_n$,不论这些随机变量服从何种分布,当 n 充分大时,它们之和 $\sum\limits_{i=1}^{n}X_i$ 的标准化变量近似地服从标准正态分布,即

$$\frac{\sum\limits_{i=1}^{n}X_i-n\mu}{\sqrt{n}\sigma}\overset{\text{近似}}{\sim}N(0,1).$$

例 4.2.1 某单位内部有260部电话分机，每个分机有4%的时间使用外线，各分机是否使用外线是相互独立的，问：总机要有多少条外线才能有95%的把握保证各个分机使用外线时不需要等候？

解 设

$$X_i=\begin{cases}1,\text{第 } i \text{ 个分机使用外线},\\0,\text{第 } i \text{ 个分机不使用外线},\end{cases}\quad i=1,2,\cdots,260.$$

依题意 $X_i \sim b(1,0.04)$，$i=1,2,\cdots,260$，以 $X=\sum_{i=1}^{260} X_i$ 表示某一时刻同时使用外线的分机数，又假设总机有 x 条外线.

依题意，x 应当满足 $P\{X<x\}=0.95$，也就是

$$P\left\{\frac{X-n\mu}{\sqrt{n}\sigma}<\frac{x-n\mu}{\sqrt{n}\sigma}\right\}=0.95.$$

根据独立同分布的中心极限定理，知$\frac{X-n\mu}{\sqrt{n}\sigma}$近似服从 $N(0,1)$，所以

$$P\left\{\frac{X-n\mu}{\sqrt{n}\sigma}<\frac{x-n\mu}{\sqrt{n}\sigma}\right\}\approx\Phi\left(\frac{x-n\mu}{\sqrt{n}\sigma}\right)=0.95.$$

查表得

$$\frac{x-n\mu}{\sqrt{n}\sigma}\approx1.645.$$

将 $\mu=E(X_i)=0.04$，$\sigma=\sqrt{D(X_i)}=\sqrt{p(1-p)}=\sqrt{0.04\times0.96}$，$i=1,2,\cdots,260$ 代入上式得

$$\frac{x-260\times0.04}{\sqrt{260\times0.04\times0.96}}\approx1.645,$$

解得 $x\approx15.59$，取整数 $x=16$，所以至少需要16条外线.

下面介绍独立同分布中心极限定理的一种特殊结论，它是历史上最早的中心极限定理，由棣莫弗(De Moivre)提出，拉普拉斯(Laplace)推广，故又称为棣莫弗-拉普拉斯中心极限定理.

定理 4.6 (棣莫弗-拉普拉斯中心极限定理)设随机变量 $X_1,X_2,\cdots,X_n,\cdots$ 相互独立，并且都服从参数为 p 的 0－1 分布，则对于任意实数 x，有

$$\lim_{n\to\infty} P\left\{\frac{\sum_{i=1}^{n} X_i - np}{\sqrt{np(1-p)}} \leqslant x\right\} = \frac{1}{\sqrt{2\pi}}\int_{-\infty}^{x} \mathrm{e}^{-\frac{t^2}{2}}\,\mathrm{d}t = \Phi(x).$$

证明 参数为 p 的 0－1 分布随机变量 $X_1, X_2, \cdots, X_n, \cdots$ 的数学期望 $E(X_i)=p$，方差 $D(X_i)=p(1-p)$，$i=1,2,\cdots$ 随机变量 $X_1, X_2, \cdots, X_n$ 之和 $\sum_{i=1}^{n} X_i$ 的标准化变量

$$Y_n = \frac{\sum_{i=1}^{n} X_i - n\mu}{\sqrt{n}\sigma} = \frac{\sum_{i=1}^{n} X_i - np}{\sqrt{np(1-p)}}.$$

由定理 4.4 得

$$\lim_{n\to\infty} F_n(x) = \lim_{n\to\infty}\{Y_n \leqslant x\} = \lim_{n\to\infty} P\left\{\frac{\sum_{i=1}^{n} X_i - np}{\sqrt{np(1-p)}} \leqslant x\right\} = \Phi(x),$$

即得定理的结论.

由于 $\sum_{i=1}^{n} X_i \sim B(n,p)$，棣莫弗-拉普拉斯中心极限定理表明，当 n 很大时，二项分布以正态分布为其极限分布.

例 4.2.2 对于一个学生而言，来参加家长会的家长人数是一个随机变量，设一个学生无家长、1 名家长、2 名家长来参加会议的概率分别为 0.05，0.8，0.15. 若学校共有 400 名学生，各学生参加会议的家长人数相互独立且服从同一分布.

(1) 求参加会议的家长数 X 超过 450 的概率；

(2) 求有 1 名家长来参加会议的学生数不多于 340 的概率.

解 (1) 设随机变量 X_i $(i=1,2,\cdots,400)$ 表示第 i 个学生来参加会议的家长数，则 X_i 的分布律为

X_i	0	1	2
p_i	0.05	0.8	0.15

经计算可知 $E(X_i)=1.1, D(X_i)=0.19, i=1,2,\cdots,400$. 由定理 4.5 可知,参加会议的家长数 $X=\sum_{i=1}^{400} X_i$ 的标准化随机变量

$$\frac{\sum_{i=1}^{400} X_i - 400\times 1.1}{\sqrt{400}\sqrt{0.19}} = \frac{X-400\times 1.1}{\sqrt{400}\sqrt{0.19}}$$

近似服从正态分布 $N(0,1)$,于是

$$\begin{aligned} P\{X>450\} &= P\left\{\frac{X-400\times 1.1}{\sqrt{400}\sqrt{0.19}} > \frac{450-400\times 1.1}{\sqrt{400}\sqrt{0.19}}\right\} \\ &= 1-P\left\{\frac{X-400\times 1.1}{\sqrt{400}\sqrt{0.19}} \leqslant 1.147\right\} \\ &\approx 1-\Phi(1.147)=0.1257. \end{aligned}$$

(2) 设随机变量 Y 表示有 1 名家长来参加会议的学生数,则 $Y\sim b(400,0.8)$,由定理 4.5 得

$$\begin{aligned} P\{Y\leqslant 340\} &= P\left\{\frac{Y-400\times 0.8}{\sqrt{400\times 0.8\times 0.2}} \leqslant \frac{340-400\times 0.8}{\sqrt{400\times 0.8\times 0.2}}\right\} \\ &= P\left\{\frac{Y-400\times 0.8}{\sqrt{400\times 0.8\times 0.2}} \leqslant 2.5\right\} \\ &\approx \Phi(2.5)=0.9938. \end{aligned}$$

概率人物卡片(伯努利)

雅各布·伯努利(Jakob Bernoulli,1654 年 12 月 27 日—1705 年 8 月 16 日),伯努利家族代表人物之一,瑞士数学家. 被公认为概率论的先驱之一. 他较早阐明随着试验次数的增加,频率稳定在概率附近. 他在 1713 年出版的《猜度术》一书中提及了伯努利数,它是大数定理的最早形式且应用广泛. 由于"大数定律"的极端重要性,1913 年 12 月彼得堡科学院曾举行庆祝大会,纪念"大数定律"诞生 200 周年.

基本练习题 4

1. 某计算机系统有 100 个终端,每个终端有 5%的时间在使用,若每个终端使用与否是相互独立的,试用中心极限定理计算至少有 2 个终端被使用的概率.

2. 某栋宿舍楼有 500 个学生,每人在傍晚大约有 10%的时间要占用一个水龙头,设每人需要水龙头是相互独立的,问:该宿舍楼至少需要安装多少个水龙头,才能以 90%以上的概率保证用水需要?

3. 一加法器同时收到 20 个噪声电压 $V_k(k=1,2,\cdots,20)$,设它们是相互独立的随机变量,且都在区间(0, 10)上服从均匀分布. 记 $V=\sum_{k=1}^{20}V_k$,求 $P\{V>105\}$的近似值.

4. 一船舶在某海区航行,已知每遭受一次波浪的冲击,纵摇角大于 3°的概率为 $p=\dfrac{1}{3}$,若船舶遭受了 90000 次波浪冲击,问:其中有 29500～30500 次纵摇角度大于 3°的概率是多少?

综合练习题 4

1. 将一枚骰子重复掷 n 次,则当 $n\to\infty$时,n 次掷出点数的算术平均值依概率收敛于几?

2. 据以往经验,某种电器元件的寿命服从均值为 100 小时的指数分布. 现随机地取 16 只,设它们的寿命是相互独立的,求这 16 只元件的寿命的总和大于 1920 小时的概率.

3. 设随机试验成功的概率 $p=0.2$,现在将试验独立地重复进行 100 次,求试验成功次数介于 16 和 32 之间的概率.

第5章　数理统计基础知识

实际案例(母亲嗜酒是否影响下一代的健康)

美国的Jones医生于1974年观察了母亲在妊娠时曾患慢性酒精中毒的6名七岁儿童(称为甲组).以母亲的年龄、文化程度及婚姻状况与前6名儿童的母亲相同或相近,但不饮酒的46名七岁儿童为对照租(称为乙组).测定两组儿童的智商,结果如下:

组别＼智商	人数 n	智商平均数 $\bar{x}$	样本标准差 s
甲组	6	78	19
乙组	46	99	16

由此结果推断母亲嗜酒是否影响下一代的智力.若有影响,推断其影响程度有多大.

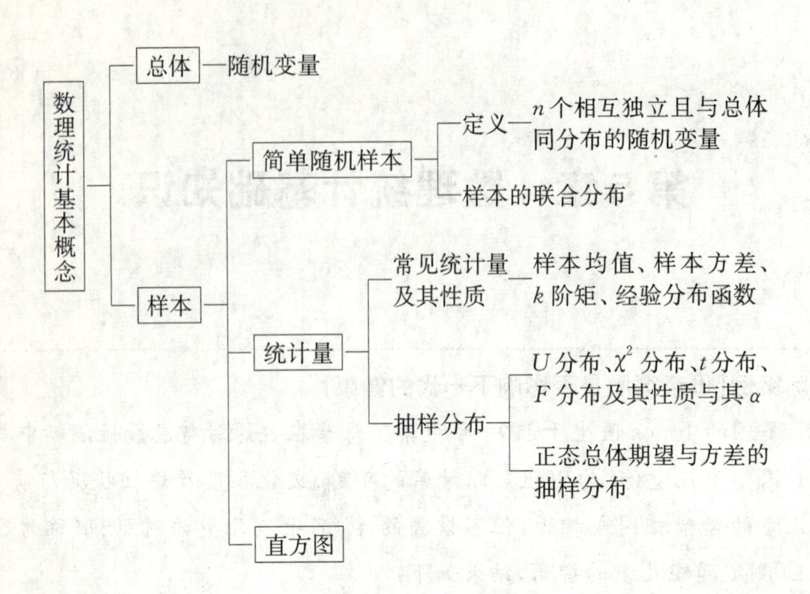

从本章开始，我们将进入数理统计相关内容的学习.数理统计是以概率论为基础且有广泛应用的一个数学分支.它主要研究如何收集、整理和分析实际问题的数据并以此对所研究的问题作出相关的结论.概率论通过引进随机变量，在随机变量的分布已知的情况下对随机现象的统计规律作出分析研究；数理统计则是在研究对象的分布未知或分布类型已知而分布中所含参数未知的情况下，通过简单随机抽样、借助抽样分布、以概率论为理论基础对研究对象的客观规律性作出种种合理的估计和推断.它包括参数估计、假设检验、方差分析等方面的内容.

本章介绍总体、随机样本及统计量等基本概念，并着重介绍几个常用统计量及几种重要的抽样分布.这些都是数理统计的基础知识，对数理统计方法的具体应用起着举足轻重的作用.

5.1 总体与样本

5.1.1 总体与个体

数理统计中我们把研究对象的全体称为**总体**，而把组成总体的每一个元素称为**个体**. 例如,研究某种型号的灯泡质量时,某种型号的灯泡构成一个总体,其中每一只灯泡为一个个体;考察某班学生的相关信息时,某班全体学生即构成一个总体,其中每一位学生即为一个个体. 总体所包含的研究对象是由问题的目的和要求来确定的,因此在实际中,研究对象并非通常意义上的一些物理对象,而是指这些物理对象具体的某项或某一些统计指标. 例如,研究某种型号灯泡的质量,我们所关心的往往是某种型号灯泡的寿命这一统计指标;考察某班学生的相关信息,我们考察的往往是学生的身高、学科成绩、性别或民族等一项或几项具体的统计指标. 统计指标或为研究对象的数量指标,或为研究对象的属性指标. 例如,寿命、身高、学科成绩等就是数量指标,而性别、民族等则是属性指标. 对于研究对象的统计指标,无论是数量指标还是属性指标,往往都可以被数量化;而对不同个体的考察,统计指标的取值又体现一定的随机性. 因此,我们引进随机变量概念以使研究对象的统计指标数量化,将总体看作某个随机变量可能取值的全体来看待. 这样,一个总体就对应一个随机变量,对总体的研究也就是对一个随机变量的研究. 在这个意义上,总体与随机变量是等同的,总体的分布和数字特征也即随机变量的分布和数字特征.

例如,若用随机变量 X 表示某种型号灯泡的寿命,则某种型号的灯泡寿命这一总体就可表示为总体 X;若用 X,Y 分别表示某班学生的身高和体重,则某班学生的身高和体重这一总体就是一个二维随机变量(X,Y). 显然,总体可以是一维随机变量也可能是多维随机变量.

5.1.2　样本

数理统计中,对总体的研究、推断是建立在对个体的观测统计基础之上的. 对个体的观测统计,理论上理想的方法自然是全面观测法,即对全部个体逐个进行观测以达到全面了解总体的目的. 但实际上,这种观测方法在很多情况下是很不现实也是行不通的. 比如,测试灯泡的寿命或测试炸弹的爆炸性能等,因其破坏性或考虑测试成本等顾虑,都不可能采用全面观测的方法. 实际中,往往采用抽样统计的观测方法,即从总体中抽取 n 个个体进行观测,然后根据这 n 个个体的性质来推断总体的性质. 我们把抽取的 n 个个体组成的集合称为总体的一个**样本**,n 称为该**样本的容量**.

在总体 X 中每抽取一个个体，便是对随机变量 X 进行一次试验，抽取 n 个个体就是对总体 X 进行 n 次试验，每一次试验就得到总体 X 的一个个体的观测值，显然，它也是一个随机变量. 将 n 次抽样的结果分别记为 $X_1,\cdots,X_n$，则 $X_1,\cdots,X_n$ 即为总体 X 的容量为 n 的一个样本. 在一次抽样后，样本就有一组确定的值，相应地记为 $x_1,x_2,\cdots,x_n$，称其为**样本观测值**. 也可把这 n 个随机变量看作一个整体，则样本就是 n 维随机变量，记为$(X_1,\cdots,X_n)$，相应地记$(x_1,x_2,\cdots,x_n)$为样本观察值.

在抽样统计中，为了使抽取的样本能充分反映总体的特征，对样本的抽取都有一定的要求. 一方面，要求抽取条件相同、方法统一，即抽取要在相同的条件下重复进行. 另一方面，要求每次抽取是独立的，即每次抽样结果不受其他各次抽样结果的影响. 我们把满足这两要求的抽样方法叫作**简单随机抽样**，由简单随机抽样得到的样本叫作简单随机样本. 今后我们所提及的抽样及样本都是指简单随机抽样和简单随机样本. 下面给出随机变量意义下简单随机样本的定义.

定义 5.1.1 设 $X_1,\cdots,X_n$ 是总体 X 的一个样本，若它满足

(1) $X_1,\cdots,X_n$ 相互独立；

(2) $X_i(i=1,2,\cdots,n)$与总体 X 同分布.

则称 $X_1,\cdots,X_n$ 是总体 X 的一个**简单随机样本**.

5.1.3 样本的联合分布

设总体 X 的分布函数为 $F(x)$，$X_1,\cdots,X_n$ 为总体 X 的一个样本，由定义 5.1.1 知，对任意实数 $x_1,\cdots,x_n$，样本 $X_1,X_2,\cdots,X_n$ 的联合分布函数为

$$F(x_1,x_2,\cdots,x_n)=F_{X_1}(x_1)\cdots F_{X_n}(x_n)=\prod_{i=1}^{n}F(x_i).$$

对离散型总体 X，若已知其分布律为 $P(X=x_i)=p_i(i=1,2,\cdots)$，则样本 $X_1,X_2,\cdots,X_n$ 的联合分布律为

$$\begin{aligned}P(X_1=x_1,\cdots,X_n=x_n)&=P(X_1=x_1)\cdots P(X_n=x_n)\\&=\prod_{i=1}^{n}P(X=x_i)=\prod_{i=1}^{n}p_i.\end{aligned}$$

对连续型总体 X ,若已知其概率密度函数为 $f(x)$,则样本的联合概率密度函数为

$$f(x_1,x_2,\cdots,x_n)=f_{X_1}(x_1)\cdots f_{X_n}(x_n)=\prod_{i=1}^{n}f(x_i).$$

例 5.1.1　设总体 $X\sim B(1,p)$,试求样本 $X_1,X_2,\cdots,X_n$ 的联合分布律.

解　由 $X\sim B(1,p)$知,总体 X 的分布律为 $P(X=k)=p^k(1-p)^{1-k}(k=0$ 或 $1)$,

所以样本 $X_1,X_2,\cdots,X_n$ 的联合分布律为

$$P(X_1=x_1,\cdots,X_n=x_n)=\prod_{i=1}^{n}p^{x_i}\cdot(1-p)^{1-x_i}=p^{\sum\limits_{i=1}^{n}x_i}\cdot(1-p)^{\sum\limits_{i=1}^{n}(1-x_i)},$$

其中 $x_i=0$ 或 1.

例 5.1.2　设总体 $X\sim N(n,\sigma^2)$,试求样本 $X_1,X_2,\cdots,X_n$ 的联合概率密度函数.

解　由 $X\sim N(n,\sigma^2)$知,总体 X 的概率密度函数为 $f(x)=\frac{1}{\sqrt{2\pi}\sigma}e^{-\frac{(x-\mu)2}{2\sigma^2}}$

$x\in\mathbf{R}$,

所以样本 $X_1,X_2,\cdots,X_n$ 的联合概率密度函数为

$$\begin{aligned}f(x_1,x_2,\cdots,x_n)&=f_{X_1}(x_1)\cdots f_{X_n}(x_n)=\prod_{i=1}^{n}\frac{1}{\sqrt{2\pi}\sigma}e^{-\frac{(x_i-\mu)^2}{2\sigma^2}}\\&=\left(\frac{1}{\sqrt{2\pi}\sigma}\right)^n\cdot e^{-\frac{1}{2\sigma^2}\sum\limits_{i=1}^{n}(x_i-\mu)^2}\ (x_i\in\mathbf{R}).\end{aligned}$$

例 5.1.3　设总体 X 的概率密度函数为

$$f(x)=\begin{cases}(1+\sqrt{\theta})x^{\sqrt{\theta}}, & 0<x<1,\theta>0,\\0, & 其他,\end{cases}$$

试求样本 $X_1,\cdots,X_n$ 的联合概率密度函数.

解　样本的联合概率密度函数为

$$f(x_1,\cdots,x_n)=\begin{cases}\prod\limits_{i=1}^{n}(1+\sqrt{\theta})x_i^{\sqrt{\theta}} & 0<x_i<1,\theta>0,\\0, & 其他\end{cases}$$

$$=\begin{cases}(1+\sqrt{\theta})^n(x_1\cdot x_2\cdot\cdots\cdot x_n)^{\sqrt{\theta}}, & 0<x_i<1,\theta>0,\\0, & \text{其他}.\end{cases}$$

5.2 统计量

样本是统计推断的依据，是总体信息的代表与反映. 数理统计中，首要的工作是统计数据的收集与整理，而原始的统计数据也即来自于随机抽样取得的样本往往比较杂乱、比较粗糙，无法直接用来推断总体的情况，需要对其进行一定的加工、提炼. 最常用的加工提炼方法便是对不同的问题构造样本的适当的函数以获得理想的统计数据进行统计推断. 这种样本的适当的函数在数理统计中即称之为统计量.

5.2.1 统计量

定义 5.2.1 设 $X_1,\cdots,X_n$ 是总体 X 的一个样本，$g(X_1,\cdots,X_n)$ 是 $X_1,\cdots,X_n$ 的函数，若 g 中不含未知参数，则称 $g(X_1,\cdots,X_n)$ 是一个统计量.

例如，设总体 $X\sim N(n,\sigma^2)$，其中 μ 已知，σ^2 未知，则 $2X_1+X_2$，$\sum\limits_{K=1}^{N}(X_k-\mu)$ 均为统计量，而 $\frac{1}{\sigma^2}\sum\limits_{k=1}^{n}(X_k-\mu)^2$ 不是统计量，因为它含有未知参数 σ.

显然，统计量也是一个随机变量，设 $x_1,x_2,\cdots,x_n$ 是相应于样本 $X_1,\cdots,X_n$ 的一组样本值，则 $g(x_1,x_2,\cdots,x_n)$ 也就是统计量 $g(X_1,\cdots,X_n)$ 的观察值.

5.2.2 常用统计量

定义 5.2.2 设 $X_1,\cdots,X_n$ 是总体 X 的一个样本，$x_1,x_2,\cdots,x_n$ 是一组样本值，定义如下几个常用的统计量：

(1) 样本均值

$$\overline{X}=\frac{1}{n}\sum_{i=1}^{n}X_i$$

(2) 样本方差

$$s^2=\frac{1}{n-1}\sum_{i=1}^{n}(X_i-\overline{X})^2=\frac{1}{n-1}\left(\sum_{i=1}^{n}X_i^2-n\overline{X}^2\right)$$

(3) 样本标准方差

$$s=\sqrt{S^2}=\sqrt{\frac{1}{n-1}\sum_{i=1}^{n}(X_i-\overline{X})^2}$$

(4) 样本 k 阶原点矩

$$A_k=\frac{1}{n}\sum_{i=1}^{n}X_i^k\quad k=1,2,\cdots$$

显然,样本均值($k=1$)是一阶原点矩;

(5) 样本 k 阶中心矩

$$B_k=\frac{1}{n}\sum_{i=1}^{n}(X_i-\overline{X})^k\quad k=1,2,\cdots$$

样本矩是典型的统计量,下面不加证明给出样本矩的一些重要结论.

定理 5.2.1　设 $X_1,\cdots,X_n$ 为总体 X 的一个样本,若总体 X 的 k 阶矩(原点矩)$\mu_k=E(X^k)$存在,$A_k=\frac{1}{n}\sum_{i=1}^{n}X_i^k$ 为样本 k 阶矩(原点矩),则当 $n\to\infty$ 时,A_k 依概率收敛于 μ_k,

即
$$A_k\xrightarrow{P}\mu_k.$$

定理表明,样本 k 阶矩(原点矩)依概率收敛于总体 k 阶矩(原点矩).当样本容量充分大时,样本矩是总体矩的一个良好的近似,故可用样本 k 阶矩(原点矩)A_k 来估计总体 k 阶矩(原点矩)μ_k.这也正是总体未知参数点估计中矩估计法的理论依据.

定理 5.2.2　设 $X_1,\cdots,X_n$ 为总体 X 的一个样本,且 $D(X)$存在,$\overline{X}$和 s^2 分别是样本均值和样本方差,则有

(1) $E(\overline{X})=E(X)$

(2) $D(\overline{X})=\frac{D(X)}{n}$

(3) $E(s^2)=D(X)$

证明 (1)、(2)易证,下证(3)

$$E(S^2)=E\left[\frac{1}{(n-1)}\sum_{i=1}^{n}(X_i-\overline{X})^2\right]=\frac{1}{(n-1)}\left[\sum_{i=1}^{n}E(X_i^2)-nE(\overline{X}^2)\right]$$

$$=\frac{n}{(n-1)}[D(X)+E^2(X)-E(\overline{X}^2)]$$

$$=\frac{n}{n-1}[D(X)+E^2(\overline{X})-E(\overline{X}^2)]$$

$$=\frac{n}{n-1}[D(X)-D(\overline{X})]=\frac{n}{n-1}\left[D(X)-\frac{D(X)}{n}\right]=D(X).$$

5.2.3 经验分布函数

经验分布函数是与总体分布函数 $F(x)$相应的一个统计量.

设 $X_1,X_2,\cdots,X_n$ 为总体 X 的一个样本,$x_1,x_2,\cdots,x_n$ 为样本观察值.将 $x_1,x_2,\cdots,x_n$ 按从小到大的顺序排列成 $x_{(1)},x_{(2)},\cdots,x_{(n)}$ $(x_{(1)}\leqslant x_{(2)}\leqslant\cdots\leqslant x_{(n)})$.称 $x_{(1)},x_{(2)},\cdots,x_{(n)}$为有序样本值.用有序样本值定义如下函数:

$$F_n(x)=\begin{cases}0, & x<x_{(1)},\\ \frac{k}{n}, & x_{(k)}\leqslant x\leqslant x_{(k+1)},k=1,2,\cdots,n-1.\\ 1, & x_{(n)}\leqslant x,\end{cases}$$

称 $F_n(x)$为取自总体 X 的**经验分布函数.**

显然 $F_n(x)$是一个单调不减右连续函数,且满足

$$F_n(-\infty)=0,F_n(+\infty)=1.$$

经验分布函数 $F_n(x)$与总体 X 的分布函数 $F(x)$究竟有何关系?格列汶科 1933 年证明了以下结果(**格列汶科定理**):

$$P\left(\lim_{n\to\infty}\sup_{x\in\mathbf{R}}|F_n(x)-F(x)|=0\right)=1.$$

即对任意实数 x,当 $n\to\infty$时,$F_n(x)$一致收敛于 $F(x)$的概率为 1.因此当 n 充分大时,经验分布函数 $F_n(x)$是总体分布函数 $F(x)$的一个良好近似,故在实

际运用中可以作为 $F(x)$ 的一个估计或者替代.

例 5.2.1 设样本值为 0,3,3,2,1,3,1,1,2,0. 试求经验分布函数.

解 变换样本值为有序样本值:0,0,1,1,1,2,2,3,3. 则

$$F_{10}(x)=\begin{cases}0, & x<x_{(1)}, \\ \frac{2}{10}, & 0\leqslant x<1, \\ \frac{5}{10}, & 1\leqslant x<2, \\ \frac{7}{10}, & 2\leqslant x<3, \\ 1. & 3=x_{(10)}\leqslant x.\end{cases}$$

5.3 抽样分布

统计量的分布称为抽样分布. 本节介绍数理统计中有着广泛应用的三大分布:χ^2 分布、t 分布和 F 分布,以及与正态总体样本均值、样本方差相关的几种抽样分布.

5.3.1 U 分布

定义 5.3.1 设 $X_1,\cdots,X_n$ 为总体 $X\sim N(\mu,\sigma^2)$ 的一个样本,$\overline{X}$ 为样本均值,则称统计量

$$U=\frac{\overline{X}-\mu}{\sigma/\sqrt{n}}$$

为 U 统计量. U 统计量的分布称为 U 分布.

上节我们已经得到:$E(\overline{X})=E(X)=\mu, D(\overline{X})=\frac{D(X)}{n}=\frac{\sigma^2}{n}$,结合独立正态随机变量的线性性质,不难证明,$U$ 分布实则即为标准正态分布.

即

$$U=\frac{\overline{X}-\mu}{\sigma/\sqrt{n}}\sim N(0,1).$$

在讨论正态总体 X 的有关分布时,常用到标准正态分布的上 α 分位点概念.

定义 5.3.2 对于给定的实数 $\alpha(0<\alpha<1)$，称满足条件

$$P\{U\geqslant u_\alpha\}=\alpha$$

的实数 u_α 为 U 分布的上 α 分位数或上 α 分位点（或上侧临界值），如图 5.1 所示：

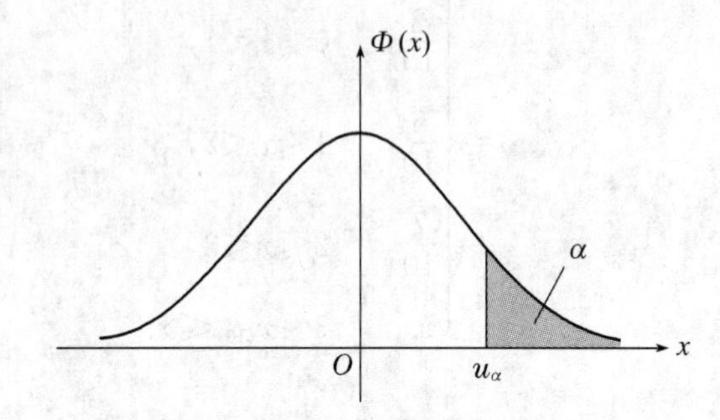

图 5.1 U 分布的上 α 分位点图

$$P\{U\geqslant u_\alpha\}=\alpha \quad \text{也即 } \Phi(u_\alpha)=1-\alpha.$$

因此，U 分布的上 α 分位点可通过查标准正态分布表而求得. 例如，令 $\alpha=0.05$，由 $\Phi(1.65)=1-0.05=0.95$ 知 $u_{0.05}=1.65$.

根据 U 分布的对称性，有

$$u_{1-\alpha}=-u_\alpha.$$

例如，$u_{0.95}=u_{1-0.05}=-u_{0.05}=-1.65$.

5.3.2 χ^2 分布

定义 5.3.3 设 $X_1,\cdots,X_n$ 为总体 $X\sim N(0,1)$ 的一个样本，则称统计量 $\chi^2=X_1^2+X_2^2+\cdots+X_n^2$ 服从自由度为 n 的 χ^2 分布，记作 $\chi^2\sim\chi^2(n)$.

自由度为 n 的 χ^2 分布的概率密度函数为

$$f(y)=\begin{cases}\dfrac{1}{2^{\frac{n}{2}}\Gamma\left(\dfrac{n}{2}\right)}\mathrm{e}^{-\frac{x}{2}y^{\frac{n}{2}-1}}, & y>0,\\ 0, & y\leqslant 0,\end{cases}$$

其中 $\Gamma(x)=\int_0^{+\infty}t^{x-1}\mathrm{e}^{-t}\mathrm{d}t$ 称为 Γ 函数. $f(y)$ 的图像特征如图 5.2 所示：

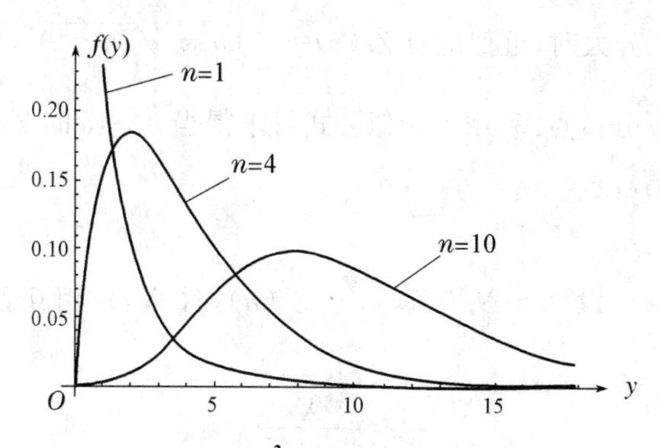

图 5.2　χ^2 分布概率密度曲线

类似U分布的上α分位点概念，记实数$\chi_{\alpha}^{2}(n)$为$\chi^{2}(n)$分布的上α分位数或上α分位点(或上侧临界值)，如图 5.3 所示：

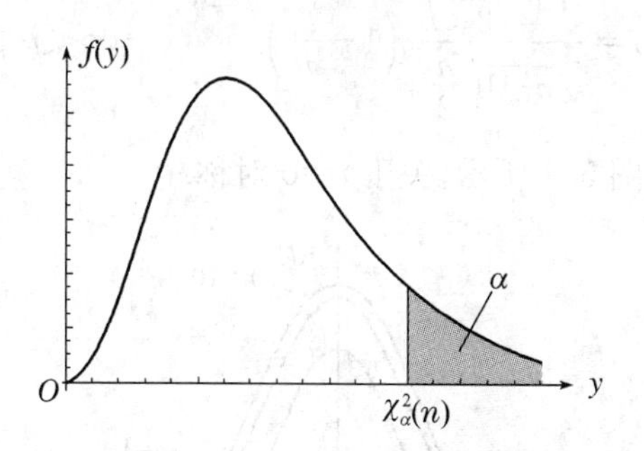

图 5.3　χ^2 分布的上 α 分位点图

$\chi^{2}(n)$分布的上α分位数$\chi_{\alpha}^{2}(n)$可查用附录中的$\chi^{2}(n)$分布表而得. 例如，对于$\alpha=0.1$，$n=25$，查得

$$\chi_{0.1}^{2}(25)=34.382, \chi_{\frac{\alpha}{2}}^{2}(n)=\chi_{0.05}^{2}(25)=37.652,$$

$$\chi_{1-\alpha}^{2}(n)=\chi_{0.9}^{2}(25)=16.473.$$

下不加证明给出$\chi^{2}(n)$**的如下性质：**

(1) $E(\chi^{2}(n))=n, D(\chi^{2}(n))=2n$；

(2) 若$X_1\sim\chi^{2}(n_1)$，$X_2\sim\chi^{2}(n_2)$，X_1，X_2相互独立，则$X_1+X_2\sim\chi^{2}(n_1+n_2)$；

(3) 当 n 充分大时,近似地有 $\chi_\alpha^2(n)\approx\frac{1}{2}(u_\alpha+\sqrt{2n-1})^2$,其中 u_α 是标准正态分布的上 α 分位点. 利用上近似公式可求得当 $n>45$ 时 $\chi^2(n)$ 分布的上 α 分位点的近似值.

5.3.3 t 分布

定义 5.3.4 设 $X\sim N(0,1)$,$Y\sim\chi^2(n)$,且 X,Y 相互独立,则称随机变量

$$t=\frac{X}{\sqrt{Y/n}}$$

服从自由度为 n 的 t 分布,记作 $t\sim t(n)$.

自由度为 n 的 t 分布的概率密度函数为

$$f(t)=\frac{\Gamma\left(\frac{n+1}{2}\right)}{\sqrt{n\pi}\Gamma\left(\frac{n}{2}\right)}\left(1+\frac{t^2}{n}\right)^{-\frac{n+1}{2}}\quad -\infty<t<\infty.$$

$f(t)$ 的图像特征如图 5.4 所示,关于 $t=0$ 对称.

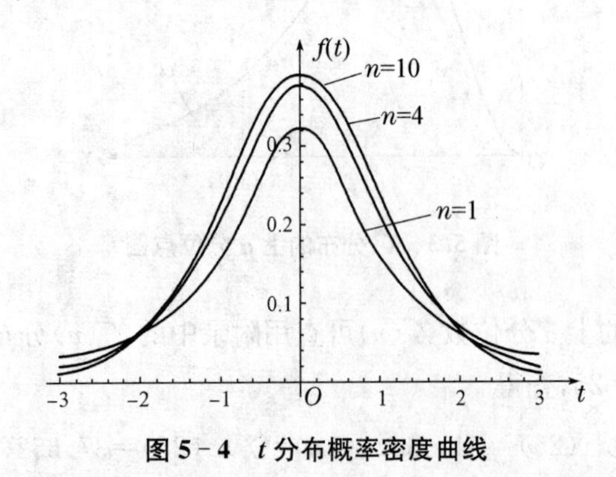

图 5-4 t 分布概率密度曲线

当 n 充分大时其图像类似于标准正态分布的概率密度曲线,所以当 n 足够大时 t 分布近似于标准正态分布. 但对于较小的 n,t 分布与 $N(0,1)$ 分布差异交大.

类似地,记实数 $t_\alpha(n)$ 为 $t(n)$ 分布的上 α 分位数或上 α 分位点(或上侧临

界值)，如图5.5所示：

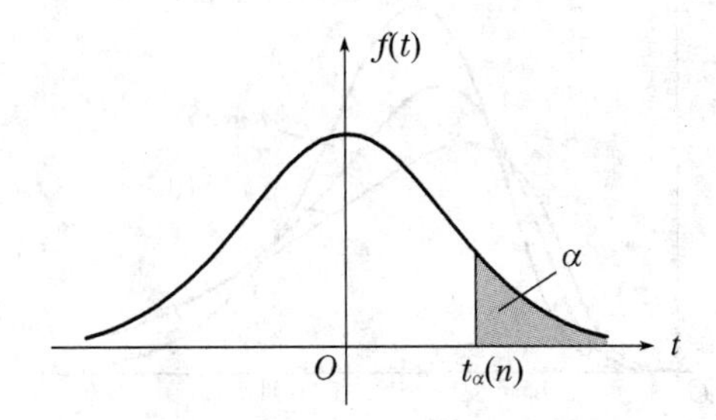

图5.5　t分布的上α分位点图

$t(n)$分布的上α分位数$t_\alpha(n)$可查用附录中的$t(n)$分布表而得. 例如，对于$\alpha=0.1, n=25$，

查得
$$t_{0.1}(25)=1.3163, t_{\frac{\alpha}{2}}(n)=t_{0.05}(25)=1.7081.$$

而当$n>45$时，则用标准正态分布近似：$t_\alpha(n)\approx u_\alpha$.

由$t(n)$分布的上α分位点的定义及$t(n)$分布概率密度曲线的对称性，不难得：

$$t_{1-\alpha}(n)=-t_\alpha(n).$$

例如，$t_{0.9}(25)=t_{1-0.1}(25)=-t_{0.1}(25)=-1.3163$.

5.3.4　F分布

定义5.3.5　设$X\sim\chi^2(n_1)$，$Y\sim\chi^2(n_2)$，且X,Y相互独立，则称随机变量

$$F=\frac{X/n_1}{Y/n_2}$$

服从第一自由度为n_1、第二自由度为n_2的**F分布**，记作$F\sim F(n_1,n_2)$.

$F(n_1,n_2)$分布的概率密度函数为

$$f(y,n_1,n_2)=\begin{cases}\dfrac{\Gamma\left(\dfrac{n_1+n_2}{2}\right)}{\Gamma\left(\dfrac{n_1}{2}\right)\Gamma\left(\dfrac{n_2}{2}\right)}\left(\dfrac{n_1}{n_2}\right)^{\frac{n_1}{2}}y^{\frac{n_2}{2}-1}\left(1+\dfrac{n_1}{n_2}y\right)^{-\frac{n_1+n_2}{2}}, & y>0,\\ 0, & y\leqslant 0.\end{cases}$$

$f(y,n_1,n_2)$的图像特征如图5.6所示.

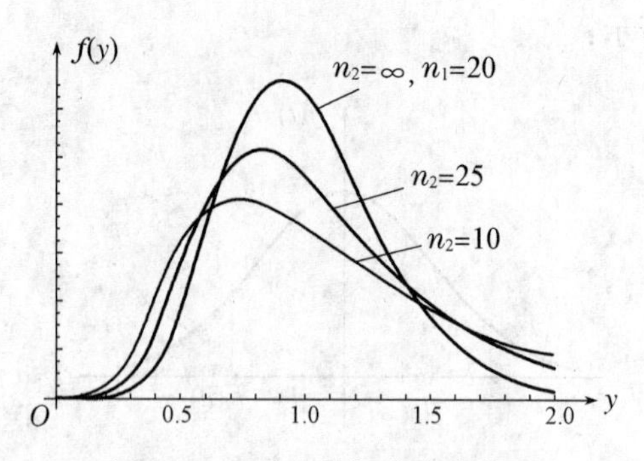

图 5.6 **F 分布的概率密度曲线**

类似地,记实数 $F_\alpha(n_1,n_2)$ 为 $F(n_1,n_2)$ 分布的上 α 分位数或上 α 分位点(或上侧临界值),如图 5.7 所示:

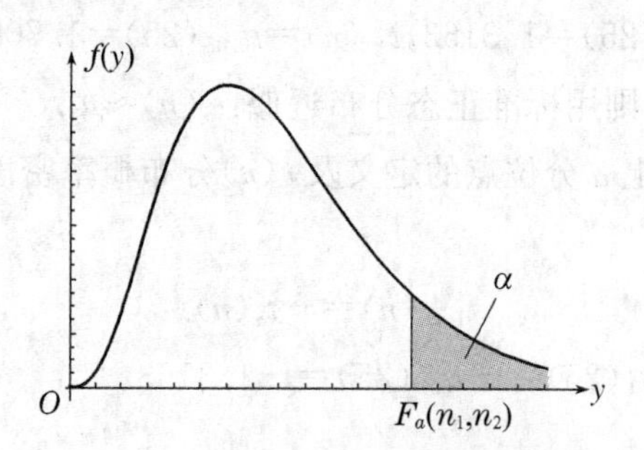

图 5.7 **F 分布的上 α 分位点图**

$F(n_1,n_2)$ 分布的上 α 分位点 $F_\alpha(n_1,n_2)$ 可查用附录中的 $F(n_1,n_2)$ 分布表而得.例如,对于 $\alpha=0.05, n_1=9, n_2=12$,查表得 $F_{0.05}(9,12)=2.8$.

F 分布有如下性质:设 $F\sim F(n_1,n_2)$,则有

(1) $\frac{1}{F}\sim F(n_2,n_1)$

(2) $F_{1-\alpha}(n_1,n_2)=\frac{1}{F_\alpha(n_2,n_1)}$

证明 由 F 分布的定义,(1) 显然成立.下证(2) 由 $F\sim F(n_1,n_2)$知,

$1-\alpha=P\{F\geqslant F_{1-\alpha}(n_1,n_2)\}=P\left\{\frac{1}{F}\leqslant\frac{1}{F_{1-\alpha}(n_1,n_2)}\right\}=1-$

$P\left\{\frac{1}{F}\geqslant\frac{1}{F_{1-\alpha}(n_1,n_2)}\right\}$,

所以有
$$P\left\{\frac{1}{F}\geqslant\frac{1}{F_{1-\alpha}(n_1,n_2)}\right\}=\alpha.$$

又由于$\frac{1}{F}\sim F(n_2,n_1)$,因而 $F_\alpha(n_2,n_1)=\frac{1}{F_{1-\alpha}(n_1,n_2)}$也即 $F_{1-\alpha}(n_1,n_2)$ $=\frac{1}{F_\alpha(n_2,n_1)}$.

利用上性质(2),可计算α较大时的F分布的上α分位点.例如可求得

$$F_{0.95}(12,9)=F_{1-0.05}(12,9)=\frac{1}{F_{0.05}(9,12)}=\frac{1}{2.8}\approx 0.357.$$

5.3.5 正态总体样本均值、样本方差的抽样分布

正态总体是数理统计的主要研究对象.下面不加证明地给出正态总体样本均值、样本方差的几个定理及相关的抽样分布.

定理 5.3.1 设$X_1,\cdots,X_n$为总体$X\sim N(\mu,\sigma^2)$的一个样本,$\overline{X}$,s^2分别为样本均值和样本方差,则

(1) $\frac{\overline{X}-\mu}{\sigma/\sqrt{n}}\sim n(0,1)$;

(2) $\overline{X}$,s^2相互独立;

(3) $\chi^2=\frac{(n-1)s^2}{\sigma^2}\sim\chi^2(n-1)$;

(4) $\frac{\overline{X}-\mu}{s/\sqrt{n}}\sim t(n-1)$.

定理 5.3.2 设$X_1,\cdots,X_{n_1}$为总体$X\sim N(\mu_1,\sigma_1^2)$的一个样本,$\overline{X}$,$s_1^2$分别为$X$的样本均值和样本方差;$Y_1,\cdots,Y_{n_2}$为总体$Y\sim N(\mu_2,\sigma_2^2)$的一个样本,$\overline{Y}$,$s_2^2$分别为$Y$的样本均值和样本方差;$X$与$Y$相互独立,则

(1) $U=\frac{(\overline{X}-\overline{Y})-(\mu_1-\mu_2)}{\sqrt{\frac{\sigma_1^2}{n_1}+\frac{\sigma_2^2}{n_2}}}\sim N(0,1)$;

(2) $F=\frac{s_1^2/s_2^2}{\sigma_1^1/\sigma_2^2}\sim F(n_1-1,n_2-1)$;

(3) 在 $\sigma_1=\sigma_2=\sigma$ 下，有

$$T=\frac{(\overline{X}-\overline{Y})-(\mu_1-\mu_2)}{s_\omega\sqrt{\frac{1}{n_1}+\frac{1}{n_2}}}\sim t(n_1+n_2-2)\text{，其中 } s_\omega^2=\frac{(n_1-1)s_1^2+(n_2-1)s_2^2}{n_1+n_2-2}$$

$$F=\frac{s_1^2}{s_2^2}=\frac{\frac{1}{n_1-1}\sum_{i=1}^{n_1}(X_i-\overline{X})^2}{\frac{1}{n_2-1}\sum_{i=1}^{n_2}(Y_i-\overline{Y})^2}\sim F(n_1-1,n_2-1).\text{（证明略）}$$

例 5.3.1 设 $X_1,X_2,\cdots,X_6$ 为总体 $X\sim N(0,2)$的一个样本，试求：

(1) 当 k_1,k_2,k_3,k 为何值时，$k_1X_1^2+k_2(X_2+X_3)^2+k_3(X_4+X_5+X_6)^2\sim\chi^2(k)$；

(2) 统计量$\frac{X_1^2+X_2^2+X_2^3}{X_4^2+X_5^2+X_6^2}$服从什么分布.

解

(1) 由 $X_1\sim N(0,2)$，知$\frac{X_1}{\sqrt{2}}\sim N(0,1)$，又由 $X_2\sim N(0,2)$，$X_3\sim N(0,2)$结合正态分布的线性性质知 $X_2+X_3\sim N(0,4)$，进而有$\frac{X_2+X_3}{2}\sim N(0,1)$. 同理$\frac{X_4+X_5+X_6}{\sqrt{6}}\sim N(0,1)$. 由样本的独立性及 χ^2 分布的定义，有

$$\frac{X_1^2}{2}+\frac{(X_2+X_3)^2}{4}+\frac{(X_4+X_5+X_6)^2}{6}\sim\chi^2(3),$$

所以 $k_1=\frac{1}{2},k_2=\frac{1}{4},k_3=\frac{1}{6},k=3$.

(2) 由 $X_i\sim N(0,2)$，知$\frac{X_i}{\sqrt{2}}\sim N(0,1)(i=1,2,\cdots,6)$，结合样本的独立性知$\frac{X_1^2+X_2^2+X_2^3}{2}\sim\chi^2(3)$，$\frac{X_4^2+X_5^2+X_6^2}{2}\sim\chi^2(3)$，由独立性及 F 分布的定义，有

$$\frac{X_1^2+X_2^2+X_2^3}{X_4^2+X_5^2+X_6^2}=\frac{\frac{X_1^2+X_2^2+X_3^2}{2}\Big/3}{\frac{X_4^2+X_5^2+X_6^2}{2}\Big/3}\sim F(3,3).$$

例 5.3.2　设总体 $X\sim N(80,\sigma^2)$，从中抽取一个容量为 25 的样本，分别在以下两种情况下，求 $P\{|\overline{X}-80|>3\}$的值.

(1) $\sigma=20$；

(2) σ 未知，但 $s^2=21.9^2$.

解　(1) 易知 $E(\overline{X})=80, D(\overline{X})=\frac{\sigma^2}{25}=\frac{20^2}{25}=16$. 由 $\overline{X}\sim N(80,16)$，得 $\frac{\overline{X}-80}{4}\sim N(0,1)$，所以

$$P\{|\overline{X}-80|>3\}=P\left\{\left|\frac{\overline{X}-80}{4}\right|>\frac{3}{4}\right\}=2P\left\{\frac{\overline{X}-80}{4}<-\frac{3}{4}\right\}$$

$$=2\Phi(-0.75)=2-2\Phi(0.75)=0.4533.$$

(2) 由 $\frac{\overline{X}-\mu}{s/\sqrt{n}}\sim t(n-1)$ 知 $t=\frac{\overline{X}-80}{21.9/5}\sim t(24)$，所以

$$P\{|\overline{X}-80|>3\}=P\left\{\left|\frac{\overline{X}-80}{21.9/5}\right|>\frac{3}{21.9/5}\right\}=P\{|t|>0.6849=t_{0.25}(24)\}$$

$$=2P\{t>t_{0.25}(24)\}=2\times 0.25=0.5.$$

例 5.3.3　设 $X_1,X_2,\cdots,X_{16}$ 为总体 $X\sim N(\mu,\sigma^2)$ 的样本，s^2 为样本方差. 试求

$$P\left\{0.5698\leqslant\frac{s^2}{\sigma^2}\leqslant 2.0385\right\}.$$

解　根据题意由 $(n-1)s^2/\sigma^2\sim\chi^2(n-1)$，知 $15\cdot s^2/\sigma^2\sim\chi^2(15)$，所以

$$P\left\{0.5698\leqslant\frac{s^2}{\sigma^2}\leqslant 2.0385\right\}=P\left\{0.5698\times 15\leqslant\frac{15\cdot s^2}{\sigma^2}\leqslant 2.0385\times 15\right\}$$

$$=P\{8.547\leqslant\chi^2(15)\leqslant 30.578\}$$

$$=1-P\{\chi^2(15)>30.578\}-P\{\chi^2(15)<8.547\}$$

而 $\chi^2_{0.9}(15)=\chi^2_{1-0.1}(15)=8.547, \chi^2_{0.01}(15)=30.578$

所以 $\left\{0.5698\leqslant\frac{s^2}{\sigma^2}\leqslant 2.0385\right\}=1-0.01-0.1=0.89.$

5.4 直方图

直方图是数理统计中整理数据、显示其频率分布的一种统计方法.下面将通过例子说明数据的分组方法,频数与频率等概念及建立频率直方图、累积频率直方图的具体步骤.

例 5.4.1 抽查某绢纺厂生产的一种筒心线,经测验测得 100 个强力数据如表 5.1.建立数据的频率直方图和累积频率直方图.

表 5.1 100 个筒心线样本的观测数据

236	214	212	230	236	240	246	256	260	265
214	265	220	256	246	237	240	230	222	187
237	230	228	216	200	240	246	256	262	265
204	228	238	248	262	266	256	242	230	216
218	204	232	228	242	238	250	256	267	272
212	232	230	236	240	246	253	258	265	292
232	212	236	229	246	240	193	253	282	265
240	176	228	222	206	245	250	258	264	280
206	250	217	243	240	233	195	250	264	273
270	62	256	250	243	240	232	228	220	205

第一步 数据分组

通常采用等距方法进行数据分组,假设样本取值的范围为$[a,b]$(a,b 均为待定值).考虑将它划分为前后衔接又互不重叠的组距是 Δt 的 r 个小区间 $[t_{i-1},t_i]$,$i=1,2,\cdots,r$.其中

$$\Delta t=t_i-t_{i-1},a=t_0,b=t_r.$$

$a,b,r,\Delta t$ 的选择一般按如下方法进行:

(1) 找出数据中的最大值和最小值

表 5.1 中的数据显示:最小值为 176,最大值为 292.

(2) 确定被分区间$[a,b)$

为使被分区间$[a,b)$能够包括所有实测数据，a,b的试选原则是：a应略小于或等于最小值，例如可选$a=174$；b应略大于最大值，例如可选$b=294$. 因为a和b的选择还要兼顾便于确定组距Δt和合适的分组组数r，如初选不当可再调整.

(3) 确定分组组距Δt和组数r

一般地，Δt与n的确定可在满足$\Delta t=\frac{b-a}{r}$下进行，常以$a,b,r,\Delta t$均取整数为方便，对于筒心线的实测结果，有

$$\Delta t=\frac{b-a}{r}=\frac{294-174}{r}=\frac{120}{r}.$$

当样本容量n在100左右时，r的取值以8到15为宜. 如选$r=10$，于是$\Delta t=12$，这样所得的十个小区间为

$[174,186)$　$[186,198)$　$[198,210)$　$[210,222)$　$[222,234)$

$[234,246)$　$[246,258)$　$[258,270)$　$[270,282)$　$[282,294]$

数据分组无固定形式，具体该如何划分才算得上是合适的，取决于数据组的具体情况.

第二步　建立频数(频率)分布表

(1) 频数与频率

确定了数据分组后，将落入第i个区间$(i=1,2,\cdots,r)$的数据个数称为第i组的频数，记为$n_i(i=1,2,\cdots,r)$. 称$n_1,n_2,\cdots,n_r$的和为总频数(数据总数为n)，即

$$n_1+n_2+\cdots+n_r=n.$$

称$f_i=\frac{n_i}{n}(i=1,2,\cdots,r)$为第$i$组的频率，显然

$$f_1+f_2+\cdots+f_r=1.$$

(2) 数字特征

确定了组频数后，为了方便计算数据组的数字特征，我们定义$m_i=\frac{t_{i-1}+t_i}{2}$为第$i(i=1,2,\cdots,r)$组的组中值，并以组中值作为该组所有数据的代

表值(误差一般不会太大).这样得到数据组的均值和方差的近似公式为

$$\bar{x}=\frac{1}{n}\sum_{k=1}^{n}x_k\approx\frac{1}{n}\sum_{i=1}^{r}m_in_i=\sum_{i=1}^{r}\frac{n_i}{n}m_i=\sum_{i=1}^{r}f_im_i,$$

$$s^2=\frac{1}{n}\sum_{k=1}^{n}(x_k-\bar{x})^2\approx\frac{1}{n}\sum_{i=1}^{r}(m_i-\bar{x})^2n_i=\sum_{i=1}^{r}f_i(m_i-\bar{x})^2.$$

算得表5.1数据的平均值、方差的近似值为

$$\bar{x}\approx\frac{1}{100}\sum_{i=1}^{10}m_in_i=239.28,$$

$$s^2\approx\frac{1}{100}\sum_{i=1}^{10}(m_i-\bar{x})^2n_i=21.98^2.$$

(3) 建立频数(频率)分布表

本例筒心线强力的频数(率)分布(见表5.2)

表5.2 筒心线强力的频数(率)分布

组别	组中值 m_i	组频数 n_i	组频率 f_i	累计组频率
[174,186)	180	1	0.01	0.01
[186,198)	192	3	0.03	0.04
[198,210)	204	6	0.06	0.10
[210,222)	216	11	0.11	0.21
[222,234)	228	18	0.18	0.39
[234,246)	240	21	0.21	0.60
[246,258)	252	19	0.19	0.79
[258,270)	264	15	0.15	0.94
[270,282)	276	4	0.04	0.98
[282,294]	288	2	0.02	1.00
合计		100	1	

第三步 绘制频率直方图,累积频率直方图

依据频数(频率)分布表,在以样本值为横坐标,频率/组距为纵坐标的直

角坐标系中，以分组区间即组距 Δt_i 为底，以 $\frac{f_i}{\Delta t_i}$ 为高作一系列矩形，绘制频率直方图. 显然，在频率直方图中，每个矩形面积恰好等于样本值落在该矩形对应的分组区间内的频率 f_i，这样频率直方图中所有小矩形面积之和恰好为 1. 设想当样本容量 n 增大，分组 r 越多(组距越小)时，由概率的统计定义，可近似地用频率来代替概率，因此频率直方图可看作是用小矩形面积的大小来反映样本数据(随机变量 X 的取值)落在某个区间内可能性大小的一种直观表示. 由此可见，它可以用来近似描述随机变量 X 的概率分布.

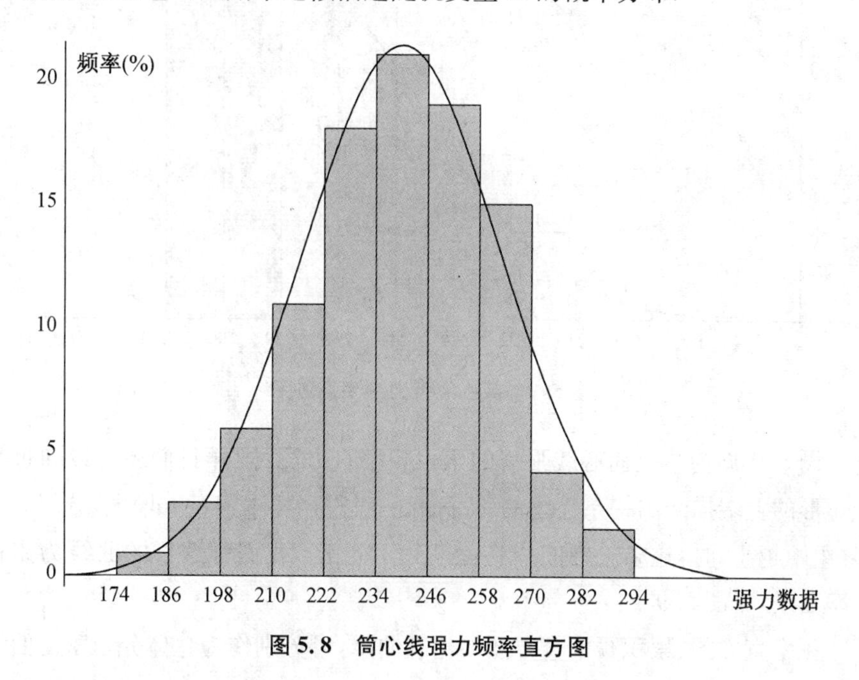

图 5.8　筒心线强力频率直方图

图 5.8 即为本例筒心线强力的频率直方图，我们还可以通过每个矩形的上端描绘出一条连续的轮廓曲线. 当样本容量 n 增大，分组 r 越多(组距越小)时，这条轮廓曲线将逐渐趋于光滑. 我们称这样的曲线为频率密度曲线. 如图 5.8 所示.

类似地,以分组区间即组距 Δt_i 为底,以 $\dfrac{\sum_{k=1}^{i} f_k}{\Delta t_i}$ 为高作一系列矩形,可以绘制累积频率直方图.

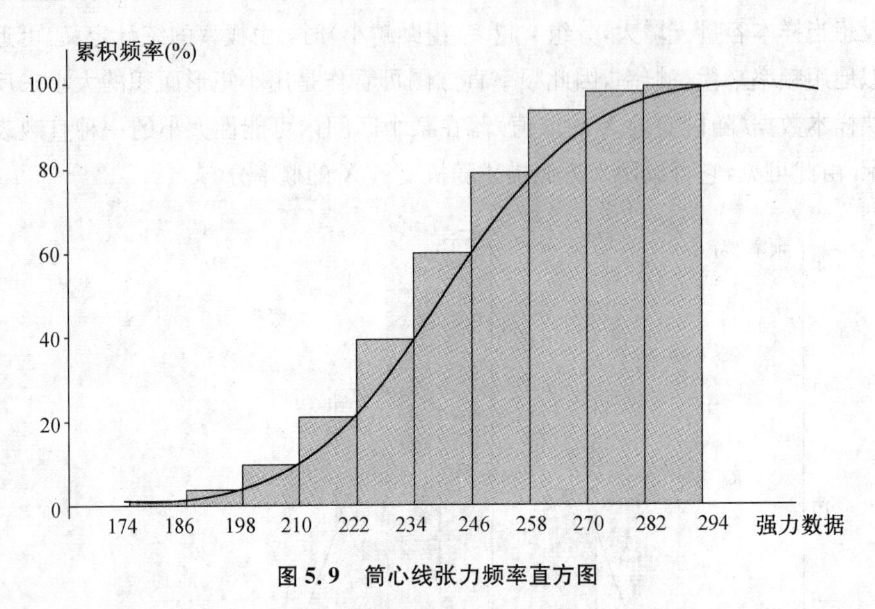

图 5.9　筒心线张力频率直方图

图 5.9 即为本例筒心线强力的累积频率直方图. 同样我们还可以通过每个矩形的上端描绘出一条连续的轮廓曲线,设想当样本容量 n 增大,分组 r 越多(组距越小)时,这条轮廓曲线将逐渐趋于光滑. 我们称这样的曲线为累积频率曲线. 见图 5.9.

频率直方图、累积频率直方图的轮廓曲线,可分别作为总体分布密度曲线和总体分布函数曲线的近似和初略描述. 筒心线强力的频率直方图,从两头小、中间大以及较对称等直观特征来看,人们自然会提出问题,以筒心线强力为总体,总体的分布是否服从正态分布? 强力数据组的均值和方差,是否能代替总体的期望的方差? 这些都是数理统计学随后所要考虑的问题.

概率人物卡片(格里汶科)

格里汶科(Boris Vladimirovich Gnedenko，1912年1月1日—1995年12月27日)，他是一名乌克兰苏联数学家.主要研究方向是实分析、概率论和数理统计.他成果中最有名的便是格里汶科定理，在统计学中起到了巨大的作用.1949年，他与柯尔莫哥洛夫合作了著作"随机独立变量和的极限分布"，翌年，他发表了一部概率论的经典之作——《概率论教程》.

概率人物卡片(费希尔)：

罗纳德·艾尔默·费希尔(Ronald Aylmer Fisher，R. A. Fisher，1890年2月17日—1962年7月29日)，英国统计学家、生物进化学家、数学家、遗传学家和优生学家.现代统计科学的奠基人之一.他创立了费希尔准则，研究了包括方差分析，极大似然统计推断和许多抽样分布的导出问题，对现代统计科学作出了重要的贡献.

基本练习题5

1. 设总体$X\sim(\mu,\sigma^2)$，其中μ为未知参数，σ^2为已知参数，(X_1,X_2,X_3,X_4)为样本.试问下列随机变量的函数中哪些是统计量？哪些不是？

(1) $\frac{1}{4}\sum_{i=1}^{4} iX_i$　　(2) $\sum_{i=1}^{4}\left(\frac{X_i}{\sigma}\right)^2$

(3) $\sum_{i=1}^{4}(X_i-\mu)^2$　　(4) $\sum_{i=1}^{4}(X_i-\overline{X})^2$

2. 设总体 $X \sim P(X=m)=C_k^m p^m(1-p)^{k-m}, m=0,1,2,3,\cdots,k$,其中 $p(0<p<1)$,k(自然数)为参数. 试求样本$(X_1,X_2,\cdots,X_n)$的 联合分布列.

3. 设总体 X 有分布密度

$$f(x,\theta)=\begin{cases}(1+\sqrt{\theta})x^{\sqrt{\theta}}, & 0<x<1,\theta>0 \text{ 为参数}, \\ 0, & \text{其他},\end{cases}$$

试求样本 $X_1,X_2,\cdots,X_n$ 的联合概率密度.

4. 已知 $X_1,X_2,\cdots,X_n$ 相互独立,且 $X_k \sim N(\mu_k,\sigma_k^2)$,求 $\sum_{k=1}^{n}\left(\frac{X_k-\mu_k}{\sigma_k}\right)^2$ 的分布.

5. 设总体 $X \sim N(0,1)$,$(X_1,X_2,X_3,X_4,X_5,X_6)$为样本,另设 $Y=(X_1+X_2)^2+(X_3+X_4)^2+(X_5+X_6)^2$,试问:当 k 取何值时 kY 服从 χ^2 分布?

6. 对于题设中的临界概率 α 及自由度 n(或 n_1,n_2),查表求相应的分位点.

(1) 已知 $\alpha=0.0384$,求 $u_{\frac{\alpha}{2}},u_\alpha$;

(2) 已知 $\alpha=0.05$,分别就 $n=14$ 及 $n=41$,求 $t_{\frac{\alpha}{2}},t_\alpha$;

(3) 已知 $\alpha=0.10,n=23$,求 $\chi_\alpha^2(n),\chi_{\frac{\alpha}{2}}^2(n),\chi_{1-\frac{\alpha}{2}}^2(n)$;

(4) 已知 $\alpha=0.01,n_1=5,n_2=12$,求 $F_\alpha(n_1,n_2),F_{\frac{\alpha}{2}}(n_1,n_2),F_{1-\frac{\alpha}{2}}(n_1,n_2)$.

7. 从总体 $N(52,6.3^2)$中随机抽取一容量为 36 的样本,求样本均值$\overline{X}$落在 50.8 到 53.8 之间的概率.

8. 设 $X_1,X_2,\cdots,X_{25}$为总体 $X \sim N(\mu,\sigma^2)$的样本. 试在下列两种情况下,分别求概率 $P(\overline{X}<12.5)$.

(1) 已知 $\mu=12,\sigma^2=2^2$;

(2) 已知 $\mu=12,\sigma^2$ 未知,但知样本方差 $s^2=1.897^2$.

综合练习题 5

1. 设$(X_1,X_2,\cdots,X_{57})$来自总体X的一个样本,试在下列题设下分别求出$E(\overline{X}),D(\overline{X}),E(s^2)$.

(1) $X\sim B(n,p)$;(2) $X\sim U(a,b)$.

2. 设容量$n=12$的样本观察值 $-1,1,2,1,3,2,4,3,1,2,3,1$. 求顺序统计量和经验分布函数.

3. 设总体$X\sim(0.1)$,$X_1,X_2,\cdots,X_n$为样本,试求随机变量$Y=\frac{X_1-X_2}{\sqrt{(X_3^2+X_4^2)}}$的分布.

4. 设X_1,X_2为总体$X\sim N(0,\sigma^2)$的样本. 试证:

$$\left(\frac{X_1+X_2}{X_1-X_2}\right)^2\sim F(1,1).$$

5. 设总体$X\sim N(\mu,\sigma^2)$,样本$X_1,\cdots,X_n$来自X,s^2是样本方差,确定n多大时有

$$P\{s^2/\sigma^2\leqslant 1.5\}\geqslant 0.95.$$

6. 求总体$N(20,3)$的容量分别为10,15的两独立样本平均值差的绝对值大于0.3的概率.

7. 设$\overline{X}$和$\overline{Y}$是来自总体$N(\mu,\sigma^2)$的两个容量为n的样本$X_1,X_2,\cdots,X_n$和$Y_1,Y_2,\cdots,Y_n$的样本均值. 试确定n值,使$P\{|\overline{X}-\overline{Y}>\sigma|\}=0.01$.

8. 某地抽样调查了30个工人的月工资数据,画出其频数直方图.

440	444	556	430	380	420	500	430	420	384
420	404	424	340	424	412	388	472	360	476
376	396	428	444	366	436	364	440	330	426

第6章　参数估计

实际案例(婴儿体重问题):

我国每年出生的婴儿大概在1400万人至1900万人之间.婴儿出生时体重差异较大,早产儿的体重小的才几百克,但也有个别婴儿出生时的体重能达到5000多克.假定新生婴儿的体重服从正态分布,随机抽取12名男婴,测得体重(单位:g)分别是3100,2520,3000,3600,3160,3320,2880,2660,3400,2540,那么新生婴儿的平均体重是多少呢?

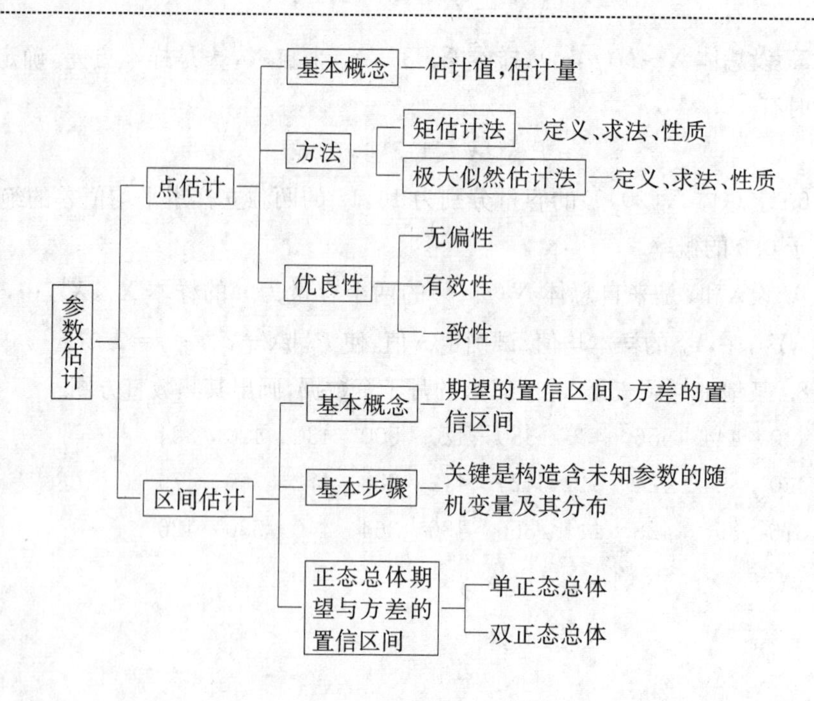

本章将讨论参数估计问题.在许多实际问题中,总体的分布是已知的,即知道总体服从何种分布,但分布中所含的参数是未知的.如何利用样本去估计未知参数的问题就是参数估计问题.参数估计问题分为两类,一类是点估计,另一类是区间估计.本章主要讨论点估计的构造方法,点估计的评价标准以及区间估计的概念等有关问题.

6.1　点估计

设总体 X 的分布函数为 $F(x;\theta)$,其中 θ 为未知参数,$\theta\in\Theta$,Θ 为 θ 的取值范围,称 Θ 为参数空间.$X_1,X_2,\cdots,X_n$ 为取自总体 X 的一个样本,其样本观测值为 $x_1,x_2,\cdots,x_n$.为估计未知参数,需要构造一个统计量 $\hat{\theta}=\hat{\theta}(X_1,X_2,\cdots,X_n)$,然后用其观测值 $\hat{\theta}=\hat{\theta}(x_1,x_2,\cdots,x_n)$ 去估计 θ 的值.称 $\hat{\theta}(X_1,X_2,\cdots,X_n)$ 为参数 θ 的**估计量**.称 $\hat{\theta}(x_1,x_2,\cdots,x_n)$ 为 θ 的一个估计值,估计量和估计值统称为点估计,简记为 $\hat{\theta}$.

样本取得后,可以构造的统计量有很多,但并不是每个统计量都适合作为未知参数的估计量,需要构造一个适合的统计量去估计未知参数.那么用什么方法才能构造出合适的估计量呢?下面介绍两种常用的方法—矩法估计和极大似然估计.

6.1.1　矩法估计

矩法估计是1900年由英国统计学家皮尔逊(K・Pearson)提出的,其基本思想是用样本矩去代替总体矩,从而得到总体分布中未知参数的估计量.

设总体 X 的概率密度函数 $f(x;\theta_1,\theta_2,\cdots,\theta_k)$,为了估计未知参数 $\theta_1,\theta_2,\cdots,\theta_k$,从总体中抽取样本 $X_1,X_2,\cdots,X_n$,则样本的 l 阶原点矩为:

$$A_l=\frac{1}{n}\sum_{i=1}^{n}X_i^l,l=1,2,\cdots,k.$$

如果总体 X 的 l 阶原点矩 $\mu_1=E(X^l)$ 存在,$l=1,2,\cdots,k$,一般来讲 μ_1 是未知参数 $\theta_1,\theta_2,\cdots,\theta_k$ 的函数,记为 $\mu_1(\theta_1,\theta_2,\cdots,\theta_k)$,让总体的 l 阶原点矩与同阶的样本原点矩相等,就得到一个由 k 个方程组成的方程组

$$\mu_1(\theta_1,\theta_2,\cdots,\theta_k)=A_l,l=1,2,\cdots,k.$$

解这个方程组,不妨设方程组的解为

$$\hat{\theta}_i=\hat{\theta}_i(X_1,X_2,\cdots,X_n),i=1,2,\cdots,k.$$

它们就可以作为参数 θ_i 的估计量,这种估计量称为**矩估计量**.

例 6.1.1 设总体 $X\sim B(1,p)$,$X_1,X_2,\cdots,X_n$ 是取自 X 的样本,求参数 p 的矩估计量.

解 $\mu_1=E(X)=p$,而 $A_1=\overline{X}$,故 p 的矩估计量为

$$\hat{p}=\overline{X}=\frac{1}{n}\sum_{i=1}^{n}X_i.$$

当得到样本观测值 $x_1,x_2,\cdots,x_n$ 后,p 的矩估计值为

$$\hat{p}=\overline{x}=\frac{1}{n}\sum_{i=1}^{n}x_i.$$

这里 $\sum\limits_{i=1}^{n}x_i$ 是 n 次试验中事件发生的次数,因而$\overline{x}$是事件发生的频率,从而 p 的矩估计值便是事件发生的频率.

例 6.1.2 设总体 X 的均值为 μ,方差为 σ^2,又设 $X_1,X_2,\cdots,X_n$ 是取自 X 的样本,试求参数 μ,σ^2 的矩估计量.

解 $\mu_1=E(X)=\mu,\mu_2=E(X^2)=D(X)+[E(X)^2]=\sigma^2+\mu^2$,

于是有

$$\begin{cases}\mu=A_1=\overline{X},\\ \sigma^2+\mu^2=A_2=\dfrac{1}{n}\sum\limits_{i=1}^{n}X_i^2.\end{cases}$$

解这个方程组,得到 μ 和 σ^2 的矩估计量为

$$\hat{\mu}=\overline{X},$$

$$\hat{\sigma}^2=\frac{1}{n}\sum_{i=1}^{n}X_i^2-\overline{X}^2=\frac{1}{n}\sum_{i=1}^{n}(X_i-\overline{X})^2=s_n^2.$$

例 2 结果表明:总体均值与方差的矩估计量分别为样本均值与未修正样本方差,这和总体的分布无关,不因分布不同发生变化. 也就是说,对任何分布而言,样本均值与未修正样本方差都是总体均值与总体方差的矩估计量. 该结

论可用于一些问题的解决过程中,请看下面例子.

例 6.1.3 设总体 X 服从(a,b)上的均匀分布,a,b 为未知参数,X_1, $X_2,\cdots,X_n$ 是取自 X 的样本,试求 a,b 的矩估计量

解 $E(X)=\dfrac{a+b}{2}, D(X)=\dfrac{(b-a)^2}{12}$,

于是有

$$\begin{cases}\dfrac{a+b}{2}=\overline{X},\\ \dfrac{(b-a)^2}{12}=s_n^2.\end{cases}$$

解此方程组,得到 a,b 的矩估计量分别为

$$\hat{a}=\overline{X}-\sqrt{3}s_n, \hat{b}=\overline{X}+\sqrt{3}s_n$$

6.1.2 极大似然估计

设总体含有未知数参数 θ,极大似然估计的基本思想就是在 θ 的一切可能取值中选出一个使样本观测值出现概率最大的 $\hat{\theta}$ 作为 θ 的估计. 该方法首先由德国数学家高斯(Gauss)提出,英国统计学家费歇(Fisher)于 1922 年重新发现并做了进一步研究. 下面分别就离散型总体和连续型总体两种情况加以讨论.

若总体 X 为离散型随机变量,其分布律为 $P\{X=x\}=p(x;\theta),\theta\in\Theta$,其中,$\theta$ 为未知参数,Θ 为参数空间. 设 $X_1,X_2,\cdots,X_n$ 为总体 X 的样本,x_1, $x_2,\cdots,x_n$ 为样本 $X_1,X_2,\cdots,X_n$ 的一组观测值,易知样本取得观测值 x_1,x_2, $\cdots,x_n$ 的概率为 $\prod\limits_{i=1}^{n}p(x_i;\theta)$. 这一概率随 θ 的取值的不同而发生变化,因而可以视为 θ 的函数,记作

$$L(\theta)=L(x_1,x_2,\cdots,x_n,\theta)=\prod_{i=1}^{n}p(x_i;\theta).$$

该函数被称为似然函数. 根据极大似然估计的基本思想,在参数空间 Θ 中使似然函数 $L(\theta)$ 达到最大的那个 $\hat{\theta}$ 就是 θ 的估计值,即取 $\hat{\theta}$ 使

$$L(\hat{\theta})=\max_{\theta\in\Theta}L(\theta).$$

这样得到的$\hat{\theta}$与$x_1,x_2,\cdots,x_n$有关，常记为$\hat{\theta}(x_1,x_2,\cdots,x_n)$，称为参数$\theta$的**极大似然估计值**，而相应的统计量$\hat{\theta}=\hat{\theta}(X_1,X_2,\cdots,X_n)$称为参数$\theta$**极大似然估计量**，极大似然估计值与极大似然估计量统称为θ的**极大似然估计**.

若总体X为连续型随机变量，其概率密度函数为$p(x;\theta)$，其中θ为未知参数. 从总体X中抽取样本$X_1,X_2,\cdots,X_n$，则样本$X_1,X_2,\cdots,X_n$的联合概率密度为$\prod_{i=1}^{n} p(x_i;\theta)$.

它也是θ的函数，也称为似然函数，记为$L(\theta)=\prod_{i=1}^{n} p(x_i,\theta)$，若

$$L(\hat{\theta})=\max_{\theta\in\Theta} L(\theta),$$

则称$\hat{\theta}(x_1,x_2,\cdots,x_n)$为$\theta$的极大似然估计值，称$\hat{\theta}=\hat{\theta}(X_1,X_2,\cdots,X_n)$为$\theta$的极大似然估计量. 由此可见，不论是离散型总体还是连续型总体，求参数的极大似然估计问题都可以归结为求似然函数的最大值点问题. 由于$L(\theta)$与$\ln(L(\theta))$在同一处取得极值，为了便于计算，只需求$\ln(L(\theta))$的最大值点即可. 对$\ln L(\theta))$关于θ求导数，并令其等于0，得到方程

$$\frac{\mathrm{d}}{\mathrm{d}\theta}\ln(L(\theta))=0.$$

该方程被称为似然方程，解这个方程即可得到参数θ的极大似然估计$\hat{\theta}$.

例 6.1.4　设$X\sim B(1,p)$，$X_1,X_2,\cdots,X_n$为来自总体X的样本，试求参数p的极大似然估计量.

解　设$x_1,x_2,\cdots,x_n$是样本$X_1,X_2,\cdots,X_n$的一组观测值. X的分布律为

$$P\{X=x\}=p^x(1-p)^{1-x},x=0,1.$$

故似然函数为

$$L(p)=\prod_{i=1}^{n} p^{x_i}(1-p)^{1-x_i}.$$

从而

$$\ln L(p)=\left(\sum_{i=1}^{n} x_i\right)\ln p+\left(n-\sum_{i=1}^{n} x_i\right)\ln(1-p),$$

令

$$\frac{\mathrm{d}}{\mathrm{d}p}\ln L(p)=\frac{\sum_{i=1}^{n} x_i}{p}-\frac{n-\sum_{i=1}^{n} x_i}{1-p}=0,$$

解得 p 的极大似然估计值

$$\hat{p}=\frac{1}{n}\sum_{i=1}^{n}x_i=\overline{x}.$$

p 的极大似然估计量为

$$\hat{p}=\frac{1}{n}\sum_{i=1}^{n}X_i=\overline{X}.$$

当总体分布含有多个未知参数 $\theta_1,\theta_2,\cdots,\theta_k$ 时，似然函数 $L=L(\theta_1,\theta_2,\cdots,\theta_k)$ 是这 k 个未知参数的函数，为求它的最大值，可以分别令：

$$\frac{\partial}{\partial\theta_i}\ln L=0,i=1,2,\cdots,k,$$

则得到由 k 个方程组成的方程组，称为似然方程组，似然方程组的解就是未知参数的极大似然估计.

例 6.1.5　设 $X\sim N(\mu,\sigma^2)$，μ,σ^2 为未知参数，$x_1,x_2,\cdots,x_k$ 是取自总体 X 的一个样本观测值. 求 μ,σ^2 的极大似然估计量.

解　X 的概率密度为

$$f(x,\mu,\sigma^2)=\frac{1}{\sqrt{2\pi}\sigma}\exp\left[-\frac{1}{\sqrt{2\sigma^2}}(x-\mu)^2\right],$$

似然函数为

$$\begin{aligned}L(\mu,\sigma^2)&=\prod_{i=1}^{n}\frac{1}{\sqrt{2\pi}\sigma}\exp\left[-\frac{1}{\sqrt{2\sigma^2}}(x_i-\mu)^2\right]\\&=(2\pi)^{-n/2}(\sigma^2)^{-n/2}\exp\left[-\frac{1}{\sqrt{2\sigma^2}}\sum_{i=1}^{n}(x_i-\mu)^2\right].\end{aligned}$$

从而

$$\ln L=-\frac{n}{2}\ln(2\pi)-\frac{n}{2}\ln\sigma^2-\frac{1}{2\sigma^2}\sum_{i=1}^{n}(x_i-\mu)^2,$$

令

$$\begin{cases}\dfrac{\partial}{\partial\mu}\ln L=\dfrac{1}{\sigma^2}\left[\sum\limits_{i=1}^{n}x_i-n\mu\right]=0,\\\dfrac{\partial}{\partial\sigma^2}\ln L=-\dfrac{n}{2\sigma^2}+\dfrac{1}{2(\sigma^2)^2}\sum\limits_{i=1}^{n}(x_i-\mu)^2=0,\end{cases}$$

由方程组前一式解得 $\hat{\mu}=\frac{1}{n}\sum_{i=1}^{n}x_i=\overline{x}$，代入方程组后一式得 $\hat{\sigma}^2=\frac{1}{n}\sum_{i=1}^{n}(x_i-\overline{x})^2$. 因此，$\mu,\sigma^2$ 的极大似然估计量为

$$\hat{\mu}=\overline{X},\hat{\sigma}^2=\frac{1}{n}\sum_{i=1}^{n}(X_i-\overline{X})^2=s_n^2.$$

然而，通过解似然方程或似然方程组求极大似然估计的方法并不总是有效的. 因此，求似然函数的最大值点的方法应具体情况具体分析.

例 6.1.6　设总体 X 服从均匀分布 $U(0,\theta)(\theta>0)$，求 θ 的极大似然估计.

解　似然函数为

$$L(\theta)=\begin{cases}\frac{1}{\theta^n} & x_1,\cdots,x_n\in(0,\theta),\\ 0, & \text{其他},\end{cases}$$

显然，$L(\theta)$ 是关于 θ 的单调递减函数，欲使 $L(\theta)$ 最大，θ 应尽量小，但是由于 $x_1,x_2,\cdots,x_n\in(0,\theta)$，故有 $0<\min(x_1,x_2,\cdots,x_n\}\leqslant\max\{x_1,x_2,\cdots,x_n\}<\theta$. 所以 $L(\theta)$ 在 $\theta=\max\{x_1,x_2,\cdots,x_n\}$ 时取得最大值，因而所求的 θ 的极大似然估计值为

$$\hat{\theta}=\max\{x_1,x_2,\cdots,x_n\},$$

θ 的极大似然估计量为

$$\hat{\theta}=\max(X_1,X_2,\cdots,X_n\}$$

极大似然估计具有一个简单而有用的性质：若 $\hat{\theta}$ 是 θ 的极大似然估计，$g(\theta)$ 具有单值反函数，则 $g(\theta)$ 的极大似然估计为 $g(\hat{\theta})$. 该性质称为极大似然估计不变性.

求未知参数的极大似然估计问题，可归结为求似然函数的最大值点问题. 当似然函数关于未知参数可导时，可利用微分学中求最大值的方法求之. 其主要步骤如下：

(1) 写出似然函数 $L(\theta)=L(x_1,x_2,\cdots,x_n,\theta)$；

(2) 令 $\frac{dL(\theta)}{d\theta}=0$ 或 $\frac{d}{d\theta}\ln(L(\theta))=0$，从而求出驻点；

(3) 判断驻点是否为最大值点，进而求得未知参数的极大似然估计.

6.2　估计量的评价标准

在参数的估计问题中，对于同一参数用不同的估计方法得到的估计量不一定相同. 如 6.1 节例 6.1.6 使用矩法估计得到的估计量为 $\hat{\theta}=2\overline{X}$，这与用极大似然估计方法得到的估计量 $\hat{\theta}=\max\{X_1,X_2,\cdots,X_n\}$ 显然不同. 这样就产生了一个问题，我们到底采用哪一个估计量更好呢？

要回答这个问题，首先应解决估计量的评价标准问题，只有有了评价标准，才知道采用哪一个估计量会更好些. 需要指出的是：评价一个估计量的好坏，不能仅仅依据一次抽样的结果进行衡量而必须由多次抽样结果来衡量，因为估计量是样本的函数，是随机变量，所以一个好的估计，应在多次重复试验中体现其优良性. 下面介绍几个常用评价标准.

6.2.1　无偏性

设 $\hat{\theta}=\hat{\theta}(X_1,X_2,\cdots,X_n)$ 为未知参数 θ 的一个估计量，它是一随机变量，对于不同的样本观测值，θ 的估计值一般情况下各不相同. 但是，有理由要求 $\hat{\theta}=\hat{\theta}(X_1,X_2,\cdots,X_n)$ 的均值等于未知参数 θ，这就是无偏性准则.

定义 6.2.1　设 $\hat{\theta}=\hat{\theta}(X_1,X_2,\cdots,X_n)$ 为未知参数 θ 的估计量，若对于任意 $\theta\in\Theta$，有 $E(\hat{\theta})=\theta$，称 $\hat{\theta}(X_1,X_2,\cdots,X_n)$ 为参数 θ 的**无偏估计量**，若 $E(\hat{\theta})\neq\theta$，则称 $\hat{\theta}(X_1,X_2,\cdots X_n)$ 为参数 θ 的**有偏估计量**，并称 $E(\hat{\theta})-\theta$ 为估计量 $\hat{\theta}(X_1,X_2,\cdots,X_n)$ 的系统误差.

无偏性的意义在于：用一个估计量 $\hat{\theta}(X_1,X_2,\cdots,X_n)$ 去估计未知参数 θ，由于抽样所具有的随机性，估计值有时候可能偏高，有时候可能偏低，但是加权平均来说它等于未知参数 θ.

例 6.2.1　设 $X_1,X_2,\cdots,X_n$ 是来自总体 X 的样本，$E(X)=\mu$，试证下面两个估计量都是 μ 的无偏估计量：

$$\hat{\mu}_1 = \overline{X} = \frac{1}{n}\sum_{i=1}^{n} X_i, \hat{\mu}_2 = \sum_{i=1}^{n} a_i X_i,$$

其中 $a_i > 0(i=1,2,\cdots,n)$，且 $\sum_{i=1}^{n} a_i = 1$.

证明 $X_1, X_2, \cdots, X_n$ 是来自总体 X 的样本，故 $X_1, X_2, \cdots, X_n$ 独立同分布于总体分布，所以

$$E(X_i) = E(X) = \mu, i = 1, 2, \cdots, n.$$

由数学期望的性质知

$$E(\hat{\mu}_1) = \frac{1}{n}\sum_{i=1}^{n} E(X_i) = E(X) = \mu,$$

$$E(\hat{\mu}_2) = \sum_{i=1}^{n} a_i E(X_i) = E(X)\left(\sum_{i=1}^{n} a_i\right) = E(X) = \mu.$$

故 $\hat{\mu}_1, \hat{\mu}_2$ 都是 μ 的无偏估计量.

由此可见，一个未知参数可以有许多不同的无偏估计量，在本例中 $\hat{\mu}_1, \hat{\mu}_2$ 都可以作为总体均值 μ 的无偏估计. 可以证明：若一个未知参数有两个不同的无偏估计量，则该参数一定有无穷多个无偏估计量. 事实上，若 $\hat{\mu}_1, \hat{\mu}_2$ 都是 μ 的无偏估计量，则 $\alpha\hat{\mu}_1 + (1-\alpha)\hat{\mu}_2$ 也是 μ 的无偏估计量，其中 $0 \leqslant \alpha \leqslant 1$.

例 6.2.2 设总体 X 服从均匀分布 $U(0,\theta)(\theta > 0)$，即密度函数为

$$f_X(x) = \begin{cases} \dfrac{1}{\theta}, & 0 \in (0,\theta), \\ 0, & \text{其他}. \end{cases}$$

若 $X_1, X_2, \cdots, X_n$ 为一样本，试问：$\hat{\theta}_1 = 2\overline{X}$ 和 $\hat{\theta}_2 = X_{(n)} = \max\{X_1, X_2, \cdots X_n\}$ 是否为 θ 的无偏估计？

解 由 $E(X) = \dfrac{\theta}{2}$ 知

$$E(\hat{\theta}_1) = E\left(\frac{2}{n}\sum_{i=1}^{n} X_i\right) = \frac{2}{n}\sum_{i=1}^{n} E(X_i) = \theta.$$

可见，$\hat{\theta}_1 = 2\overline{X}$ 是 θ 的无偏估计.

为计算 $E(\hat{\theta}_2)$，先求 $\hat{\theta}_2 = X_{(n)}$ 的分布：

$$F_{X_{(n)}}(x) = P\{X_{(n)} \leqslant x\} = P\{\max\{X_1, \cdots X_n\} \leqslant x\}$$

$$=P\{X_1\leqslant x,X_2\leqslant x,\cdots,X_n\leqslant x\}$$
$$=P\{X_1\leqslant x\}\cdots P(X_n\leqslant x\}$$
$$=[F_X(x)]^n,$$

故$\hat{\theta}_2=X_{(n)}$的概率密度函数为

$$f(x,\theta)=\begin{cases}\dfrac{nx^{n-1}}{\theta^n}, & 0<x<\theta,\\ 0, & 其他,\end{cases}$$

从而

$$E(\hat{\theta}_2)=\int_0^\theta \frac{nx^n}{\theta^n}\mathrm{d}x=\frac{n}{n+1}\theta.$$

可见$\hat{\theta}_2=X_{(n)}$不是θ的无偏估计. 但是,很明显有$\lim\limits_{n\to\infty}E(\hat{\theta}_2)=\theta$,具有这种性质的估计量称为渐近无偏估计量.

定义 6.2.2 设$\hat{\theta}=\hat{\theta}(X_1,X_2,\cdots,X_n)$为未知参数$\theta$的估计量,若对于任意$\theta\in\Theta$,有$\lim\limits_{n\to\infty}E(\hat{\theta})=\theta$,称$\hat{\theta}(X_1,X_2,\cdots,X_n)$为$\theta$的**渐近无偏估计量**.

在例2中,$\hat{\theta}_2=X_{(n)}$虽然不是θ的无偏估计量,但它是θ的渐近无偏估计量. 渐近无偏性描述的是随着样本容量的越来越大,估计量的系统误差将趋于零. 由此可见,渐近无偏性只在大样本时才有实际意义.

6.2.2 有效性

如果未知参数θ有多个无偏估计量,那么在这些估计量中选取哪个为好呢? 直观的想法是希望所找的估计量偏离θ的程度越小越好. 在概率论中随机变量偏离其均值的程度是由其方差描述的,这样就要求的估计量的方差应该越小越好,从而引出评价估计量的另一个标准,即所谓的有效性标准.

定义 6.2.3 设$\hat{\theta}_1$和$\hat{\theta}_2$是参数θ的两个无偏估计量,若对于任意$\theta\in\Theta$,有

$$D(\hat{\theta}_1)\leqslant D(\hat{\theta}_2),$$

且至少存在某一个$\theta\in\Theta$,使得上式成为严格的不等式,则称估计量$\hat{\theta}_1$较$\hat{\theta}_2$有效.

例 6.2.3 设总体X的均值为μ,方差为σ^2,且σ^2不为零. X_1,X_2,X_3是

取自总体 X 的样本. $\hat{\mu}_1=\frac{1}{3}(X_1+X_2+X_3)=\overline{X}$, $\hat{\mu}_2=\frac{1}{2}X_1+\frac{1}{3}X_2+\frac{1}{6}X_3$,试问:总体均值 μ 的两个估计量 $\hat{\mu}_1$ 与 $\hat{\mu}_2$ 哪个有效?

解 由于

$$E(\hat{\mu}_1)=E(\overline{X})=\mu,$$

$$\begin{aligned}E(\hat{\mu}_2)&=E\left(\frac{1}{2}X_1+\frac{1}{3}X_2+\frac{1}{6}X_3\right)\\&=\frac{1}{2}\mu+\frac{1}{3}\mu+\frac{1}{6}\mu\\&=\mu.\end{aligned}$$

所以, $\hat{\mu}_1$ 与 $\hat{\mu}_2$ 都是总体均值 μ 的无偏估计量. 又由于

$$D(\hat{\mu}_1)=D(\overline{X})=\frac{\sigma^2}{3},$$

$$\begin{aligned}D(\hat{\mu}_2)&=D\left(\frac{1}{2}X_1+\frac{1}{3}X_2+\frac{1}{6}X_3\right)\\&=\frac{1}{4}\sigma^2+\frac{1}{9}\sigma^2+\frac{1}{36}\sigma^2\\&=\frac{7}{18}\sigma^2.\end{aligned}$$

而 $D(\hat{\mu}_1)=\frac{\sigma^2}{3}<D(\hat{\mu}_2)=\frac{7}{18}\sigma^2$,所以 $\hat{\mu}_1$ 较 $\hat{\mu}_2$ 有效.

6.2.3 一致性

无偏性与有效性都是在样本容量不变的前提下提出的,随着样本容量的增大,有理由要求估计量在某种意义下越来越接近参数的真值,即要求估计量在某种意义下收敛于参数本身. 如果在依概率意义下讨论估计量的收敛性,就产生了评价估计量好坏的另一个标准,那就是一致性.

定义 6.2.4 设 $\hat{\theta}=\hat{\theta}(X_1,X_2,\cdots,X_n)$ 为参数 θ 的估计量,若 $\hat{\theta}$ 依概率收敛于 θ,即对于任意给定的的正数 ε,有 $\lim\limits_{n\to\infty}P\{|\hat{\theta}-\theta|<\varepsilon\}=1$,则称估计量 $\hat{\theta}$ 为 θ 的一致估计量.

例 6.2.4 设总体 X 的均值 μ 及方差 σ^2 均存在. 证明:样本均值 $\overline{X}$ 是总体

均值 μ 的一致估计量.

证明　设 $X_1,X_2,\cdots,X_n$ 是取自总体 X 的样本,故 $X_1,X_2,\cdots,X_n$ 相互独立,且 $E(X_i)=\mu,D(X_i)=\sigma^2(i=1,2,\cdots,n)$,又

$$\overline{X}=\frac{1}{n}\sum_{i=1}^{n}X_i,E(\overline{X})=\mu,$$

根据大数定律,对任意给定的的正数 ε,有

$$\lim_{n\to\infty}P\{|\overline{X}-\mu|<\varepsilon\}=1.$$

即样本均值 $\overline{X}$ 依概率收敛于总体均值 μ. 所以,$\overline{X}$ 是 μ 的一致估计量.

与渐近无偏性类似,一致性讨论的是估计量在依概率意义下的收敛性,因而一致性也只有在大样本情形时才具有实际意义.

6.3　区间估计

设 $X_1,X_2,\cdots,X_n$ 为取自总体 X 的一个样本. 为估计未知参数 θ,点估计的做法是构造一个合适的统计量 $\hat{\theta}=\hat{\theta}(X_1,X_2,\cdots,X_n)$ 作为 θ 的估计量,将样本观测值 $x_1,x_2,\cdots,x_n$ 代入后便得到 θ 的一个估计值 $\hat{\theta}(x_1,x_2,\cdots,x_n)$. 也就是说点估计仅仅给出了未知参数的一个估计值,但是估计的误差是多少? 可信程度有多大? 这些问题都是点估计无法解决的,回答这些问题需要给出一个范围,并且还要知道这个范围包含参数 θ 的概率有多大. 这样的范围一般用区间的形式给出,这就是区间估计.

6.3.1　置信区间的概念

定义 6.3.1　设总体 X 的分布中含有未知参数 θ,$\theta_1(X_1,X_2,\cdots,X_n)$ 和 $\theta_2(X_1,X_2,\cdots,X_n)$ 为两个统计量,对于给定的常数 $\alpha(0<\alpha<1)$,若有

$$P\{\theta_1\leqslant\theta\leqslant\theta_2\}=1-\alpha,$$

则称随机区间 (θ_1,θ_2) 为参数 θ 的置信度为 $1-\alpha$ 的置信区间,θ_1,θ_2 分别称为 θ 的双侧置信区间的**置信下限和置信上限**.

需要强调的是,置信区间 (θ_1,θ_2) 是一个随机区间,这个区间可能包含未知参数 θ,也可能不包含 θ,而置信度恰恰反映了它包含未知参数 θ 的概率. 若

反复抽样多次，每次可根据样本观测值确定一个区间，每个这样的区间要么包含 θ 的真值，要么不包含 θ 的真值，根据伯努利大数定理，在这些区间中，包含 θ 真值的区间约有 $100(1-\alpha)$ 个. 例如 $\alpha=0.05$，重复抽样 100 次，则其中约有 95 个区间包含 θ 的真值，约有 5 个区间不包含 θ 的真值.

既然置信度反映的是置信区间包含未知参数 θ 的概率，当然我们希望它越大越好. 但是我们也应该看到，要求的置信度越大，置信区间的长度一般就越大，而置信区间的长度越大也就越不精确，可见置信度和估计精度两者是一对矛盾. 处理的原则是：在保证置信度的条件下尽可能提高估计精度，也就是说在保证置信度的条件下使置信区间的长度尽可能小.

6.3.2 求置信区间的方法

我们通过一个例子加以说明.

例 6.3.1 设总体 $X\sim N(\mu,\sigma^2)$，σ^2 为已知，μ 为未知，设 $X_1,X_2,\cdots,X_n$ 是取自总体 X 的样本，求 μ 的置信度为 $1-\alpha$ 的置信区间.

解 我们知道 $\overline{X}$ 是 μ 的无偏估计，且有 $\dfrac{\overline{X}-\mu}{\sigma/\sqrt{n}}\sim N(0,1)$. $\dfrac{\overline{X}-\mu}{\sigma/\sqrt{n}}$ 所服从的分布 $N(0,1)$ 不依赖于任何未知参数，故有(如图 6.1 所示)

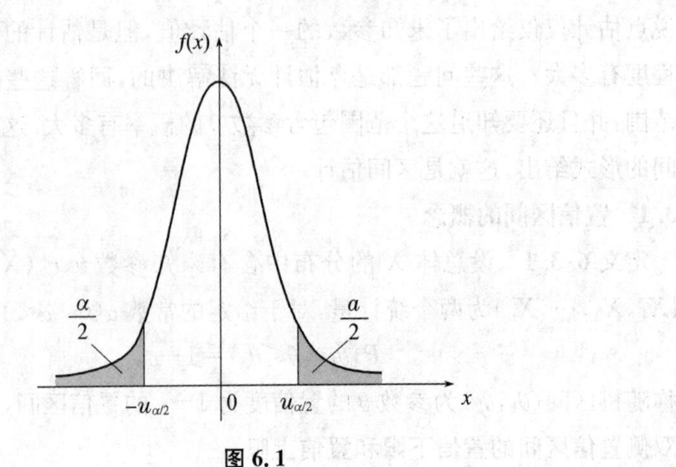

图 6.1

$$P\left\{\left|\frac{\overline{X}-\mu}{\sigma/\sqrt{n}}\right|<u_{\frac{\alpha}{2}}\right\}=1-\alpha.$$

即
$$P\left\{\overline{X}-\frac{\sigma}{\sqrt{n}}u_{\frac{\alpha}{2}}<\mu<\overline{X}+\frac{\sigma}{\sqrt{n}}u_{\frac{\alpha}{2}}\right\}=1-\alpha.$$

这样,我们就得到了 μ 的一个置信度为 $1-\alpha$ 的置信区间

$$\left(\overline{X}-\frac{\sigma}{\sqrt{n}}u_{\frac{\alpha}{2}},\overline{X}+\frac{\sigma}{\sqrt{n}}u_{\frac{\alpha}{2}}\right).$$

这样的置信区间常写成

$$\left(\overline{X}\pm\frac{\sigma}{\sqrt{n}}u_{\frac{\alpha}{2}}\right).$$

若取 $\alpha=0.05$,即 $1-\alpha=0.95$,查表得 $u_{\frac{\alpha}{2}}=u_{0.025}=1.96$,又若 $\sigma=1,n=16$,由一个样本值算得样本均值 $\overline{x}=5.20$. 于是我们得到 μ 一个置信度为 0.95 的置信区间

$$(5.20\pm0.49),即(4.71,5.69).$$

注意,这已经不是随机区间了,但我们仍称它为置信度为 0.95 的置信区间. 其含义是:若反复抽样多次,每个样本值确定一个区间,按上面的解释,在那么多的区间中,包含 μ 的约占 95%,不包含 μ 的约占 5%. 现在抽样得到区间(4.71,5.69),则该区间属于那些包含 μ 的区间的可信程度为 95%,或"该区间包含 μ"这一陈述的可信程度为 95%. 通过例 1,可以看到寻求未知参数 θ 的置信区间的具体步骤如下.

(1) 寻求一个样本 $X_1,X_2,\cdots,X_n$ 的函数:

$$W=W(X_1,X_2,\cdots,X_n,\theta),$$

它包含未知参数 θ,而不含其他未知参数,并且 W 的分布已知且不依赖于任何未知参数(当然不依赖于待估参数 θ);

(2) 对于给定的置信度 $1-\alpha$,定出两个常数 a,b,使

$$P\{a<W(X_1,X_2,\cdots,X_n,\theta)<b\}=1-\alpha;$$

(3) 若能从 $a<W(X_1,X_2,\cdots,X_n,\theta)<b$ 得到等价的不等式 $\theta_1<\theta<\theta_2$,其中 $\theta_1=\theta_1(X_1,X_2,\cdots,X_n)$,$\theta_2=\theta_2(X_1,X_2,\cdots,X_n)$ 都是统计量,那么 (θ_1,θ_2) 就

是 θ 的一个置信度为 $1-\alpha$ 的置信区间.

函数 $W(X_1,X_2,\cdots,X_n,\theta)$ 的构造,通常可以从 θ 的点估计着手考虑.

需要指出的是,满足同一置信度的置信区间有很多个,在上例中,μ 的一个置信度为 $1-\alpha$ 的置信区间

$$\left(\overline{X}-\frac{\sigma}{\sqrt{n}}u_{\frac{\alpha}{2}},\overline{X}+\frac{\sigma}{\sqrt{n}}u_{\frac{\alpha}{2}}\right).$$

事实上,对于给定的置信度 $1-\alpha$,对任意的 $\alpha_1>0,\alpha_2>0$,只要 $\alpha_1+\alpha_2=\alpha$,就有

$$P\left\{u_{1-\alpha_2}<\frac{\overline{X}-\mu}{\sigma/\sqrt{n}}<u_{\alpha_1}\right\}=1-\alpha$$

即
$$P\left\{\overline{X}-\frac{\sigma}{\sqrt{n}}u_{\alpha_1}<\mu<\overline{X}+\frac{\sigma}{\sqrt{n}}u_{1-\alpha_2}\right\}=1-\alpha.$$

这样,我们就得到了 μ 的一系列置信度为 $1-\alpha$ 的置信区间

$$\left(\overline{X}-\frac{\sigma}{\sqrt{n}}u_{\alpha_1}<\mu<\overline{X}+\frac{\sigma}{\sqrt{n}}u_{1-\alpha_2}\right).$$

只不过可以证明,在正态总体中,所有这类置信区间中仅当 $\alpha_1=\alpha_2=\frac{\alpha}{2}$ 时,区间长度最短,从而估计精度也就最大. 所以对于正态总体而言,均值的置信度为 $1-\alpha$ 的置信区间通常还是采用$\left(\overline{X}-\frac{\sigma}{\sqrt{n}}u_{\frac{\alpha}{2}},\overline{X}+\frac{\sigma}{\sqrt{n}}u_{\frac{\alpha}{2}}\right)$.

6.4 正态总体参数的区间估计

与其他总体相比,正态总体参数的置信区间比较容易得到. 加之正态分布应用的广泛性以及许多分布可以用正态分布近似,对正态总体参数进行区间估计就显得非常重要.

6.4.1 单个正态总体均值的区间估计

设总体 $X\sim N(\mu,\sigma^2)$,$X_1,X_2,\cdots,X_n$ 是取自 X 的一个样本.

1. 当σ^2已知时,μ的区间估计

从上节例1的求解过程中可以得到μ置信度为$1-\alpha$的置信区间为

$$\left(\overline{X}-\frac{\sigma}{\sqrt{n}}u_{\frac{\alpha}{2}},\overline{X}+\frac{\sigma}{\sqrt{n}}u_{\frac{\alpha}{2}}\right).$$

例 6.4.1 某旅行社为调查当地旅行者的平均消费额,随机调查了100名旅行者,得知平均消费额为800元.假设旅行者消费额服从正态分布$N(\mu,\sigma^2)$,且已知$\sigma=120$元,求当地旅行者平均消费额μ的置信度为0.95的置信区间.

解 这里$n=100,\sigma=120,\alpha=0.05$.查标准正态分布表得$u_{0.025}=1.96$,故有

$$\overline{x}-u_{\frac{\alpha}{2}}\frac{\sigma}{\sqrt{n}}=800-1.96\times\frac{120}{\sqrt{100}}=776.48,$$

$$\overline{x}+u_{\frac{\alpha}{2}}\frac{\sigma}{\sqrt{n}}=800+1.96\times\frac{120}{\sqrt{100}}=823.52,$$

因此,μ的置信度为0.95的置信区间为(776.48,823.52).其含义是该区间属于那些包含μ的区间的可信程度为95%,或该区间包含μ这一陈述的可信度为95%.

2. σ^2未知时,μ的区间估计

当σ^2未知时,$\frac{\overline{X}-\mu}{\sigma/\sqrt{n}}$就不能再用了,因为其中含有未知参数$\sigma$,但我们可用$s^2$将$\sigma^2$估计出来,取$T=\frac{\overline{X}-\mu}{\sqrt{s^2/n}}$,易知当总体服从正态分布时,$T$服从自由度为$n-1$的$t$分布.由于$t$分布的概率密度函数是关于纵轴对称的,对于给定的置信度$1-\alpha$,由$P\{|$

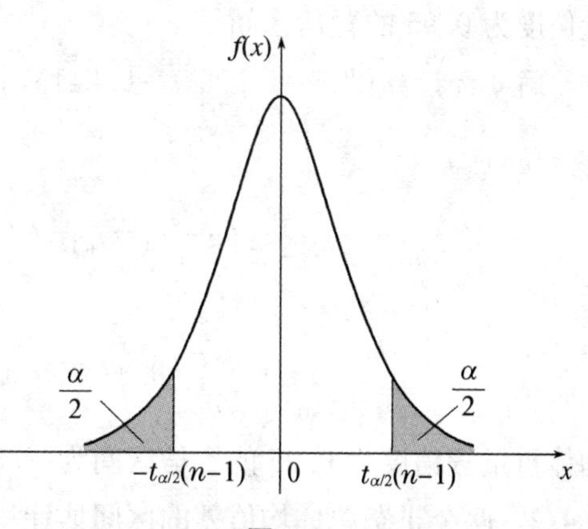

图 6.2

$T|<t_{\frac{\alpha}{2}}(n-1)\}=1-\alpha$(如图 6.2 所示),

得 μ 的置信度为 $1-\alpha$ 的置信区间为

$$\left(\overline{X}-t_{\frac{\alpha}{2}}(n-1)\frac{s}{\sqrt{n}},\overline{X}+t_{\frac{\alpha}{2}}(n-1)\frac{s}{\sqrt{n}}\right). \quad (2)$$

例 6.4.2 某旅行社随机调查了 25 名旅行者,得知平均消费额为800 元,样本标准差为 120 元.假设旅行者消费额服从正态分布 $N(\mu,\sigma^2)$,求旅行者平均消费额 μ 的置信度为 0.95 的置信区间.

解 由已知:$\overline{x}=800, s=120$,而 $n=25$,由 $\alpha=0.05$,查 t 分布表得$\frac{\alpha}{2}$分位点

$$t_{\frac{\alpha}{2}}(n-1)=t_{0.025}(24)=2.0639,$$

于是

$$\overline{x}-t_{\frac{\alpha}{2}}\frac{s}{\sqrt{n}}=750.46,\overline{x}+t_{\frac{\alpha}{2}}\frac{s}{\sqrt{n}}=849.53,$$

旅行者平均消费额 μ 的置信度为 0.95 的置信区间为(750.46,849.53).

例 6.4.3 为估计一物体的重量,将其称重 10 次,得到重量(单位:克)为:

10.1,10,9.8,10.5,9.7,10.1,9.9,10.2,10.3,9.9

假使所称出的物体重量服从正态分布 $N(\mu,\sigma^2)$,而且无系统误差,求物体重量置信度为 0.95 的置信区间.

解 经计算得 $\overline{x}=10.05, s=0.2415$,而 $n=10$,由 $\alpha=0.05$,查 t 分布表得$\frac{\alpha}{2}$分位点

$$t_{\frac{\alpha}{2}}(n-1)=t_{0.025}(9)=2.2622,$$

于是

$$\overline{x}-t_{\frac{\alpha}{2}}\frac{s}{\sqrt{n}}=9.877,\overline{x}+t_{\frac{\alpha}{2}}\frac{s}{\sqrt{n}}=10.223,$$

物体重量置信度为 0.95 的置信区间为(9.877,10.223).

6.4.2 两个正态总体均值差的区间估计

在实际中,常常要对两个对象的同一特征进行比较,如两种电子元件的寿

命、药品的疗效的比较.下面在正态总体中展开讨论.

设 $X_1, X_2, \cdots, X_{n_1}$ 与 $Y_1, Y_2, \cdots, Y_{n_2}$ 是分别来自两个相互独立的正态总体 $N(\mu_1, \sigma_1^2)$ 和 $N(\mu_2, \sigma_2^2)$ 的样本,$\overline{X}, \overline{Y}, s_1^2, s_2^2$ 分别是两样本的样本均值与样本方差.给定置信度为 $1-\alpha(0<\alpha<1)$,我们来求 $\mu_1-\mu_2$ 的置信区间,为方便起见,分三种情形进行讨论.

1. σ_1^2, σ_2^2 均已知

由于 $\overline{X} \sim N(\mu_1, \sigma_1^2/n_1)$,$\overline{Y} \sim N(\mu_2, \sigma_2^2/n_2)$,而两个独立的正态随机变量之差也是正态随机变量,故

$$\overline{X}-\overline{Y} \sim N\left(\mu_1-\mu_2, \frac{\sigma_1^2}{n_1}+\frac{\sigma_2^2}{n_2}\right),$$

$$\frac{(\overline{X}-\overline{Y})-(\mu_1-\mu_2)}{\sqrt{\dfrac{\sigma_1^2}{n_1}+\dfrac{\sigma_2^2}{n_2}}} \sim N(0,1).$$

对于给定的置信度 $1-\alpha$,由

$$P\left\{\left|\frac{(\overline{X}-\overline{Y})-(\mu_1-\mu_2)}{\sqrt{\dfrac{\sigma_1^2}{n_1}+\dfrac{\sigma_2^2}{n_2}}}\right|<u_{\frac{\alpha}{2}}\right\}=1-\alpha$$

可知 $\mu_1-\mu_2$ 的置信度为 $1-\alpha$ 的区间估计为

$$\left(\overline{X}-\overline{Y}-u_{\frac{\alpha}{2}}\sqrt{\frac{\sigma_1^2}{n_1}+\frac{\sigma_2^2}{n_2}}, \overline{X}-\overline{Y}+u_{\frac{\alpha}{2}}\sqrt{\frac{\sigma_1^2}{n_1}+\frac{\sigma_2^2}{n_2}}\right).$$

例 6.4.4　为比较事业单位职工与企业单位职工收入差别,进行抽样调查.假设事业单位职工工资服从正态分布 $N(\mu_1, 218^2)$,从事业单位职工中调查 25 人,平均工资 1286 元.假设企业单位职工工资服从正态分布 $N(\mu_2, 227^2)$,从企业单位职工中调查 30 人,平均工资 1272 元.求企事业职工平均工资之差的置信度为 0.99 的置信区间.

解　由题设可知 $\overline{x}=1286$,$\overline{y}=1272$,而 $\alpha=0.01$,查标准正态分布表得分位点 $u_{0.005}=2.576$,所以企事业职工平均工资之差的置信度为 0.99 的置信区间为 $\left(\overline{x}-\overline{y}-u_{\frac{\alpha}{2}}\sqrt{\dfrac{\sigma_1^2}{n_1}+\dfrac{\sigma_2^2}{n_2}}, \overline{x}-\overline{y}+u_{\frac{\alpha}{2}}\sqrt{\dfrac{\sigma_1^2}{n_1}+\dfrac{\sigma_2^2}{n_2}}\right)=(-140.96, 168.96)$.

2. σ_1^2,σ_2^2 未知，但 $\sigma_1^2=\sigma_2^2=\sigma^2$

依据前一章内容可知

$$T=\frac{\overline{X}-\overline{Y}-(\mu_1-\mu_2)}{s_w\sqrt{\frac{1}{n_1}+\frac{1}{n_2}}}\sim t(n_1+n_2-2),$$

其中 $s_w^2=\frac{(n_1-1)s_1^2+(n_2-1)s_2^2}{n_1+n_2-2}$.

对于给定的置信度 $1-\alpha$，由

$$P\{|T|<t_{\frac{\alpha}{2}}(n_1+n_2-2)\}=1-\alpha,$$

得 $\mu_1-\mu_2$ 的置信度为 $1-\alpha$ 的置信区间为

$$\left(\overline{X}-\overline{Y}-t_{\frac{\alpha}{2}}(n_1+n_2-2)s_w\sqrt{\frac{1}{n_1}+\frac{1}{n_2}},\overline{X}-\overline{Y}+t_{\frac{\alpha}{2}}(n_1+n_2-2)s_w\sqrt{\frac{1}{n_1}+\frac{1}{n_2}}\right). \tag{4}$$

例 6.4.5 已知 X,Y 两种类型的材料，现对其强度做对比试验，结果如下(单位：牛顿/厘米^2)：

X 型：138，123，134，125；

Y 型：134，137，135，140，130，134.

设 X 型和 Y 型材料的强度分别服从 $N(\mu_1,\sigma^2)$ 和 $N(\mu_2,\sigma^2)$. σ 是未知的，求 $\mu_1-\mu_2$ 的置信度为 0.95 的置信区间.

解 经计算知，$\overline{x}=130,\overline{y}=135,s_1^2=51.3,s_2^2=11.2$. 而 $n_1=4,n_2=6$，查自由度 $n_1+n_2-2=8$ 的 t 分布表，得 $t_{0.025}(8)=2.306$. 于是

$$\overline{x}-\overline{y}-t_{\frac{\alpha}{2}}(n_1+n_2-2)s_w\sqrt{\frac{1}{n_1}+\frac{1}{n_2}}=-12.96,$$

$$\overline{x}-\overline{y}+t_{\frac{\alpha}{2}}(n_1+n_2-2)s_w\sqrt{\frac{1}{n_1}+\frac{1}{n_2}}=2.96,$$

即所求 $\mu_1-\mu_2$ 的置信度为 95%的置信区间为(−12.96,2.96).

3. σ_1^2,σ_2^2 均未知

当 n_1,n_2 都很大时，则用

$$\left(\overline{X}-\overline{Y}-u_{\frac{\alpha}{2}}\sqrt{\frac{s_1^2}{n_1}+\frac{s_2^2}{n_2}},\overline{X}-\overline{Y}+u_{\frac{\alpha}{2}}\sqrt{\frac{s_1^2}{n_1}+\frac{s_2^2}{n_2}}\right)$$

作为 u_1-u_2 的置信度为 $1-\alpha$ 的近似置信区间.

6.4.3　单个正态总体方差的区间估计

设 $X_1,X_2,\cdots,X_n$ 是来自正态总体 $N(\mu,\sigma^2)$ 的样本,下面给出 σ^2 的置信区间.注意到 σ^2 的无偏估计为 s^2,且在正态总体条件下

$$\frac{(n-1)s^2}{\sigma^2}\sim\chi^2(n-1),$$

故有(如图 6.3 所示):

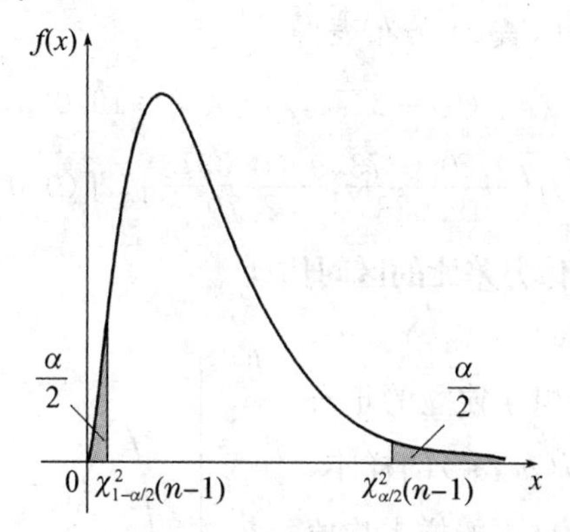

图 6.3

$$P\left\{\chi^2_{1-\frac{\alpha}{2}}(n-1)<\frac{(n-1)s^2}{\sigma^2}<\chi^2_{\frac{\alpha}{2}}(n-1)\right\}=1-\alpha,$$

即
$$P\left\{\frac{(n-1)s^2}{\chi^2_{\frac{\alpha}{2}}(n-1)}<\sigma^2<\frac{(n-1)s^2}{\chi^2_{1-\frac{\alpha}{2}}(n-1)}\right\}=1-\alpha.$$

这就得到方差 σ^2 的一个置信度为 $1-\alpha$ 的置信区间为

$$\left(\frac{(n-1)s^2}{\chi^2_{\frac{\alpha}{2}}(n-1)},\frac{(n-1)s^2}{\chi^2_{1-\frac{\alpha}{2}}(n-1)}\right),$$

标准差 σ 的置信度为 $1-\alpha$ 的置信区间为

$$\left(\sqrt{\frac{(n-1)s^2}{\chi^2_{\frac{\alpha}{2}}(n-1)}},\sqrt{\frac{(n-1)s^2}{\chi^2_{1-\frac{\alpha}{2}}(n-1)}}\right).$$

注意，当密度函数不对称时，如 χ^2 分布和 F 分布，习惯上取分位点 $\chi^2_{1-\frac{\alpha}{2}}(n-1)$ 与 $\chi^2_{\frac{\alpha}{2}}(n-1)$ 来确定置信区间.

例 6.4.6 从某厂生产的滚珠中随机抽取 10 个，测得滚珠的直径(单位：mm)如下：

$$14.6,15.0,14.7,15.1,14.9,14.8,15.0,15.1,15.2,14.8,$$

若滚珠直径服从正态分布 $N(\mu,\sigma^2)$，且 μ 未知，求滚珠直径方差 σ^2 的置信度为 95%的置信区间.

解 计算样本方差 $s^2=0.0373$，因为置信度 $1-\alpha=0.95$，$\alpha=0.05$，自由度为 $n-1=10-1=9$，查 χ^2 分布表得

$$\chi^2_{0.975}(9)=2.70,\chi^2_{0.025}(9)=19.023,$$

所以，所求置信区间为 $\left(\dfrac{9\times0.0373}{19.023},\dfrac{9\times0.0373}{2.70}\right)$，即 $(0.0177,0.1243)(\mathrm{mm}^2)$.

6.4.4 两个正态总体方差比的区间估计

设 $X_1,X_2,\cdots,X_{n_1}$ 与 $Y_1,Y_2,\cdots,Y_{n_2}$ 是分别来自两个相互独立的正态总体 $N(\mu_1,\sigma_1^2)$ 和 $N(\mu_2,\sigma_2^2)$ 的样本，$\overline{X},\overline{Y},s_1^2,s_2^2$ 分别是两样本的样本均值与样本方差.

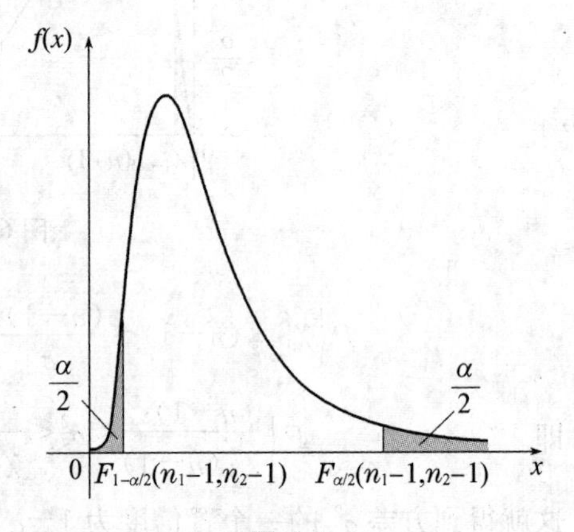

图 6.4

我们仅讨论总体均值 μ_1,μ_2 为未知的情况(关于总体均值 μ_1,μ_2 已知的情况，留给读者课后思考)，由前一章内容知

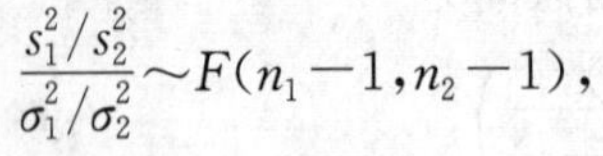

$$\frac{s_1^2/s_2^2}{\sigma_1^2/\sigma_2^2}\sim F(n_1-1,n_2-1),$$

由此得(如图 6.4 所示)

$$P\left\{F_{1-\frac{\alpha}{2}}(n_1-1,n_2-1)<\frac{s_1^2/s_2^2}{\sigma_1^2/\sigma_2^2}<F_{\frac{\alpha}{2}}(n_1-1,n_2-1)\right\}=1-\alpha,$$

即

$$P\left\{\frac{s_1^2}{s_2^2}\cdot\frac{1}{F_{\frac{\alpha}{2}}(n_1-1,n_2-1)}<\frac{\sigma_1^2}{\sigma_2^2}<\frac{s_1^2}{s_2^2}\cdot\frac{1}{F_{1-\frac{\alpha}{2}}(n_1-1,n_2-1)}\right\}=1-\alpha,$$

于是得$\frac{\sigma_1^2}{\sigma_2^2}$的一个置信度为 $1-\alpha$ 的置信区间为

$$P\left(\frac{s_1^2}{s_2^2}\cdot\frac{1}{F_{\frac{\alpha}{2}}(n_1-1,n_2-1)},\frac{s_1^2}{s_2^2}\cdot\frac{1}{F_{1-\frac{\alpha}{2}}(n_1-1,n_2-1)}\right).$$

例 6.4.7 研究由机器 A 和机器 B 生产的钢管的内径，随机抽取机器 A 生产的管子 16 只，测得样本方差 $s_1^2=0.34(\text{mm}^2)$，抽取机器 B 生产的管子 13 只，测得样本方差 $s_2^2=0.29(\text{mm}^2)$. 设两样本相互独立，且设由机器 A、机器 B 生产的管子的内径分别服从正态分布 $N(\mu_1,\sigma_1^2)$，$N(\mu_2,\sigma_2^2)$，这里 μ_i，$\sigma_i^2(i=1,2)$均未知，试求方差之比$\frac{\sigma_1^2}{\sigma_2^2}$的置信度为 0.90 的置信区间.

解 现在 $n_1=16$，$s_1^2=0.34$，$n_2=13$，$s_2^2=0.29$，$\alpha=0.10$，

$$F_{\frac{\alpha}{2}}(n_1-1,n_2-1)=F_{0.05}(15,12)=2.62,$$

$$F_{1-\frac{\alpha}{2}}(15,12)=F_{0.95}(15,12)=\frac{1}{F_{0.05}(12,15)}=\frac{1}{2.48}.$$

于是得$\frac{\sigma_1^2}{\sigma_2^2}$的一个置信度为 0.90 的置信区间为

$$\left(\frac{0.34}{0.29}\times\frac{1}{2.62},\frac{0.34}{0.29}\times 2.48\right),$$

即(0.447，2.908).

6.5 单侧置信区间

在上节讨论中，我们所求的未知参数的置信区间都是双侧的. 然而，在一些实际问题中，只需要讨论未知参数的上限或下限. 例如，在讨论产品的次品率时，总希望它越小越好，因此我们感兴趣的通常是次品率的上限. 又例如，对电子产品的使用寿命来讲，人们总希望使用寿命越长越好，我们关心的是使用寿命的下限，这些问题可以归结为寻求未知参数的单侧置信区间问题.

定义 6.5.1 设 θ 为总体 X 的未知参数，$X_1,X_2,\cdots,X_n$ 为来自 X 的样本，$\theta_1=\theta_1(X_1,X_2,\cdots,X_n)$ 为一统计量，对于给定的常数 $\alpha(0<\alpha<1)$，若有 $P\{\theta>\theta_1\}=1-\alpha$，则称随机区间 $(\theta_1,+\infty)$ 为 θ 的置信度为 $1-\alpha$ 的**单侧置信区间**，θ_1 则称为 θ 的置信度为 $1-\alpha$ 的**单侧置信下限**.

$\theta_2=\theta_2(X_1,X_2,\cdots,X_n)$ 为另一统计量，对于给定的常数 $\alpha(0<\alpha<1)$，若有 $P(\theta<\theta_2)=1-\alpha$，则称随机区间 $(-\infty,\theta_2)$ 是 θ 的置信度为 $1-\alpha$ 的单侧置信区间，θ_2 称为 θ 的置信度为 $1-\alpha$ 的单侧置信上限.

求单侧置信区间的方法与求双侧置信区间的方法类似，下面我们通过例子加以说明.

例 6.5.1 从一批灯泡中随机抽取 5 只，测得其寿命(单位:小时)如下：

$$1050,1100,1120,1250,1280.$$

假设这批灯泡寿命 X 服从正态分布 $N(\mu,\sigma^2)$，其中 μ 与 σ^2 为未知参数，求：

(1) 平均使用寿命 μ 的置信度为 95%的单侧置信下限；

(2) 使用寿命方差 σ^2 的置信度为 90%的单侧置信上限.

解 (1) 由于

$$T=\frac{\overline{X}-\mu}{s/\sqrt{n}}\sim t(n-1),$$

对于给定的置信度 $1-\alpha$，有

$$P\left\{\frac{\overline{X}-\mu}{s/\sqrt{n}}<t_\alpha(n-1)\right\}=1-\alpha,$$

即

$$P\left\{\mu>\overline{X}-t_\alpha(n-1)\frac{s}{\sqrt{n}}\right\}=1-\alpha.$$

由此可知 μ 的置信度为 $1-\alpha$ 的单侧置信下限为

$$\overline{X}-t_\alpha(n-1)\frac{s}{\sqrt{n}}.$$

由题设数据经计算可知：$\bar{x}=1160,s=99.75,n=5,\alpha=0.05$，

从而平均使用寿命 μ 的置信度为 95%的单侧置信下限为

$$\overline{x}-t_{\alpha}(n-1)\frac{s}{\sqrt{n}}=1064.56.$$

（2）由于

$$\chi^2=\frac{(n-1)s^2}{\sigma^2}\sim\chi^2(n-1),$$

于是我们有

$$P\left\{\frac{(n-1)s^2}{\sigma^2}>\chi_{1-\alpha}^2(n-1)\right\}=1-\alpha.$$

即

$$P\left\{\sigma^2<\frac{(n-1)s^2}{\chi_{1-\alpha}^2(n-1)}\right\}=1-\alpha,$$

由此可知，σ^2 的置信度为 $1-\alpha$ 的单侧置信上限为

$$\frac{(n-1)s^2}{\chi_{1-\alpha}^2(n-1)}.$$

而置信度 $1-\alpha=0.9$，查附表得 $\chi_{1-\alpha}^2(n-1)=\chi_{0.9}^2(4)=1.064$. 从而使用寿命方差 σ^2 的置信度为 90％的单侧置信上限为

$$\frac{(n-1)s^2}{\chi_{1-\alpha}^2(n-1)}=\frac{4\times 99.75^2}{1.064}=37406.$$

例 6.4.2　为研究某种香烟的尼古丁含量（单位：毫克），随机抽取 8 支香烟，测得尼古丁的平均含量为 $\overline{x}=0.26$. 设该种香烟尼古丁含量 $X\sim N(\mu,2.3)$，试求 μ 的置信度为 0.95 的单侧置信上限.

解　由于

$$U=\frac{\overline{X}-\mu}{\sigma/\sqrt{n}}\sim N(0,1),$$

对于给定的置信度 $1-\alpha$，有

$$P\left\{\frac{\overline{X}-\mu}{\sigma/\sqrt{n}}>-u_{\alpha}\right\}=1-\alpha,$$

即

$$P\left(\mu<\overline{X}+u_\alpha\frac{\sigma}{\sqrt{n}}\right)=1-\alpha.$$

由此可知 μ 的置信度为 $1-\alpha$ 的单侧置信上限为

$$\overline{X}+u_\alpha\frac{\sigma}{\sqrt{n}}.$$

这里，$\alpha=0.05$，$u_{0.05}=1.65$，$\overline{x}=0.26$，$\sigma=\sqrt{2.3}$，$n=8$，故所求的单侧置信上限为 $\overline{x}+u_\alpha\frac{\sigma}{\sqrt{n}}=1.14$.

概率人物卡片(皮尔逊)：

卡尔·皮尔逊(Karl Pearson，1857 年 3 月 27 日～1936 年 4 月 27 日)是英国数学家，生物统计学家，数理统计学的创立者，自由思想者，对生物统计学、气象学、社会达尔文主义理论和优生学做出了重大贡献。他被公认为旧派理学派和描述统计学派的代表人物，并被誉为现代统计科学的创立者.

基本练习题 6

1. 设总体的分布律为

X	1	2	3
p	θ^2	$2\theta(1-\theta)$	$(1-\theta)^2$

其中 θ 为未知参数. 试求 θ 的矩估计.

2. 设总体 X 以等概率取值 $1,2,\cdots,\theta$，求未知参数 θ 的矩估计.

3. 设 X 服从参数为 λ 的泊松分布，$X_1,X_2,\cdots,X_n$ 为取自总体 X 的样本，

试求参数 λ 的矩估计和极大似然估计量.

4. 设 X 服从参数为 λ 的指数分布，$X_1,X_2,\cdots,X_n$ 为取自总体 X 的样本，试求参数 λ 的矩估计和极大似然估计.

5. 设总体服从 $(\theta,2\theta)$ 上的均匀分布，求参数 θ 的矩估计和极大似然估计量.

6. 设总体 X 的概率密度为

$$f(x)=\begin{cases}\theta x^{\theta-1} & 0<x<1,\\ 0, & \text{其他},\end{cases}$$

试求 θ 的矩估计和极大似然估计.

7. 设总体 X 的概率密度为 $f(x)=\dfrac{1}{2\sigma}\mathrm{e}^{-|x|/\sigma}$ 其中，σ 未知且 $\sigma>0$，X_1，$X_2,\cdots,X_n$ 为取自总体 X 的样本，试求参数 σ 的极大似然估计.

8. 设总体 $X\sim N(\mu,\sigma^2)$，其中 μ 为已知参数，$X_1,X_2,\cdots,X_n$ 是来自 X 的一个样本值. 求 σ^2 的极大似然估计量.

9. 设 X_1,X_2,X_3 是取自总体 X 的样本，证明：

$$\hat{\mu}_1=\frac{1}{2}X_1+\frac{1}{4}X_2+\frac{1}{4}X_3,\ \hat{\mu}_2=\frac{2}{7}X_1+\frac{2}{7}X_2+\frac{3}{7}X_3$$

都是总体的均值为 μ 的无偏估计，并说明两个估计量中哪个有效.

10. 总体 X 的均值为 $E(X)=\mu$，方差为 $D(X)=\sigma^2$，$X_1,X_2,\cdots,X_n$ 是总体 X 的样本. 证明：$\hat{\sigma}^2=\dfrac{1}{n}\sum\limits_{i=1}^{n}(X_i-\mu)^2$ 是 σ^2 无偏估计.

11. 设 $\hat{\theta}$ 是参数 θ 的无偏估计，且有 $D(\hat{\theta})>0$，证明：$\hat{\theta}^2$ 不是 θ^2 无偏估计.

12. 设 $\hat{\theta}_1,\hat{\theta}_2$ 是参数 θ 的无偏估计，且 $D(\hat{\theta}_1)=\sigma_1^2,D(\hat{\theta}_2)=\sigma_2^2$，构造一个无偏估计量 $\hat{\theta}=c\hat{\theta}_1+(1-c)\hat{\theta}_2$，$0\leqslant c\leqslant 1$，如果 $\hat{\theta}_1,\hat{\theta}_2$ 相互独立，问：c 为何值时 $D(\hat{\theta})$ 最小？

13. 设 $X_1,X_2,\cdots,X_n$ 为取自总体 X 的样本，总体服从 $(0,\theta)$ 上的均匀分布，证明：

(1) $\hat{\theta}_1=2\overline{X}$，$\hat{\theta}_2=\dfrac{n+1}{n}X_{(n)}$ 都是 θ 的无偏估计；(2) $\hat{\theta}_2$ 比 $\hat{\theta}_1$ 有效.

14. 设某种油漆的 9 个样品，其干燥时间(单位:小时)分别为

$$6.0, 5.7, 5.8, 6.5, 7.0, 6.3, 5.6, 6.1, 5.0$$

设干燥时间服从正态分布 $N(\mu,\sigma^2)$，求 μ 的置信度为 0.95 的置信区间.

(1) 若根据经验已知 $\sigma=0.6$；(2) 若 σ 未知.

15. 随机地抽取 9 发炮弹做试验，测得数据后经计算炮弹初速度(单位:米/小时)的标准差为 $s=11$，设炮弹初速度服从正态分布 $N(\mu,\sigma^2)$，求 σ 的置信度为 0.95 的置信区间.

16. 设某批铝材料比重服从正态分布 $N(\mu,\sigma^2)$，现测量它的比重 16 次，算得 $\overline{x}=2.705, s=0.029$，分别求 μ 和 σ^2 的置信度为 95%的置信区间.

17. 甲、乙两组生产某种导线，现从这两组生产的导线中分别抽取 4 根和 5 根，测得它们的电阻(单位:欧姆)分别为:

甲组:0.143， 0.142， 0.143， 0.137

乙组:0.140， 0.142， 0.136， 0.138， 0.140

假设两组电阻值分别服从 $N(\mu_1,\sigma^2)$ 和 $N(\mu_2,\sigma^2)$. σ 是未知的，求 $\mu_1-\mu_2$ 的置信度为 0.9 的置信区间.

18. 两位化验员独立地对某种物质的含量用相同的方法各进行 10 次测量，测得的样本方差分别为 $s_1^2=0.541, s_1^2=0.6065$，设两位化验员的化验结果分别服从正态分布 $N(\mu_1,\sigma_1^2), N(\mu_2,\sigma_2^2)$，试求方差之比 σ_1^2/σ_2^2 的置信度为 0.95 的置信区间.

19. 设总体 $X\sim N(\mu,\sigma^2)$，已知 $\sigma=\sigma_0$，要使总体均值 μ 的置信度为 $100(1-\alpha)\%$的置信区间的长度不大于 l，问:样本容量为多少?

20. 某厂生产一批金属材料，其强度服从正态分布 $N(\mu,\sigma^2)$，现从这批金属材料中随机抽取 9 件产品测试，测得强度为

$$42.5, 42.7, 43.0, 44.5, 44.0, 43.8, 44.1, 43.9, 43.7$$

求:(1)平均强度 μ 的置信度为 95%的单侧置信下限;(2) 强度方差 σ^2 的置信度为 95%的单侧置信上限.

21. 从某汽车轮胎厂生产的轮胎中抽取 10 个样品进行磨损实验，测得它们的行驶里程如下:

41250,41010,42650,38970,40200,42550,43500,40400,41870,39800

设轮胎行驶路程服从正态分布 $N(\mu,\sigma^2)$，求：(1) μ 的置信度为90%的单侧置信下限；(2) σ 的置信度为90%的单侧置信上限.

综合练习题 6

一、单选题

1. 设总体 $X\sim N(\mu,\sigma_0^2)$，其中 σ_0^2 已知，$X_1,\cdots,X_n$ 是来自总体 X 的简单随机样本，当 n 固定，置信度 $1-\alpha$ 增大时，μ 的置信区间长度 L(　　).

(A) 缩小　　(B) 增大　　(C) 不变　　(D) 变化不能确定

2. 总体均值 μ 的置信度为0.95的置信区间为 $(\hat{\theta}_1,\hat{\theta}_2)$，其含义是(　　).

(A) 总体均值 μ 的真值以0.95的概率落入区间 $(\hat{\theta}_1,\hat{\theta}_2)$

(B) 样本均值 $\overline{X}$ 以0.95的概率落入区间 $(\hat{\theta}_1,\hat{\theta}_2)$

(C) 区间 $(\hat{\theta}_1,\hat{\theta}_2)$ 含总体均值 μ 的真值的概率为0.95

(D) 区间 $(\hat{\theta}_1,\hat{\theta}_2)$ 含样本均值 $\overline{X}$ 的概率为0.95

3. 设总体 $X\sim N(\mu,\sigma^2)$，μ 未知，则 σ^2 的置信度为 $1-\alpha$ 的置信区间为(　　).

(A) $\left(\dfrac{(n-1)s^2}{\chi^2_{\frac{\alpha}{2}}(n)},\dfrac{(n-1)s^2}{\chi^2_{1-\frac{\alpha}{2}}(n)}\right)$

(B) $\left(\dfrac{(n-1)s^2}{\chi^2_{\frac{\alpha}{2}}(n-1)},\dfrac{(n-1)s^2}{\chi^2_{1-\frac{\alpha}{2}}(n-1)}\right)$

(C) $\left(\dfrac{\sum\limits_{i=1}^{n}(X_i-\mu)^2}{\chi^2_{\frac{\alpha}{2}}(n)},\dfrac{\sum\limits_{i=1}^{n}(X_i-\mu)^2}{\chi^2_{1-\frac{\alpha}{2}}(n)}\right)$

(D) $\left(\dfrac{\sum\limits_{i=1}^{n}(X_i-\mu)^2}{\chi^2_{\frac{\alpha}{2}}(n-1)},\dfrac{\sum\limits_{i=1}^{n}(X_i-\mu)^2}{\chi^2_{1-\frac{\alpha}{2}}(n-1)}\right)$

4. 假设总体 X 的方差 $Var(X)$ 存在，$X_1,\cdots,X_n$ 是取自总体 X 的简单样本，其均值和方差分别是 $\overline{X}$ 和 s^2，则 $E(X^2)$ 的矩估计量是(　　).

(A) $s^2+\overline{X}^2$ (B) $(n-1)s^2+\overline{X}^2$

(C) $ns^2+\overline{X}^2$ (D) $\frac{n-1}{n}s^2+\overline{X}^2$

5. 设 $X_1,\cdots,X_n$ 是来自 $X\sim N(\mu,\sigma^2)$ 的样本，则 $\mu^2+\sigma^2$ 的矩估计量为(　　).

(A) $\frac{1}{n}\sum_{i=1}^{n}(X_i-\overline{X})^2$ (B) $\frac{1}{n-1}\sum_{i=1}^{n}(X_i-\overline{X})^2$

(C) $\sum_{i=1}^{n}X_i^2-n\overline{X}^2$ (D) $\frac{1}{n}\sum_{i=1}^{n}X_i^2$

6. 设 $X_1,\cdots,X_n$ 是取自总体 X 的简单随机样本，$E(X)=\mu,D(X)=\sigma^2(\sigma>0)$，$\overline{X}$ 与 s^2 分别是样本均值与样本方差，则(　　).

(A) s 一定是 σ 的矩估计

(B) s^2 一定是 σ^2 的极大似然估计

(C) $E(s^2)=\sigma^2$

(D) $E(s)=\sigma$

7. 设 $X_1,\cdots,X_n$ 是来自总体 X 的样本，且总体的均值为 μ 方差为 σ^2，且 $\overline{X}$ 和 s^2 分别是样本均值和样本方差，则下列正确的是(　　).

(A) $\overline{X}^2$ 是 μ^2 的无偏估计量 (B) $\overline{X}$未必是 μ 的极大似然估计

(C) $\frac{n(\overline{X}-\mu)^2}{\sigma^2}$服从 $\chi^2(1)$ (D) s^2 是 σ^2 的极大似然估计

8. 总体 X 的均值为 μ，方差为 σ^2，从中抽取样本 $X_1,\cdots,X_n$，$\overline{X}$ 和 s^2 分别是样本均值和样本方差，则下列不是 σ^2 的无偏估计量的是(　　).

(A) $n(\overline{X}-\mu)^2$ (B) $\frac{1}{n}\sum_{i=1}^{n}(X_i-\mu)^2$

(C) $\frac{1}{n}\sum_{i=1}^{n}(X_i-\overline{X})^2$ (D) s^2

9. 已知总体 X 服从参数为 λ 的泊松分布，$X_1,\cdots,X_n$ 是取自总体 X 的简单随机样本，其均值为 $\overline{X}$，方差为 s^2，记 $\hat{\lambda}=a\overline{X}+(2-3a)s^2$ 是 λ 的一个估计，若 $E(\hat{\lambda})=\lambda$，则 $a=$(　　).

(A) $\frac{1}{2}$　(B) 1　(C) $\frac{3}{2}$　(D) 2

10. 设 $X_1,\cdots,X_n$ 是来自总体 X 的一组样本，$D(X)=\sigma^2(\sigma>0)$，$\overline{X}=\frac{1}{n}\sum_{i=1}^{n}X_i$，$s^2=\frac{1}{n-1}\sum_{i=1}^{n}(X_i-\overline{X})^2$，则（　　）.

(A) s 是 σ 的无偏估计量　(B) s 是 σ 的极大似然估计量

(C) s 是 σ 的相合估计量　(D) s 与 σ 互相独立

二、计算题

1. 设 $X_1,\cdots,X_n$ 是取自总体 $X\sim N(\mu,\sigma^2)$ 的样本，且 $\bar{x}=3.5$，$s^2=4$. (1) 若 $\sigma^2=1$ 时，求 μ 的置信度为 0.95 的置信区间；(2) 若 σ^2 未知，求 μ 的置信度为 0.95 的置信区间；(3) 若 $\sigma^2=8$，且以 $(\overline{X}-1,\overline{X}+1)$ 为 μ 的置信区间，求置信度.

2. 假设到某地旅游的一个游客的消费额 $X\sim N(\mu,\sigma^2)$，且 $\sigma=500$ 元，今要对该地每一个游客的平均消费额进行估计，为了能不小于 95%的置信度，确信该估计的误差小于 50 元，问：至少需要随机调查多少个游客？

3. 对方差 σ^2 为已知的正态总体，问：需要抽取容量 n 为多大的样本，才能使总体均值 μ 的置信水平为 $1-\alpha$ 的置信区间的长度大于 L？

4. 设总体 $X\sim N(\mu,8)$，μ 未知，$X_1,\cdots,X_{36}$ 是取自 X 的简单随机样本，如果以区间 $(\overline{X}-1,\overline{X}+1)$ 作为 μ 的置信区间，求置信度.

5. 假设 0.50，1.25，0.80，2.00 是来自总体 X 的简单随机样本值. 已知 $Y=\ln X$ 服从正态分布 $N(\mu,1)$. (1) 求 X 的数学期望 $E(X)$（记 $E(X)$ 为 b）；(2) 求 μ 的置信度为 0.95 的置信区间；(3) 利用上述结果求 b 的置信度为 0.95 的置信区间.

6. 设 $X_1,\cdots,X_n$ 是取自总体 $X\sim N(\mu,\sigma^2)$ 的样本，其中 μ 和 σ^2 都是未知参数，设随机变量 L 是关于 μ 的置信水平为 $1-\alpha$ 的置信区间的长度，试求 $E(L^2)$.

7. 总体 X 的密度函数为 $f(x)=\begin{cases}\theta(\theta+1)x^{\theta-1}(1-x), & 0<x<1,\\ 0, & \text{其他},\end{cases}$ 抽取样

本 $X_1,\cdots,X_n$.(1) 求 θ 的矩估计量$\hat{\theta}$;(2) 若已知抽取的样本值为:0.1,0.4,0.3.求 θ 的矩估计值.

8. 设总体 X 的分布列为 $X\sim\begin{pmatrix}0 & 1 & 2 & 3\\ \theta^2 & 2\theta_1-2\theta^2 & \theta^2 & 1-2\theta_1\end{pmatrix}$,抽取样本 $X_1,\cdots,X_n$,θ 和 θ_1 的矩估计量.

9. 设总体 X 的密度函数为 $f(x)=\begin{cases}\dfrac{1}{\theta}e^{-\frac{x-\mu}{\theta}}, & x\geqslant\mu,\\ 0, & x<\mu,\end{cases}$ 其中参数 θ,μ 均未知,$\theta>0$,$X_1,\cdots,X_n$ 为取自总体 X 的样本.试求:μ 和 θ 的矩估计量.

10. 设总体 X 的概率密度为 $f(x)=\begin{cases}\lambda^2 xe^{-\lambda x}, & x>0,\\ 0, & 其他,\end{cases}$ 其中参数 $\lambda(\lambda>0)$未知,$X_1,X_2,\cdots,X_n$ 是来自总体 X 的简单随机样本.(1) 求参数 λ 的矩估计量;(2) 求参数 λ 的极大似然估计量.

11. 设总体 $X\sim f(x;\theta)=\begin{cases}\dfrac{x}{\theta}e^{-\frac{x^2}{2\theta}}, & x>0,\\ 0, & x\leqslant 0,\end{cases}$ $(\theta>0)$. $X_1,\cdots,X_n$ 是总体 X 的一个随机简单样本,求参数 θ 的极大似然估计量并判断这个估计量是不是 θ 的无偏估计量.

12. 设总体 X 的概率密度为 $f(x;\theta)=\begin{cases}\dfrac{1}{2\theta}, & 0<x<\theta,\\ \dfrac{1}{2(1-\theta)}, & \theta\leqslant x<1,\\ 0, & 其他,\end{cases}$ 其中参数 $\theta(0<\theta<1)$未知,$X_1,X_2,\cdots,X_n$ 是来自总体 X 的简单随机样本,$\overline{X}$是样本均值.

(1) 求参数 θ 的矩估计量$\hat{\theta}$;(2) 判断 $4\overline{X}^2$ 是否为 θ^2 的无偏估计量,并说明理由.

三、证明题

1. 对于正态总体的大样本($n>30$),s 近似服从正态分布 $N(\sigma,\sigma^2/2n)$,其

中 σ 为总体的标准差. 试证明：σ 的置信度为 $1-\alpha$ 的置信区间为：$\left(\frac{s}{1+Z_{\frac{\alpha}{2}}/\sqrt{2n}},\frac{s}{1-Z_{\frac{\alpha}{2}}/\sqrt{2n}}\right)$.

2. 设总体 $X\sim N(\mu,\sigma^2)$，$(X_1,\cdots,X_n)$为其样本，试证：s^2 和$\frac{n}{n-1}s_n^2$ 都是 σ^2 的一致估计量.

3. 设 $X_1,\cdots,X_n$ 是取自总体X 的样本，总体 X 的均值为μ，方差为σ^2. 求证：(1) $\overline{X}$是μ 的无偏估计量；(2) s^2 是σ^2 的无偏估计量；(3) s_n^2 是σ^2 的有偏估计量.

4. (1) 设$\hat{\theta}$是参数θ的无偏估计量，且$Var(\hat{\theta})>0$，证明：$(\hat{\theta})^2$ 不是θ^2 的无偏估计量. (2) 设总体 X 服从区间$(0,\theta)$上的均匀分布，$X_1,X_2,\cdots,X_n$ 是来自总体X 的简单随机样本.

5. 已知总体 $X\sim f(x)=\frac{1}{2}\mathrm{e}^{-|x-\theta|}$，$X_1,X_2,\cdots,X_n$ 是取自总体的简单样本. (1) 求θ的矩估计量$\hat{\theta}$；(2) 证明：$\hat{\theta}$是θ的相合(一致)估计量.

6. 设 $X_1,X_2,\cdots,X_n$ 是总体 $X\sim N(\mu,\sigma^2)$ 的简单随机样本，记 $\overline{X}=\frac{1}{n}\sum_{i=1}^{n}X_i$，$s^2=\frac{1}{n-1}\sum_{i=1}^{n}(X_i-\overline{X})^2$，$T=\overline{X}^2-\frac{1}{n}s^2$. (1) 证明：$T$ 是μ^2 的无偏估计量；(2) 当$\mu=0$，$\sigma=1$时，求$Var(T)$.

7. 证明：在样本的一切线性组合中，$\overline{X}$ 是总体期望值μ 的无偏估计量中最有效的估计量.

8. 设$(X_1,\cdots,X_n)$是取自总体 X 的样本，X 的密度函数为 $f(x)=\begin{cases}\mathrm{e}^{-(x-\theta)}, & x\geqslant\theta,\\ 0, & 其他,\end{cases}$ θ为未知参数，$-\infty<\theta<+\infty$. (1) 试证：θ的极大似然估计量为 $X_{(1)}=\min\limits_{1\leqslant i\leqslant n}X_i$；(2) 试证：$X_{(1)}$不是$\theta$的无偏估计量；(3) 试求出$\theta$的一个无偏估计量.

9. 设总体 X 是区间$(a,a+1)$上的均匀分布，有样本 $X_1,\cdots,X_n$，对未知参数 a，给出两个估计；$\hat{a}_1=\frac{1}{n}\sum_{i=1}^{n}X_i-\frac{1}{2}$ 和$\hat{a}_2=\max\{X_1,\cdots,X_n\}-\frac{n}{n+1}$.

(1) 试证明:$\hat{a}_1$ 和 $\hat{a}_2$ 都是 a 的无偏估计;(2) 试比较 $\hat{a}_1$ 和 $\hat{a}_2$ 的有效性.

10. 设总体 $X \sim N(\mu, \sigma^2)$,$(X_1, \cdots, X_n)$ 为其样本,试证:s^2 和 $\frac{n}{n-1}s_n^2$ 都是 σ^2 的一致估计量.

第 7 章　假设检验

实际案例(质量检验问题):

按规定,某种罐头的维生素 C 的含量不得少于 23 毫克,现从某厂生产的一批罐头中随机抽取 10 罐,测得维生素 C 的含量(单位:毫克)分别为 23.5,21.6,24.1,24.7,22.9,26.2,20.5,24.2,21.7,28.8. 试问:这批罐头的维生素 C 含量是否合格?

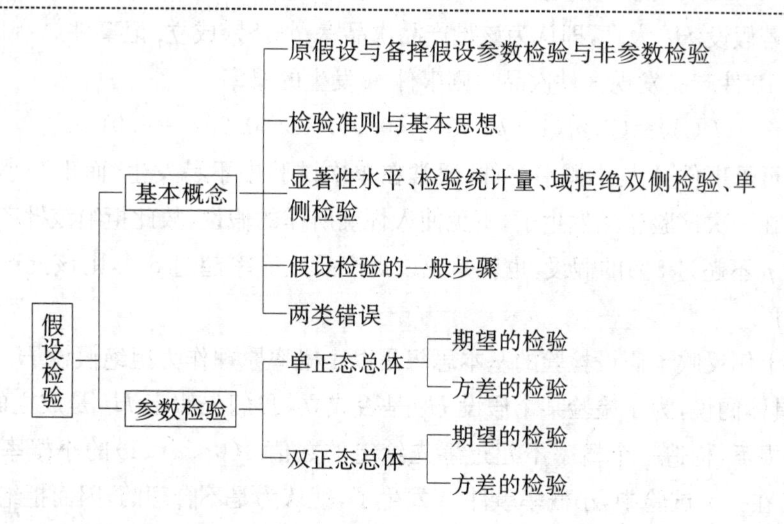

假设检验问题,即接受或拒绝某个统计假设的问题. 实际工作中,人们常常会遇到总体的分布是未知的或虽知分布的类型但分布中所含的某些参数是未知的情况,为了推断总体的某些性质,需要对总体作出某些假设,进而通过抽取的样本进行数据分析,做出是接受还是拒绝这个统计假设的决断. 本章主要介绍一些常用的有关均值和方差的假设检验问题.

7.1 假设检验概念

7.1.1 假设检验的基本思想和方法

假设检验所使用的推理方法是带有概率性质的反证法. 其依据于实践中普遍使用的**小概率原理**,即小概率事件在单次试验中几乎不发生. 下面先来看一个例子:

例 7.1.1 某厂生产某种产品,其产品出厂规定:次品率 p 不超过 5%才能出厂. 若某天质量检验员从该厂生产的一批产品中任意抽查 10 件,从中发现了 3 件次品,请问:该批产品能否出厂?

分析 为了解决上述问题,需要考虑一对对立的假设:

H_0:该批产品次品率 $p\leqslant 5\%$,H_1:该批产品次品率 $p>5\%$.

若假设 H_0 为真,即认为该批产品次品率 $p\leqslant 5\%$成立. 记事件 $A=\{$任意抽查 10 件产品发现 3 件次品$\}$,则事件 A 发生的概率

$$P(A)=C_{10}^3 p^3(1-p)^7\leqslant C_{10}^3(0.05)^3(1-0.05)^7=0.0105.$$

可见事件 A 是小概率事件,通常在单次试验中不易发生. 而现今小概率事件在一次试验竟然发生了,不免使人怀疑所作的假设,故此拒绝该批产品次品率 p 不超过 5%的假设,也就是说该批产品次品率超过 5%,则该批产品不能出厂.

上例反映了假设检验的基本思想是以小概率原理作为拒绝假设 H_0 的依据. 具体的说,为了检验某个假设 H_0 是否成立,我们先假定 H_0 是成立的. 在此前提下,构造一个概率不超过事先给定的数值 $\alpha(0<\alpha<1)$的小概率事件 A. 若在一次试验中,小概率事件 A 发生了,就认为是不合理的,因而拒绝假设 H_0;若事件 A 没有发生,则表明假设 H_0 与小概率原理不矛盾,于是接受 H_0. 其中数值 α 称为**显著性水平**,对不同的问题,可以选取不同的水平,通常选取 $\alpha=0.1,0.05,0.01$ 等.

7.1.2 假设检验的提出和步骤

假设检验时,首先会提出一对对立的假设,分别记为 H_0 和 H_1,其中 H_0

被称为**原假设**或**零假设**，H_1 被称为**备择假设**或**对立假设**. 接着由已知的样本值对假设 H_0（或 H_1）的真假进行判断，这就是**假设检验**. 它包括两类：

若对总体的分布或总体的某些特性进行检验，这类的检验称为**非参数假设检验**；如果检验的假设是在总体分布类型已知的情况下，仅仅涉及到总体分布中的参数，这类的检验称为**参数假设检验**. 本章只讨论参数假设检验问题.

例 7.1.2　某糖果厂用包装机包装糖果，当机器工作正常时，每袋糖果的重量(单位：公斤)服从均值为 0.5，标准差为 0.01 的正态分布. 某日开工后，随机抽取 10 袋，测得平均重量为 0.505 公斤，试确定该包装机工作是否正常.

设包装机所包装的每袋糖果的重量为 X，$X \sim N(\mu, 0.01^2)$，其中 μ 未知. 该问题需考虑假设：$H_0: \mu = \mu_0$，$H_1: \mu \neq \mu_0$ $(\mu_0 = 0.5)$.

这样的检验问题称为**双侧假设检验**，所谓“双侧”源于备择假设所确定的范围恰好在原假设的两侧. 但有时，我们只关心参数是否增大或减少. 这类检验问题称为**单侧假设检验**，此时备择假设确定的范围处于原假设的一侧. 例如，还需要检验下列形式的假设：

$$H_0: \mu \geqslant \mu_0, H_1: \mu < \mu_0$$

或

$$H_0: \mu \leqslant \mu_0, H_1: \mu > \mu_0$$

为检验提出的假设，通常需要构造检验统计量，并根据样本信息判断假设是否成立. 当检验统计量取某个区域值时，拒绝原假设 H_0，则称该区域为**拒绝域**；当检验统计量取某个区域值时，接受 H_0，则称该区域称为**接受域**，拒绝域和接受域的交点称为**临界点**或**临界值**.

下面以例 7.1.2 来做进一步具体说明. 由于要检验的假设涉及总体均值 μ，而样本均值 $\overline{X}$ 是总体均值 μ 的无偏估计量，$\overline{X}$ 的观察值的大小在一定程度上反映了 μ 的大小. 因此，若假设 H_0 为真，则样本均值 $\overline{X}$ 与 μ_0 的偏差 $|\overline{X} - \mu_0|$ 一般不应太大，即 $|U| = \left| \dfrac{\overline{X} - \mu_0}{\sigma/\sqrt{n}} \right|$ 的值不会太大，若 $|U|$ 的值太大，就怀疑 H_0 的正确性而拒绝 H_0. 但 $|U|$ 的值大到何种程度才认为 $|U|$ 的值很大呢？为此，对显著性水平 α，我们构造一个小概率事件 A，使得 $P(A) = \alpha$. 当

H_0 为真时,由正态分布性质可知检验统计量 $U=\dfrac{\overline{X}-\mu_0}{\sigma/\sqrt{n}}\sim N(0,1)$,根据标准正态分布临界值的定义,有

$$P\left\{\left|\frac{\overline{X}-\mu_0}{\sigma/\sqrt{n}}\geqslant u_{\alpha/2}\right|\right\}=\alpha,$$

即 $|U|\geqslant u_{\alpha/2}$ 为一个小概率事件,因此取 $A=\{|U|\geqslant u_{\alpha/2}\}$. 由小概率原理,若统计量 U 的观察值满足 $|U|\geqslant u_{\alpha/2}$,这说明在一次试验中小概率事件发生了,则拒绝 H_0. 从而区域 $\{|U|\geqslant u_{\alpha/2}\}$ 为拒绝域,一般用字母 W 表示,$\{|U|<u_{\alpha/2}\}$ 为接受域,$U=u_{\alpha/2}$ 和 $U=-u_{\alpha/2}$ 为临界点.

这样,我们来看例 7.1.2 的完整求解:

记包装机所包装的每袋糖果的重量为 X,$X\sim N(\mu,0.01^2)$,其中 μ 未知. 考虑假设:

$$H_0:\mu=\mu_0=0.5, H_1:\mu\neq u_0=0.5$$

若取显著性水平 $\alpha=0.05$,则 $U_{\alpha/2}=u_{0.025}=1.96$,检验的拒绝域为

$$W=\left\{\left|\frac{\overline{X}-\mu_0}{\sigma/\sqrt{n}}\geqslant 1.96\right|\right\},$$

把样本容量 $n=10$,$\overline{X}=0.505$,$\sigma=0.01$ 代入 $|U|$ 中,计算得

$$|U|=\left|\frac{\overline{X}-\mu_0}{\sigma/\sqrt{n}}\right|=\left|\frac{0.505-0.5}{0.01/\sqrt{10}}\right|=1.5811.$$

由于 $|U|=1.5811<1.96$,这说明 $|U|$ 不在拒绝域中,因而接受假设 H_0,即认为该天包装机工作正常.

综上所述,可得假设检验的步骤如下:

第一步,根据实际问题要求,提出原假设 H_0 和备择假设 H_1;

第二步,在 H_0 为真时,构造检验统计量,其分布已知,且与未知参数无关;

第三步,对给定的显著性水平 α,查统计量的分布表,确定临界值,从而确定拒绝域 W;

第四步,根据样本值,计算出检验统计量的观察值;

第五步,作结论:观察值落入拒绝域 W 中,拒绝 H_0;否则接受 H_0.

7.1.3　假设检验的两类错误

如前所述，假设检验基于小概率原理，因而所作的结论有可能出现以下两类错误：

- **第一类错误**又称**“弃真错误”**，即 H_0 本来是正确的，但由于检验统计量的值落入拒绝域中而拒绝 H_0. 对显著性水平 α，犯第一类错误的概率为

$$P\{拒绝\ H_0 \mid H_0\ 为真\}=P\{小概率事件\ A\ 发生 \mid H_0\ 为真\}\leqslant\alpha.$$

- **第二类错误**又称**“取伪错误”**，即 H_0 本来是假的，但由于检验统计量的值不在拒绝域中从而接受 H_0. 设犯第二类错误的概率为 β，则

$$\beta=P\{接受\ H_0 \mid H_0\ 为假\}=P\{小概率事件\ A\ 不发生 \mid H_0\ 为假\}.$$

当进行检验时，自然希望两类错误的概率，即 α 和 β 都很小，但事实上二者难以兼顾. 这是因为当样本容量固定时，α 变小则会导致 β 变大；β 变小则会导致 α 变大. 因此，实际工作中，样本容量固定时，人们通常只控制第一类错误而不控制第二类错误，一般取 $\alpha=0.1, 0.05, 0.01$ 等，这种检验也被称为**显著性检验**. 也正因如此，实际问题中对原假设 H_0 的选取基于尊重原假设原则和后果严重性控制原则.

7.2　单正态总体参数的假设检验

正态分布是最为常见的分布，且实际中有许多现象均可近似地用正态分布描述. 均值、方差是单正态总体的重要参数，产品质量检验中，往往通过检验尺寸、重量、抗拉强度等均值类型指标来反映产品的质量. 另外，方差是研究产品质量波动程度，生产状况稳定与否的重要指标，所以对总体方差的检验也非常重要. 因此，关于单正态总体参数均值与方差的假设检验问题，是极为重要的统计问题.

7.2.1　单正态总体均值的假设检验

设总体 $X\sim N(\mu,\sigma^2)$，$X_1, X_2, \cdots, X_n$ 为取自总体 X 的一个简单随机样本，样本均值 $\overline{X}=\frac{1}{n}\sum_{i=1}^{n}X_i$，样本方差 $s^2=\frac{1}{n-1}\sum_{i=1}^{n}(X_i-\overline{X})^2$，$\mu_0$ 和 σ_0 为已

知常数，$\sigma>0$. 考虑以下假设：

(I) 双侧检验：$H_0:\mu=\mu_0, H_1:\mu\neq\mu_0$；

(II) 右侧检验：$H_0:\mu\leqslant\mu_0, H_1:\mu>\mu_0$；

(III) 左侧检验：$H_0:\mu\geqslant\mu_0, H_1:\mu<\mu_0$.

下面根据不同的情况，对假设(I)(或(II)，(III))进行关于均值的检验.

情况 1：已知 $\sigma^2=\sigma_0^2$，关于 μ 的检验(U 检验法)

由上节例 7.1.2 的讨论知，当 $\sigma^2=\sigma_0^2$ 时，可选择检验统计量

$$U=\frac{\overline{X}-\mu_0}{\sigma_0/\sqrt{n}}\overset{H_0\text{真}}{\sim}N(0,1)$$

对给定的显著性水平 α，查标准正态分布表得临界值，得出假设(I)-(III)对应的拒绝域：

双侧检验(I)，拒绝域为 $W=(-\infty)-u_{\alpha/2})\cup[u_{\alpha/2},+\infty)$；

右侧检验(II)，拒绝域为 $W=[u_\alpha,+\infty)$；

左侧检验(III)，拒绝域为 $W=(-\infty,-u_\alpha]$.

这个检验问题中，利用了标准正态分布概率密度曲线两(单)侧的尾部面积来确定小概率事件. 由于检验统计量 U 服从正态分布，此检验方法称为 **U 检验法**(见图 7.1—7.3).

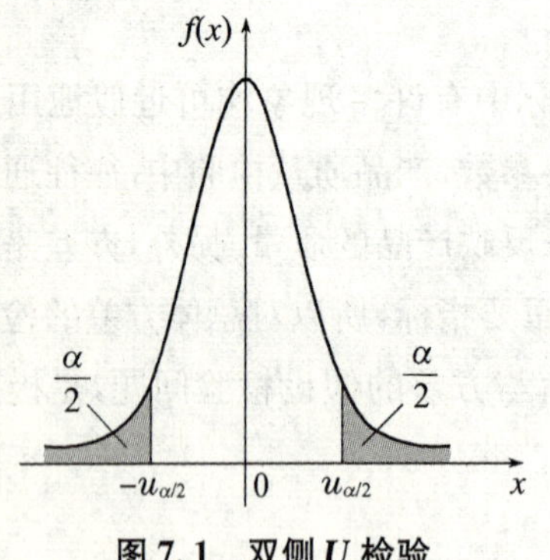

图 7.1　双侧 U 检验

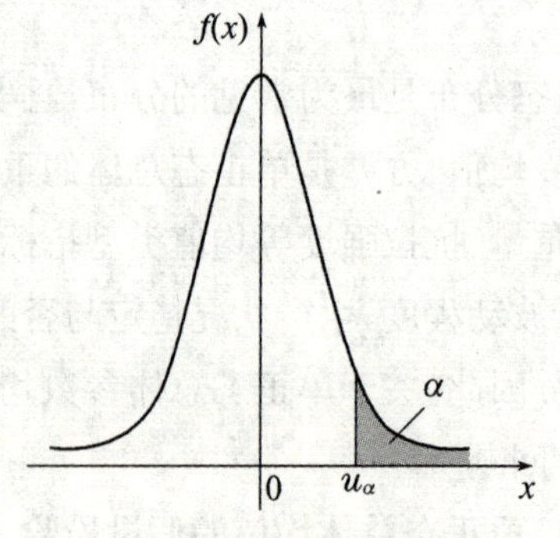

图 7.2　右侧 U 检验

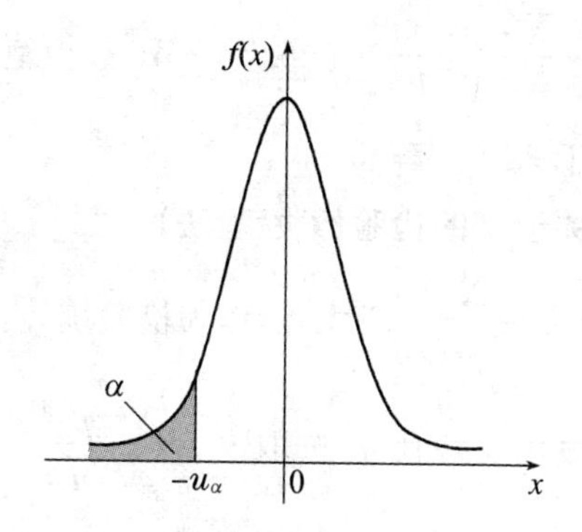

图 7.3　左侧 U 检验

例 7.2.1　某种零件的尺寸方差为 $\sigma^2=1.21$，对一批这类零件检查 6 件，得尺寸数据(单位：毫米)分别为 32.56，29.66，31.64，30.00，21.87，31.03. 设零件尺寸服从正态分布，问：这批零件尺寸能否认为是 32.50 毫米(显著性水平 $\alpha=0.05$)？

解　第一步由题意提出假设 $H_0:\mu=\mu_0=32.50$，$H_1:\mu\neq\mu_0=32.50$；

第二步选择检验统计量 $U=\dfrac{\overline{X}-32.50}{1.1/\sqrt{6}}$；

第三步对显著性水平 $\alpha=0.05$，有 $u_{0.025}=1.96$ 得拒绝域 $W=\{|U|\geqslant 1.96\}$；

第四步由样本观察值计算出 $\overline{X}=29.46$，得统计量观察值

$$U=\frac{\overline{X}-32.50}{1.1/\sqrt{6}}=\frac{29.46-32.50}{1.1/\sqrt{6}}=-6.77;$$

第五步判断：由于 $|U|=6.77>1.96$，可见落在拒绝域内，应拒绝 H_0，接受 H_1，即认为这批零件的长度不是 32.50 毫米.

例 7.2.2　(续例 7.2.1)问：这批零件的尺寸能否认为是小于 32.50 毫米(取 $\alpha=0.05$)？

解　提出假设 $H_0:\mu\geqslant 32.50$，$H_1:\mu<32.50$；

对于 $\alpha=0.05$，$u_{0.05}=1.645$，得拒绝域 $W=\{U<-1.645\}$；

另同上计算出$U=\dfrac{\overline{X}-32.50}{1.1/\sqrt{6}}=-6.77\in W$,故拒绝 H_0,接受 H_1,认为这批零件的平均长度小于 32.50 毫米.

情况 2:未知 σ^2,关于 μ 的检验(T 检验法)

由于方差 σ^2 未知,$U=\dfrac{\overline{X}-\mu_0}{\sigma/\sqrt{n}}$就不能作为检验统计量.考虑到样本方差 s^2 是 σ^2 的无偏估计量,故用 s 替代 σ,选取 $T=\dfrac{\overline{X}-\mu_0}{s/\sqrt{n}}\overset{H_0真}{\sim}t(n-1)$作为检验统计量.

对给定的显著性水平 α,查 t 分布表得临界值,得出假设(I)-(III)对应的拒绝域:

双侧检验(I),拒绝域为 $W=(-\infty,-t_{\frac{\alpha}{2}}(n-1)]\cup[t_{\frac{\alpha}{2}}(n-1),+\infty)$;

右侧检验(II),拒绝域为 $W=[t_\alpha(n-1),+\infty)$;

左侧检验(III),拒绝域为 $W=(-\infty,-t_\alpha(n-1))$.

这种利用统计量服从 t 分布的检验法称为 **T 检验法**(见图 7.4—7.6).

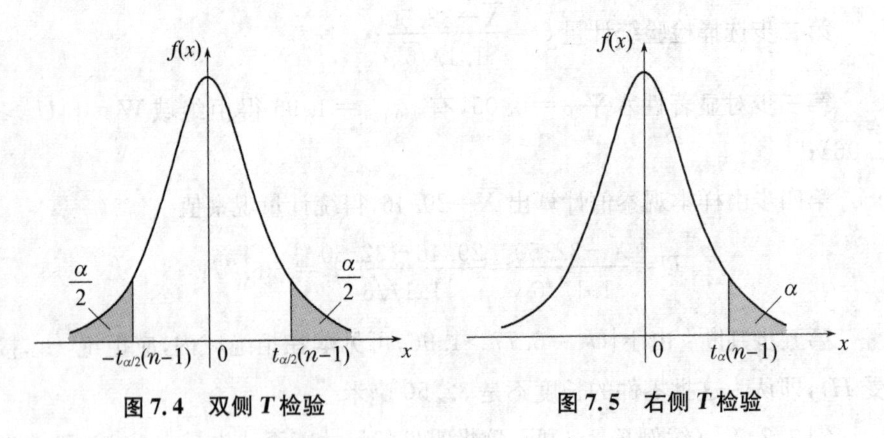

图 7.4 双侧 T 检验 **图 7.5 右侧 T 检验**

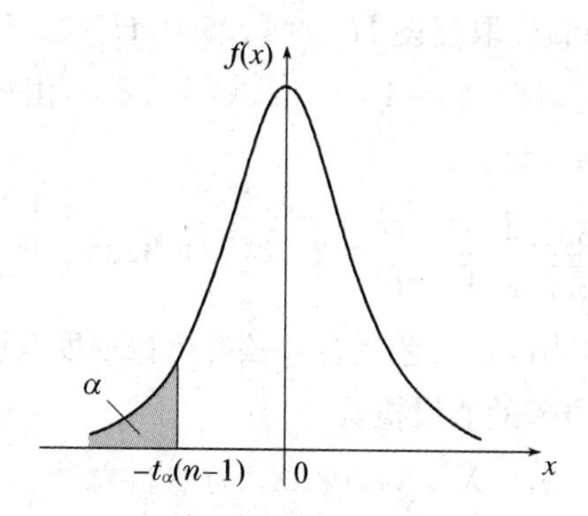

图7.6　左侧 T 检验

例7.2.3　某药厂生产一种抗菌素，已知在正常生产情况下，每瓶抗菌素的某项主要指标服从均值为23.0的正态分布. 某日开工后，测得5瓶的数据为22.3，21.5，22.0，21.8，21.4，问：该日生产是否正常？（取 $\alpha=0.01$）.

解　本题为方差未知情形，假设取为 $H_0:\mu=23.0$，$H_1:\mu\neq 23.0$，

由 $\alpha=0.01$，得 $t_{0.005}(4)=4.6041$，得拒绝域为 $W=\{|T|\geqslant 4.6041\}$.

已知样本容量 $n=5$，且由样本值计算得 $\overline{X}=21.8$，$s^2=0.135$，计算出统计量值为

$$T=\frac{\overline{X}-\mu_0}{s/\sqrt{n}}=\frac{21.8-23.0}{\sqrt{0.135}/\sqrt{5}}=-7.30.$$

因 $|T|=7.30>4.6041$，故拒绝 H_0，从而认为这批抗菌素的某项指标与23.0有显著的差异，即该日生产不正常.

例7.2.4　某种合金弦的抗拉强度 $X\sim N(\mu,\sigma^2)$，过去经验 $\mu\leqslant 10560$（$\mathrm{kg/m^2}$），今用新工艺生产了一批弦线，随机取10根做抗拉试验，测得数据如下：

10512　10632　10668　10554　10776

10707　10557　10581　10666　10670

问：这批弦线抗拉强度是否提高了（$\alpha=0.05$）？

解　本题为方差未知情形，判断在新工艺下生产的合金弦抗拉强度是否

提高,属于单侧检验问题. 取假设 $H_0:\mu\leqslant 10560, H_1:\mu>10560$.

查 t 分布表得临界值 $t_\alpha(n-1)=t_{0.05}(9)=1.833$,由样本观察值得

$\overline{X}=10631.4, s^2=6560.44$,

$$T=\frac{\overline{X}-\mu_0}{s/\sqrt{n}}=\frac{10631.4-10560}{\sqrt{6560.44}/\sqrt{10}}=2.788>1.833,$$

故拒绝 H_0,即认为改进工艺后合金弦的抗拉强度有明显提高.

7.2.2 单正态总体方差的假设检验

设总体 $X\sim N(\mu,\sigma^2)$, $X_1,X_2,\cdots,X_n$ 为取自总体 X 的一个简单随机样本,考虑假设:

(IV) 双侧检验: $H_0:\sigma^2=\sigma_0^2, H_1:\sigma^2\neq\sigma_0^2$;

(V) 右侧检验: $H_0:\sigma^2\leqslant\sigma_0^2, H_1:\sigma^2>\sigma_0^2$;

(VI) 左侧检验: $H_0:\sigma^2\geqslant\sigma_0^2, H_1:\sigma^2<\sigma_0^2$.

对方差进行假设检验时同样需要五个步骤完成,但不同于均值检验的是方差检验时选取的检验统计量服从 χ^2 分布,所以此种检验法又称为 χ^2 检验法.

情况 3:已知 $\mu=\mu_0$,关于 σ^2 的检验(χ^2 检验法)

由第 5 章单个正态总体的抽样分布性质,取检验统计量 $\chi^2=\frac{\sum_{i=1}^{n}(X_i-\mu_0)^2}{\sigma_0^2}\overset{H_0\text{真}}{\sim}\chi^2(n)$,对给定的显著性水平 α,查 χ^2 分布表得临界值,分别得出假设(IV)-(VI)对应的拒绝域:

双侧检验(IV),拒绝域为 $W=(0,\chi^2_{1-\frac{\alpha}{2}}(n)]\cup[\chi^2_{\frac{\alpha}{2}}(n),+\infty)$;

右侧检验(V),拒绝域为 $W=[\chi^2\alpha(n),+\infty)$;

左侧检验(VI),拒绝域为 $W=(0,\chi^2_{1-\alpha}(n)]$.

由于实际应用中极少存在已知均值的场合,故更多地是讨论以下均值未知的情况.

情况 4:未知 μ,关于 σ^2 的检验(χ^2 检验法)

选择检验统计量 $\chi^2=\frac{(n-1)s^2}{\sigma_0^2}\overset{H_0真}{\sim}\chi^2(n-1)$，其中 s^2 是样本方差. 所以对给定的显著性水平 α，查 χ^2 分布表得临界值，分别得出假设(IV)-(VI)对应的拒绝域：

双侧检验(IV)，拒绝域为 $W=(0,\chi^2_{1-\frac{\alpha}{2}}(n-1)]\cup[\chi^2_{\frac{\alpha}{2}}(n-1),+\infty)$；

右侧检验(V)，拒绝域为 $W=[\chi^2{}_\alpha(n-1),+\infty)$；

左侧检验(VI)，拒绝域为 $W=(0,\chi^2_{1-\alpha}(n-1)]$.

见图 7.7—7.9.

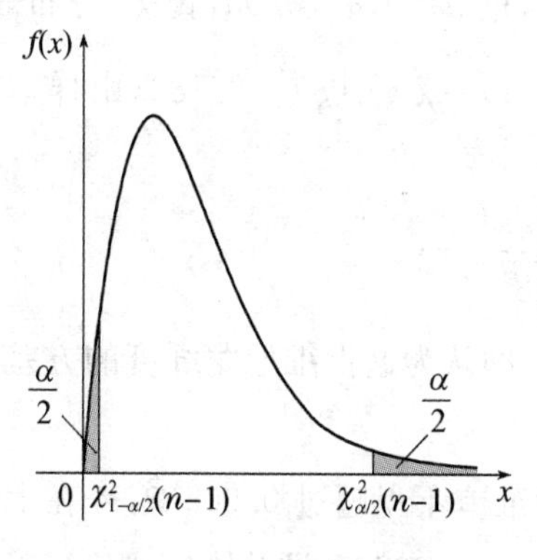

图 7.7　双侧 χ^2 检验

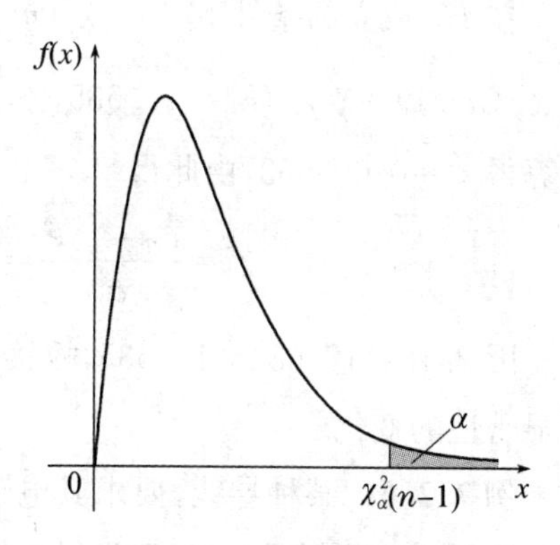

图 7.8　右侧 χ^2 检验

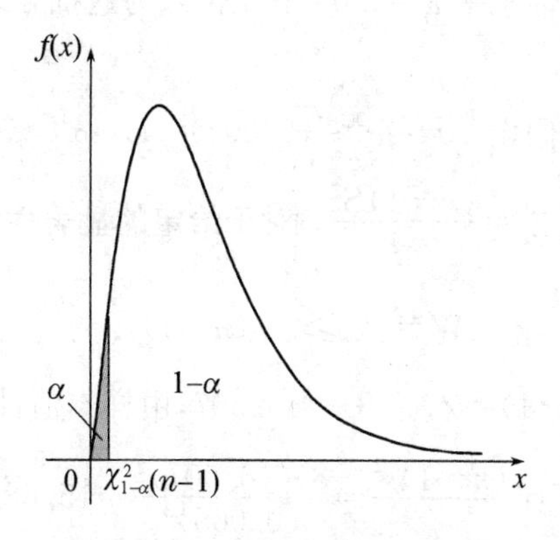

图 7.9　左侧 χ^2 检验

例 7.2.5　已知某厂生产的维尼龙纤度(表示粗细程度的量)服从正态分布,其中方差 $\sigma_0^2=0.048^2$. 某日抽取 9 根,测得纤度如下:

1.38　1.40　1.55　1.46　1.48　1.51　1.40　1.44　1.38

问:这天生产的维尼龙纤度的方差 σ^2 是否有显著性的变化($\alpha=0.05$)?

解　由题意知,所需检验的假设为

$$H_0:\sigma^2=\sigma_0^2=0.048^2, H_1:\sigma^2\neq\sigma_0^2=0.048^2.$$

因为 μ 未知,故选取统计量为 $\chi^2=\dfrac{(n-1)s^2}{\sigma_0^2}$.

在 H_0 成立的条件下,$\chi^2\sim\chi^2(n-1)$. 这里 $n=9$,$\alpha=0.05$,查 χ^2 分布表,有 $\chi^2_{\frac{\alpha}{2}}(n-1)=\chi^2_{0.025}(8)=17.535$,$\chi^2_{1-\frac{\alpha}{2}}(n-1)=\chi^2_{0.975}(8)=2.180$,由样本值计算得 $s^2=0.003653$,由此得

$$\chi^2=\frac{(n-1)s^2}{\sigma_0^2}=\frac{0.02922}{0.0048^2}=12.684.$$

因 $2.18<12.684<17.535$,故接受 H_0,即认为这批维尼龙纤度的方差没有显著性的变化.

例 7.2.6　某种导线,要求其电阻的标准差不得超过 0.005 Ω,今在生产的一批导线中取样品 9 根,测得样本标准差 $s=0.007\ \Omega$,设总体(电阻)X 服从正态分布,问:在显著性水平 $\alpha=0.05$ 下能否认为这批导线电阻的标准差显著地偏大吗?

解　按题意检验假设　$H_0:\sigma^2\leqslant(0.005)^2$;$H_1:\sigma^2>(0.005)^2$.

选择检验统计量 $\chi^2=\dfrac{(n-1)S^2}{\sigma_0^2}$,对于给定的显著性水平 α,拒绝域为

$$W=\{\chi^2\geqslant\chi^2{}_\alpha(n-1)\}.$$

查表得临界值 $\chi^2{}_\alpha(n-1)=\chi^2_{0.05}(8)=15.507$,由样本值计算统计量的值

$$\chi^2=\frac{(n-1)s^2}{\sigma_0^2}=\frac{8\times(0.007)^2}{(0.005)^2}=15.68.$$

由于 $15.68>15.507$,故拒绝 H_0,即认为这批导线的电阻标准差显著地偏大.

7.3　双正态总体参数的假设检验

实际工作中，往往要比较两个正态总体的参数，考察它们之间是否有显著性差别.

7.3.1　双正态总体均值的假设检验

设有总体 $X \sim N(\mu_1, \sigma_1^2)$，$Y \sim N(\mu_2, \sigma_2^2)$ 相互独立. $(X_1, X_2, \cdots, X_{n_1})$ 为来自总体 X 的容量为 n_1 的样本，$\overline{X}$ 和 $s_1^2 = \frac{1}{n_1 - 1}\sum_{i=1}^{n_1}(X_i - \overline{X})^2$ 分别为它的样本均值和样本方差；$(Y_1, Y_2, \cdots, Y_{n_2})$ 为来自总体 Y 的容量为 n_2 的样本，$\overline{Y}$ 和 $s_2^2 = \frac{1}{n_2 - 1}\sum_{i=1}^{n_2}(Y_i - \overline{Y})^2$ 分别为它的样本均值和样本方差. 下面讨论两总体均值的假设检验问题.

情况 1：σ_1^2, σ_2^2 已知，检验 $H_0: \mu_1 = \mu_2, H_1: \mu_1 \neq \mu_2$（$U$ 检验法）

选取检验统计量 $U = \frac{\overline{X} - \overline{Y}}{\sqrt{\frac{\sigma_1^2}{n_1} + \frac{\sigma_2^2}{n_2}}} \overset{H_0\text{真}}{\sim} N(0,1)$，此检验法称为两总体的 **$U$ 检验法**.

对于给定的显著性水平 α，拒绝域为 $W = \{|U| > u_{\frac{\alpha}{2}}\}$.

例 7.3.1　甲、乙两厂生产相同灯泡，其寿命分别服从正态分布 $N(\mu_1, 84^2)$，$N(\mu_2, 96^2)$，现从两厂生产的灯泡中分别取 60 只和 70 只，测得甲厂平均寿命为 1295 小时，乙厂平均寿命为 1230 小时，是否可以认为两厂生产的灯泡寿命无显著差异（$\alpha = 0.05$）？

解　设 X 和 Y 分别表示甲、乙两厂生产的灯泡寿命，由题意，$X \sim N(\mu_1, 84^2)$，$Y \sim N(\mu_2, 96^2)$. 两厂灯泡寿命是否有显著性差异可表示为检验假设

$$H_0: \mu_1 = \mu_2, H_1: \mu_1 \neq \mu_2.$$

由于方差已知，故用 U 检验法. 由 $n_1 = 60$，$n_2 = 70$，$\overline{X} = 1295$，$\overline{Y} = 1230$，

$\sigma_1^2=84^2,\sigma_2^2=96^2$，计算得检验统计量的值为

$$U=\frac{\overline{X}-\overline{Y}}{\sqrt{\frac{\sigma_1^2}{n_1}+\frac{\sigma_2^2}{n_2}}}=\frac{1295-1230}{\sqrt{\frac{84^2}{60}+\frac{96^2}{70}}}=4.11.$$

对 $\alpha=0.05$，查标准正态分布表，得临界值 $U_{\frac{\alpha}{2}}=U_{0.025}=1.96$. 所以拒绝域为

$$W=\{|U|\geqslant U_{\frac{\alpha}{2}}=1.96\}.$$

由于 $|U|=4.11>1.96$，故拒绝 H_0，即认为两厂生产的灯泡的寿命有显著差异.

情况 2：σ_1^2,σ_2^2 未知，但 $\sigma_1^2=\sigma_2^2$，检验 $H_0:\mu_1=\mu_2,H_1:\mu_1\neq\mu_2$（$T$ 检验法）

取检验统计量 $T=\dfrac{\overline{X}-\overline{Y}}{S_w\sqrt{\frac{1}{n_1}+\frac{1}{n_2}}}\overset{H_0\text{真}}{\sim}t(n_1+n_2-2)$，其中 $s_w^2=\dfrac{(n_1-1)s_1^2+(n_2-1)s_2^2}{n_1+n_2-2}$.

对给定的显著性水平 α，拒绝域为 $W=(-\infty,-t_{\frac{\alpha}{2}}(n_1+n_2-2)]\cup[t_{\frac{\alpha}{2}}(n_1+n_2-2),+\infty)$，此检验法称为两总体的 **$T$ 检验法**.

例 7.3.2　某种物品在处理前后分别取样本分析其含脂率，得到数据如下：

处理前　0.29　0.18　0.31　0.30　0.36　0.32　0.28　0.12　0.30　0.27

处理后　0.15　0.13　0.09　0.07　0.24　0.19　0.04　0.08　0.20　0.12　0.24

假设处理前后含脂率都服从正态分布且方差不变. 问：处理前后的含脂率是否有显著性的变化（$\alpha=0.05$）？

解　设 X 和 Y 分别表示处理前后的含脂率，则 $X\sim N(\mu_1,\sigma^2)$，$Y\sim N(\mu_2,\sigma^2)$，依题意，需检验假设

$$H_0:\mu_1=\mu_2,H_1:\mu_1\neq\mu_2.$$

由样本值分别计算出处理前后样本均值和样本方差等数据如下：

$n_1=10,\overline{X}=0.273,s_1^2=0.005$

$n_2=11,\overline{Y}=0.141,s_2^2=0.00477$

$$s_w=\sqrt{\frac{(n_1-1)s_1^2+(n_2-1)s_2^2}{n_1+n_2-2}}=\sqrt{\frac{9\times0.005+10\times0.00477}{19}}=0.00488,$$

拒绝域为 $W=\{|T|\geqslant t_{0.025}(19)=2.093\}$，

由于统计量的绝对值 $|T|=\left|\frac{\overline{X}-\overline{Y}}{s_w\sqrt{\frac{1}{n_1}+\frac{1}{n_2}}}\right|=\left|\frac{0.273-0.141}{\sqrt{0.00488\times\left(\frac{1}{10}+\frac{1}{11}\right)}}\right|=$

$4.3>2.093$，

所以拒绝 H_0，即认为处理前后的含脂率有显著性的不同.

7.3.2　双正态总体方差的假设检验

情况 3：未知 μ_1,μ_2，检验 $H_0:\sigma_1^2=\sigma_2^2,H_1:\sigma_1^2\neq\sigma_2^2$

由第5章知识，取检验统计量 $F=\frac{s_1^2}{s_2^2}\overset{H_0\text{真}}{\sim}F(n_1-1,n_2-1)$，该法称为两总体 **$F$ 检验法**.

对显著性水平 α，查 F 分布表，得 $F_{1-\frac{\alpha}{2}}(n_1-1,n_2-1)$，$F_{\frac{\alpha}{2}}(n_1-1,n_2-1)$，可使

$$P[\{F\leqslant F_{1-\frac{\alpha}{2}}(n_1-1,n_2-1)\}\cup\{F\geqslant F_{\frac{\alpha}{2}}(n_1-1,n_2-1)\}]=\alpha,$$

从而可得 H_0 的拒绝域 $W=(0,F_{1-\frac{\alpha}{2}}(n_1-1,n_2-1)]\cup[F_{\frac{\alpha}{2}}(n_1-1,n_2-1),+\infty)$（见图 7.10）.

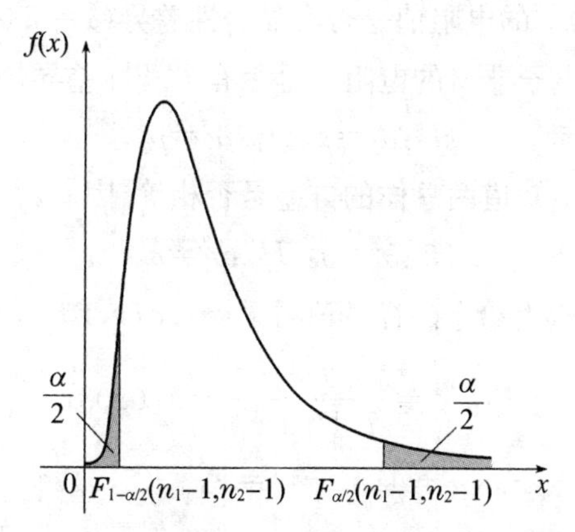

图 7.10　双总体 F 检验

例 7.3.3 两台机床加工同一种零件,分别取 6 个和 9 个零件,量其长度得 $s_1^2=0.345$,$s_2^2=0.357$,假设零件长度服从正态分布,问:是否可认为两台机床加工的零件长度的方差无显著差异($\alpha=0.05$)?

解 根据题设,需检验假设 $H_0:\sigma_1^2=\sigma_2^2$;$H_1:\sigma_1^2\neq\sigma_2^2$,

由样本值得 $n_1=6,n_2=9,s_1^2=0.345,s_2^2=0.357$,算得统计量的值

$$F=\frac{s_1^2}{s_2^2}=\frac{0.345}{0.357}=0.966,$$

查 F 分布表得 $F_{\frac{\alpha}{2}}(n_1-1,n_2-1)=F_{0.025}(5,8)=4.82$,

$$F_{1-\frac{\alpha}{2}}(n_1-1,n_2-1)=F_{0.975}(5,8)=\frac{1}{F_{0.025}(8,5)}=\frac{1}{6.76}=0.1479,$$

故拒绝域为

$$W=\{F\leqslant 0.1479\}\cup\{F\geqslant 4.82\},$$

因 $0.1479<0.966<4.82$,故接受 H_0,即在水平 $\alpha=0.05$ 下认为两个总体的方差相等.

例 7.3.4 测得两批电子器件的样本的电阻(单位:Ω)为

A 批:0.140 0.138 0.143 0.142 0.144 0.137

B 批:0.135 0.140 0.142 0.136 0.138 0.140

这两批器材的电阻值分别服从正态分布 $N(\mu_1,\sigma_1^2)$,$N(\mu_2,\sigma_2^2)$,且两样本独立,试问:这两批电子器材的电阻值是否有显著性差异($\alpha=0.05$)?

解 判断两批电子器材的电阻值是否有显著性差异,就需要检验

$$H_0:\mu_1=\mu,H_1:\mu_1\neq\mu_2,$$

但考虑到问题中并不知道两总体的方差是否相等.因此,首先需检验

$$H_0':\sigma_1^2=\sigma_2^2,H_1':\sigma_1^2\neq\sigma_2^2,$$

易知 $n_1=n_2=6$,由给定的样本值得 $s_1^2=7.87\times10^{-6}$,$s_2^2=7.1\times10^{-6}$.

$$F=\frac{s_1^2}{s_2^2}=\frac{7.87\times10^{-6}}{7.1\times10^{-6}}=1.0803,$$

由 $\alpha=0.05$,得临界值 $F_{\frac{\alpha}{2}}(n_1-1,n_2-1)=F_{0.025}(5,5)=7.15$,

$$F_{1-\frac{\alpha}{2}}(n_1-1,n_2-1)=F_{0.975}(5,5)=\frac{1}{F_{0.025}(5,5)}=\frac{1}{7.15}=0.1399,$$

拒绝域为 $W=\{F\leqslant 0.1399\}\cup\{F\geqslant 7.15\}$，由于 $0.1399<1.0803<7.15$，故接受 H_0'，即认为两总体方差相等.

下面检验假设 $H_0:\mu_1=\mu_2, H_1:\mu_1\neq\mu_2$.

取检验统计量 $T=\dfrac{\overline{X}-\overline{Y}}{s_w\sqrt{\dfrac{1}{n_1}+\dfrac{1}{n_2}}}$，其中 $s_w=\sqrt{\dfrac{(n_1-1)s_1^2+(n_2-1)s_2^2}{n_1+n_2-2}}$，计算统计量

$$\overline{X}=0.1407, \overline{Y}=0.1385, s_w=\sqrt{\frac{5\times 7.87\times 10^{-6}+5\times 7.1\times 10^{-6}}{10}}=0.002718,$$

$$T=\frac{\overline{X}-\overline{Y}}{s_w\sqrt{\dfrac{1}{n_1}+\dfrac{1}{n_2}}}=\frac{0.1407-0.1385}{0.002718\times\sqrt{\dfrac{1}{6}+\dfrac{1}{6}}}=1.402.$$

$\alpha=0.05$，查得临界值 $t_{\frac{\alpha}{2}}(n_1+n_2-2)=t_{0.025}(10)=2.228$. 因 $T=1.402<2.228$，所以接受 H_0，即认为两批电子器材的电阻值无显著性差异.

一般地，对于两个正态总体 X 和 Y，如果它们的方差未知但需要比较它们的均值时，首先应用 **F** 检验法做方差齐性检验，只有经检验接受方差相等这一假设，才能再运用 **T** 检验法检验它们均值之间的关系.

概率人物卡片(奈曼)：

奈曼(Jerzy Neyman，1894 年 4 月 16 日—1981 年 8 月 5 日)，在统计学的领域处于一个极高位置. 早年在哈尔科夫大学学习，之后与皮尔逊一起发表了许多论文. 其中的奈曼-皮尔逊引理则是统计学里的基础，而他自己又建立了有关显著性检验的基础。奈曼的一生热心并精通于应用，且他的后半生的工作更是遍及了生物学、气象学等等诸多领域，是一位了不起的数学家.

基本练习题 7

1. 某炼铁厂的铁水含碳量的百分比在正常情形下服从正态分布 $N(4.55, 0.108^2)$. 为了知道高炉经过维修后生产是否正常，测试了 5 炉铁水，它们含碳的百分比分别为：4.28，4.40，4.42，4.35，4.37，假定已经知道总体分布的方差没有改变，问：生产是否正常？($\alpha=0.05$)

2. 某粮食加工厂用打包机包装大米，每袋标准重量为 100 kg，设打包机装的大米重量服从正态分布且由长期经验知道 $\sigma=0.9$ kg. 且保持不变，某天开工后，为检查打包机工作是否正常，随机抽取 9 袋，称得其净重为（单位：kg）：99.3，98.7，100.5，101.2，98.3，99.7，105.1，102.6，100.5，问：该天打包机的工作是否正常？($\alpha=0.05$)

3. 在一批木材中抽出 100 根，测量其小头直径，得到样本均值 $\overline{x}=11.6$ cm，样本方差 $s^2=\frac{1}{n-1}\sum_{i=1}^{n}(x_i-\overline{x})^2=6.76\ \text{cm}^2$. 已知木材小头直径服从正态分布 $N(\mu,\sigma^2)$，问：是否可认为该批木材小头直径的均值小于 12.00 cm？($\alpha=0.05$)

4. 从某厂生产的一批灯泡中随机抽取 $n=20$ 个进行寿命测试，算得 $\overline{x}=\frac{1}{n}\sum_{i=1}^{n}x_i=1700$ 小时，$s=\sqrt{\frac{1}{n-1}\sum_{i=1}^{n}(x_i-\overline{x})^2}=490$ 小时. 假设灯泡寿命服从正态分布，在显著性水平 $\alpha=0.05$ 下能否断言这批灯泡的平均寿命小于 2000 小时？

5. 某装置的平均工作温度据制造厂讲是 190 ℃，且工作温度服从正态分布. 今从一个由 16 台装置构成的随机样本得出的工作温度平均值和标准差分别为 195 ℃和 8 ℃. 问：实际平均工作温度是否比制造厂讲的要高？($\alpha=0.05$)

6. 如果产品某指标的尺寸的方差显著地不超过 0.2 就接收这批产品，由容量 $n=46$ 的样本求得 $s^2=0.3$，在显著性水平 0.05 下，可以接收这批产品吗？假定产品某指标的尺寸服从正态分布.

综合练习题 7

1. 从甲、乙两店买了同样重量的豆，在甲店买了 10 次，计算得 $\overline{x}=116.1$ 颗，$s_1^2=\frac{1442}{9}$，在乙店买了 13 次，计算得 $\overline{y}=118$ 颗，$s_2^2=\frac{2825}{12}$，若假定从两个店买的豆的的颗粒均服从正态分布，且方差相等．如果 $\alpha=0.01$，问：是否可以认为甲、乙两店的豆是同一类型？

2. 改进某种金属的热处理方法，要检验抗拉强度（单位：$\mathrm{kg/m^2}$）有无显著提高，在改进前的 12 个试样，测量并计算得 $\overline{y}=28.2$，$(n_2-1)s_2^2=66.64$，在改进后又取 12 个试样，测量并计算得 $\overline{x}=31.75$，$(n_1-1)s_1^2=112.25$．假定改进前与改进后金属抗拉强度分别服人正态分布，且方差相等，问：改进后抗拉强度有无显著提高（$\alpha=0.05$）？

3. 某厂使用 A、B 两种不同的原料生产同一类型产品，分别在使用 A、B 的一星期产品中取样进行测试，取 A 种原料生产的样品 220 件，B 种原料生产的样品 205 件，测得平均重量和重量的方差分别如下：

$$A:n_1=220,\overline{x}_1=2.46(\mathrm{kg}),s_1^2=0.57^2(\mathrm{kg}^2)$$

$$B:n_2=205,\overline{x}_2=2.55(\mathrm{kg}),s_2^2=0.48^2(\mathrm{kg}^2)$$

设这两总体都服从正态分布且方差相同，问：$\alpha=0.05$ 下能否认为用原料 B 的产品平均重量比用原料 A 的要大？

4. 设甲、乙两台机床生产同一种零件，其重量服从正态分布，分别取样 8 个与 9 个，得数据如下：

甲：$n_1=8,\overline{x}_1=20.34,s_1^2=0.31^2$

乙：$n_2=9,\overline{x}_2=20.32,s_2^2=0.16^2$

试问：甲、乙两机床生产的零件的重量的方差有无显著区别？（$\alpha=0.05$）

5. 为比较两自动机床的精度，取容量为 $n_1=10$ 和 $n_2=8$ 的两个样本，测量取出的产品的某个指标的尺寸，得到下列结果：

x_{1i}：1.08，1.10，1.12，1.14，1.15，1.25，1.36，1.38，1.40，1.42，

x_{2i}:1.11,1.12,1.18,1.22,1.33,1.35,1.36,1.38,

取显著性水平 $\alpha=0.10$,问:可否认为两台机床有相同的精度?假设上述指标的尺寸服从正态分布.

6. 比较成年男、女红细胞数的差别,抽查正常男子 36 名,女子 26 名,测得男性的样本均值和样本方差是 465.13 及 $(54.80)^2$;女性的样本均值和样本方差是 422.16 及 $(49.30)^2$(单位:万/mm^2).假定血液中细胞数服从正态分布($\alpha=0.05$),问:(1) 性别对红细胞数有无影响?(2) 男、女红细胞数目的不均匀性是否一致,即问两个正态总体的方差是否相同?

7. 某中药厂从某种药材中提取某种有效成分,为进一步提高得率(得率是药材中提取的有效成分的量与进行提取的药材的量的比),改革提炼方法,现在对同一质量的药材用旧法与新法各做了 10 次试验,其得率(%)分别为

旧法:75.5,77.3,76.2,78.1,74.3,72.4,77.4,78.4,76.7,76.0

新法:77.3,79.1,79.1,81.0,80.2,79.1,82.1,80.0,77.3,79.1

设这两样本分别抽自 $N(\mu_1,\sigma_1^2)$,$M(\mu_2,\sigma_2^2)$且相互独立,问:新法的得率 μ_2 是否比旧法得率 μ_1 高?($\alpha=0.05$)

第8章　R软件应用

实际案例：

你能想象只需要经、纬度数据和边界值，通过几行简单的代码，就可以画出绚丽多彩的世界地图吗？你相信复杂的统计理论知识只需要一个命令就可以实现吗？在R的世界里，一切皆有可能，下面就来开启R之旅吧。

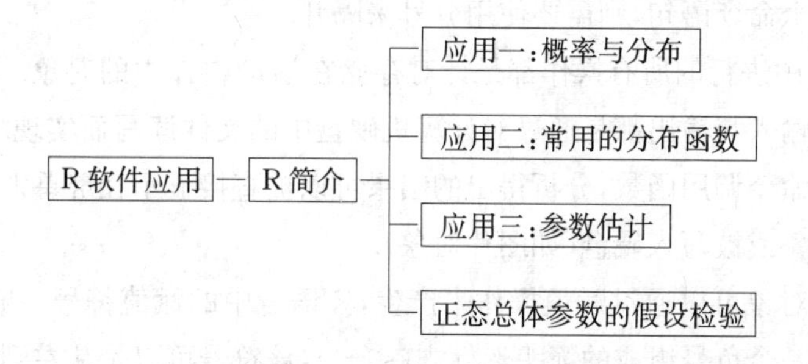

在前面的章节中，主要介绍了概率论与数理统计的一些理论知识，本章将介绍统计软件R在概率统计中的应用.

8.1　R简介

R软件(R语言或R系统)是一个有着强大统计分析及作图功能的开源软件系统，它具有强大的数据处理、计算和作图的功能，是S语言的一种实现. 因此，R是一种软件也可以说是一种语言. R最先是由奥克兰大学的Ross Ihaka和Robert Gentleman共同创立，现在由R开发核心小组维护. R软件官网(https://www.r-project.org/)提供有关 R 的最新信息和使用说明，以及最新版本的 R 软件和应用统计软件包.

8.1.1 R 的安装、启动与关闭

R 的安装：从 CRAN 社区 https://cran.r-project.org 上免费下载 R 安装程序到本地计算机，运行可执行的安装文件，通常缺省的安装目录为 C:\Program Files\R\R-x.x.x，其中 x.x.x 为版本号. 安装时可以改变目录，从 2.2.0 以后还可以选择中文作为基本语言.

R 的启动：安装完成后点击桌面上 R x.x.x 图标就可启动 R 的交互式用户窗口(R-GUI). R 是按照问答的方式运行，默认的命令提示符是'＞'，它表示正在等待输入命令，在命令提示符"＞"后键入命令并回车，R 就完成一些操作，如图 8.1 所示. 如果一个语句在一行中输不完，按回车键，系统会自动产生一个续行符"＋"，语句或命令输完后系统又会回到命令提示符. 在同一行中输入多个命令语句，则需要使用分号来隔开.

在 R 中进行的所有操作都是针对存储在活动内存中的对象. 数据、结果或图表的输入与输出都是通过对计算机硬盘中的文件读写而实现. 用户通过输入一些命令调用函数，分析得出的结果可以被直接显示在屏幕上，也可以存入某个对象或被写入硬盘(如图片对象).

一个对象可以通过赋值操作来产生，R 语言中的赋值符号一般是由一个尖括号与一个负号组成的箭头形标志(＜－)，该符号可以是从左到右的方向，也可以相反. 赋值也可以用函数 assign( ) 实现，还可以用等号"＝"，但它们很少使用. 例如，

```
> n <- 10
> n
[1] 10
> 10 -> n
> n
[1] 10
> assign("n", 10)
```

```
> n
[1] 10
> n=10
> n
[1] 10
```

实际操作上,也可以只是输入函数或表达式而不把它的结果赋给某个对象(如果这样在窗口中展示的结果将不会被保存到内存中),这时我们就可将R作为一个计算器使用. 下面的命令说明了R中的算术运算符(加、减、乘、除、乘方、开方、指数)的使用方法.

```
> ((10 + 2) * 5 - 2 ^4)/4
[1] 13
> sqrt(3)+exp(- 2)
[1] 1.867386
```

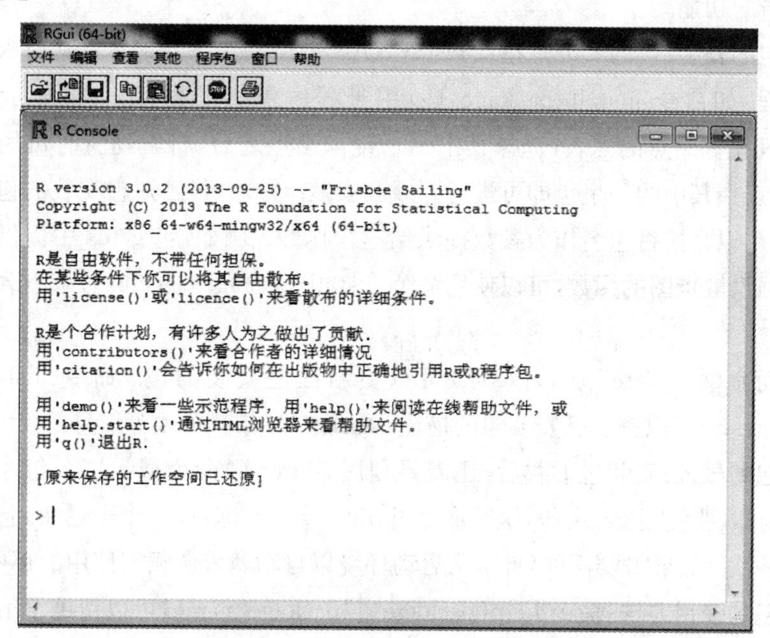

图 8.1　Windows 中的 R 界面

更为常用的是常量、向量、矩阵、数组等其他对象的赋值与运算，这些在 R 中都可以轻松实现. 另外，所有的高级语言都有注释语句，R 中使用井号(#)表示注释的开始.

R 的退出：在命令行键入 q( )或点击 R-GUI 右上角的叉，可以退出 R. 退出时可选择保存工作空间，缺省文件名为 R 安装目录的 bin 子目录下的 R. RData. 以后可以通过命令 load( )或通过菜单“文件”下的“载入工作空间”加载，进而继续前一次的工作.

8.1.2 R 程序包的安装与使用

R 提供了大量的基本统计功能，但增强型的统计功能是通过可选模块的下载和安装来实现的. 目前有 2500 多个称为包(package)的用户贡献模块可从 http://cran. r-project. org/ web/packages 下载. 这些包提供了横跨各种领域、数量惊人的新功能，包括分析地理数据、处理蛋白质质谱，甚至是心理测验分析的功能.

包的安装：包的安装是指从某个 CRAN 镜像站点下载它并将其放入库中的过程. 如命令 install. packages( )用于程序包的安装，此时将显示一个 CRAN 镜像站点的列表，选择其中一个镜像站点之后，将看到所有可用包的列表，选择其中的一个包即可进行下载和安装. 另外，若已知想安装的包的名称时，可以直接将包名作为参数提供给这个函数. 例如，包 gclus 中提供了创建增强型散点图的函数，可以使用命令 install. packages("gclus")来下载和安装它.

而命令 update. packages( )可以更新已经安装的包. 命令 installed. packages( )可以查看已安装包的描述，如版本号、依赖关系等信息.

包的载入：安装包下载后，还需要利用 library()命令载入这个包才能使用. 例如，要使用 gclus 包，执行命令 library(gclus)即可. 一个会话中，包只需载入一次. 如果需要，可以自定义启动环境以自动载入会频繁使用的那些包.

包的使用方法：命令 help(package="package_name)可以帮助了解程序包中的新函数、数据集和新功能的细节. 这些信息也能以 PDF 帮助手册的形式从 CRAN 下载.

8.1.3　R程序设计中常用的程序控制语句和命令

在正常情况下,R程序中的语句是从上至下顺序执行的. 此外,与其他编程语言一样,R有以下的控制结构.

• 重复和循环

循环结构重复地执行一个或一系列语句,直到某个条件不为真为止. 循环结构包括for和while结构.

(1) for结构

for循环重复地执行一个语句,直到某个变量的值不再包含在序列中为止. 语法为:

for (变量 in 向量) 表达式

例如:

```
for (i in 1:10)    print("Hello")
```

单词Hello被输出了10次.

(2) while结构

while循环重复地执行一个语句,直到条件不为真为止. 语法为:

while (条件) 表达式

例如:

```
i <- 10
while (i > 0)  {print("Hello"); i <- i - 1}
```

又将单词Hello输出了10次. 其中:

```
i <- i-1
```

在每步循环中为对象i减去1,这样在十次循环过后,它就不再大于0了. 反之,如果在每步循环都加1的话,R将不停地打招呼. 这也是while循环可能较其他循环结构更危险的原因.

• 条件执行

在条件执行结构中,一条或一组语句仅在满足一个指定条件时执行. 条件执行结构包括if-else、ifelse和switch.

(1) if-else结构

控制结构 if-else 在某个给定条件为真时执行语句. 也可以同时在条件为假时执行另外的语句. 语法为：

if (条件) 表达式

if (条件) 表达式 1 else 表达式 2

(2) ifelse 结构

ifelse 结构是 if-else 结构比较紧凑的向量化版本，其语法为：

ifelse (条件，表达式 1，表达式 2)

若条件为 TRUE，则执行第一个语句；若条件为 FALSE，则执行第二个语句.

例如：

```
ifelse(score > 0.5, print("Passed"), print("Failed"))
outcome <- ifelse (score > 0.5,"Passed", "Failed")
```

在程序的行为是二元时，或者希望结构的输入和输出均为向量时，请使用 ifelse.

(3) switch 结构

switch 根据一个表达式的值选择语句执行. 语法为：

switch(表达式，...)

其中的...表示与表达式的各种可能输出值绑定的语句.

例 8.1.1 有这样一种赌博游戏，赌客首先将两个骰子随机抛掷一次，如果点数和出现 7 或 11，则赢得游戏，游戏结束. 如果没有出现 7 或 11，赌客继续抛掷，如果点数与第一次扔的点数一样，那么赢得游戏，游戏结束，如果点数为 7 或 11，那么输掉游戏，游戏结束. 如果出现其他情况，那么继续抛掷，直到赢或者输. 用 R 编程来计算赌客赢的概率，以决定是否应该参加这个游戏.

解 程序如下：

```
craps <- function() {
    # returns TRUE if you win, FALSE otherwise
    initial.roll <- sum(sample(1:6, 2, replace=T))
    if (initial.roll == 7 || initial.roll == 11) return(TRUE)
```

```
    while (TRUE) {
        current.roll <- sum(sample(1:6,2,replace=T))
        if (current.roll == 7 || current.roll == 11) {
            return(FALSE)
        } else if (current.roll == initial.roll) {
            return(TRUE)
        }
    }
}
mean(replicate(10000, craps()))
```

从最终返回的结果来看,赌客赢的概率为 0.46,长期来看只会往外掏钱,显然不应该参加这个游戏了.

注:命令 sample(1:6, 2, replace=T) 表示有放回的随机抽样 2 次,下节中将有所介绍;replicate( )表示重复进行 N 次.

至此,我们已经对 R 有了基本的了解. 下面几节将把概率统计的有关知识和 R 软件结合起来,来阐述 R 在概率统计中的运用.

8.2　应用一:常用统计命令

8.2.1　随机抽样

随机抽样在 R 中可以通过函数 sample( )来实现. 例如:

- 等可能的不放回的随机抽样:

```
> sample(x, n)
```

其中 x 为要抽取的向量,n 为样本容量. 例如从 52 张扑克牌中抽取 4 张对应的 R 命令为:

```
> sample(1:52, 4)
[1] 3 16 17 15
```

- 等可能的有放回的随机抽样:

```
> sample (x, n, replace=TRUE)
```

```
> sample (x, n, replace=T)
```

其中选项 replace＝TRUE 或 T 表示抽样是有放回的，此选项省略或为 replace＝FALSE 或 F 表示抽样是不放回的. 例如：抛一枚均匀的硬币 10 次在 R 中可表示为：

```
> sample (c("H", "T"), 10, replace=T)
[1] "H" "T" "T" "H" "H" "T" "T" "H" "H" "H"
```

掷一枚骰子 10 次可表示为：

```
> sample (1:6, 10, replace=T)
[1] 4 3 4 5 4 6 2 6 3 4
```

• 不等可能的随机抽样：

```
> sample (x, n, replace=TRUE, prob=y)
```

其中选项 prob＝y 用于指定 x 中元素出现的概率，向量 y 与 x 等长度. 例如一名外科医生做手术成功的概率为 0.90，那么他做 10 次手术在 R 中可以表示为：

```
> sample (c("成功", "失败"), 10, replace=T, prob=c(0.9,0.1))
[1] "成功" "成功" "成功" "成功" "成功" "成功" "成功" "成功" "成功"
"失败"
```

若以 1 表示成功，0 表示失败，则上述命令可变为：

```
> sample (c(1,0), 10, replace=T, prob=c(0.9,0.1))
[1] 1 1 1 0 1 1 1 1 1 1
```

8.2.2 排列组合与概率计算

我们仍以扑克牌为例加以说明.

例 8.2.1 从一副完全打乱的 52 张扑克中取 4 张，求以下事件的概率：

(1) 抽取的 4 张依次为红心 A，方块 A，黑桃 A 和梅花 A 的概率；

(2) 抽取的 4 张为红心 A，方块 A，黑桃 A 和梅花 A 的概率.

解 (1) 抽取的 4 张是有次序的，因此使用排列来求解. 所求的事件(记为 A)概率为

$$P(\mathrm{A})=\frac{1}{52\times 51\times 50\times 49}$$

在R中计算得到：

```
> 1/prod(52:49)
[1] 1.539077e-07
```

(2) 抽取的4张是没有次序的，因此使用组合数来求解. 所求的事件(记为B)概率为

$$P(\mathrm{B})=\frac{1}{\binom{52}{4}}$$

其中$\binom{n}{m}=\frac{n!}{m!\ (n-m)!}$

在R中计算得到：

```
> 1/choose(52,4)
[1] 3.693785e-06
```

8.2.3 常用的统计函数

常用统计函数如表8.1所示，其中许多函数都拥有可以影响输出结果的可选参数. 例如：

```
y<- mean(x)
```

提供了对象x中元素的算数平均数，而：

```
z<- mean(x,trim=0.05,na.rm=TRUE)
```

则提供了截尾平均数，即丢弃了最大5%和最小5%的数据和所有缺失后的算术平均数. 请使用help( )了解以上每个函数和其参数的用法.

表8.1 常用的统计函数

函数	描述
mean(x)	平均数，例如mean(c(1,2,3,4))返回值为2.5
median(x)	中位数，例如median(c(1,2,3,4))返回值为2.5
sd(x)	标准差，例如sd(c(1,2,3,4))返回值为1.29
var(x)	方差，例如var(c(1,2,3,4))返回值为1.67

（续表）

函数	描述
quantile(x,probs)	求分位数,其中 x 为待求分位数的数值型向量,probs 为一个由[0,1]之间的概率值组成的数值向量. 例如 y<- quantile(x,c(0.3,0.84))表示求 x 的 30%和 84%的分位点
range(x)	求值域,例如 x<- c(1,2,3,4) range(x)的返回值为 c(1,4)
sum(x)	求和,sum(c(1,2,3,4))的返回值为 10
min(x)	求最小值,min(c(1,2,3,4))的返回值为 1
max(x)	求最大值,max(c(1,2,3,4))的返回值为 4

例如,计算 0,1,1,2,3,5,8,13,21,34 的均值、中位数、标准差、方差. 在 R 中可表示为:

```
> x <- c(0,1,1,2,3,5,8,13,21,34)
> mean(x)
[1] 8.8
> median(x)
[1] 4
> sd(x)
[1] 11.03328
> var(x)
[1] 121.7333
```

8.2.4 R的图形函数

(1) 直方图:hist( ),横轴表示变量取值,纵轴表示频率.

以下面的数据为例:

```
> data <- c(225, 232, 232, 245, 235, 245, 270, 225, 240, 240,
+            217, 195, 225, 185, 200, 220, 200, 210, 271, 240,
+            220, 230, 215, 252, 225, 220, 206, 185, 227, 236)
>
> hist(data)
```

如图 8.2 所示.

(2) 茎叶图:stem( ),仍以上面数据为例:

```
> stem(data)
```

运行结果如下:

```
The decimal point is 1 digit(s) to the right of the |

18 | 55
19 | 5
20 | 006
21 | 057
22 | 00055557
23 | 02256
24 | 00055
25 | 2
26 |
27 | 01
```

(3) 箱线图:boxplot( ),例如:

```
> boxplot(data)
```

如图 8.3 所示.

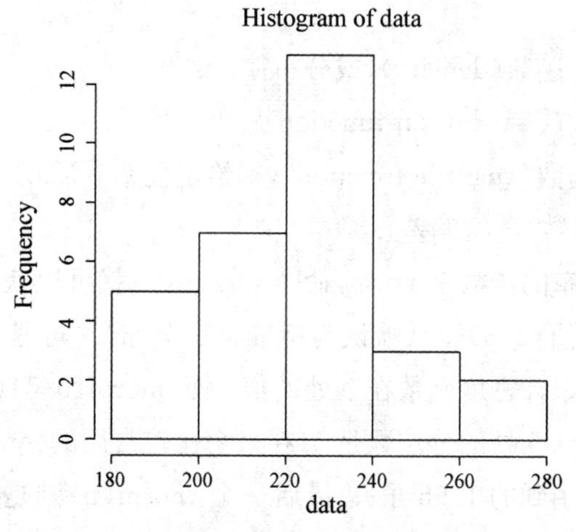

图 8.2　直方图

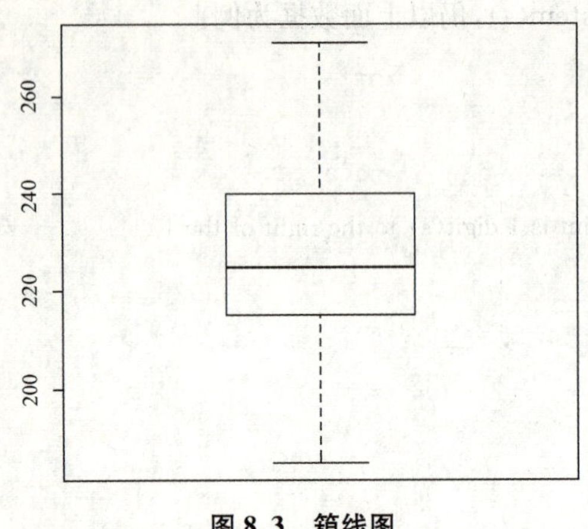

图 8.3 箱线图

8.3 应用二:常用分布的概率函数

R语言中提供了四类有关统计分布的函数(密度函数、累计分布函数、分位函数、随机数函数). 表 8.2 列出了各种常见的分布函数、概率密度函数或分布律,以及 R 中的名称. 在所列的这些分布中,加上不同的前缀表示不同的意义,

d—概率密度函数(density),或分布律;

p—分布函数(distribution function);

q—分位数函数(quantile function),即给定概率 p 后,求其下分为点;

r—生成随机数(随机偏差).

例如正态分布的函数是 norm,命令 dnorm(0)就可以获得正态分布的密度函数在 0 处的值(0.3989)(默认为标准正态分布). 同理 pnorm(0)是 0.5 就是正态分布的累计密度函数在 0 处的值. 而 qnorm(0.5)则得到的是 0,即标准正态分布在 0.5 处的分位数是 0(在来个比较常用的:qnorm(0.975)就是那个估计中经常用到的 1.96 了). 最后一个 rnorm(n)则是按正态分布随机产生 n 个数据. 上面正态分布的参数平均值和方差都是默认的 0 和 1,你可以

通过在函数里显示指定这些参数对其进行更改. 如 dnorm(0,1,2) 则得出的是均值为1,标准差为2的正态分布在0处的概率值. 要注意的是( )内的顺序不能颠倒.

表 8.2 概率分布函数或分布律

分布名称	缩写
Beta 分布	beta
二项分布	binom
柯西分布	cauchy
(非中心)卡方分布	chisq
指数分布	exp
F 分布	f
Gamma 分布	gamma
几何分布	geom
超几何分布	hyper
对数正态分布	lnorm
Logistic 分布	logis
多项分布	multinom
负二项分布	nbinom
正态分布	norm
泊松分布	pois
t 分布	t
均匀分布	unif

(1) **二项分布**: binom(n,p)

意义:贝努里试验独立地重复 n 次,则试验成功的次数服从一个参数为(n,p)的二项分布. 其分布律图像在 R 中的代码如下:

```
> n<- 20
> p<- 0.2
> k<- seq(0,n)
> plot(k, dbinom(k,n,p),type='h', main='Binomial distribution, n=20, p=
0.2',xlab='k')
```

得到图 8.4.

(2) **泊松分布**:pois (λ)

意义:单位时间,单位长度,单位面积,单位体积中发生某一事件的次数常可以用泊松(Poisson)分布来刻画.

```
> lambda<- 4.0
> k<- seq (0,20)
> plot(k, dpois(k, lambda),type='h', main='Poisson distribution, lambda=5.5', xlab='k')
```

得到图 8.5.

(3) **正态分布/高斯分布**:norm(μ,σ^2)

```
> curve(dnorm(x,0,1), xlim=c(-5,5), ylim=c(0,.8), lwd=2, lty=3)
> curve(dnorm(x,0,2), add=T,  lwd=2, lty=2)
> curve(dnorm(x,0,1/2), add=T, lwd=2, lty=1)
> title(main="Gaussian distributions")
> legend(par('usr')[2], par('usr')[4], xjust=1,c('sigma=1', 'sigma=2', 'sigma=1/2'), lwd=c(2,2,2), lty=c(3,2,1), col=c( par("fg")))
```

得到图 8.6.

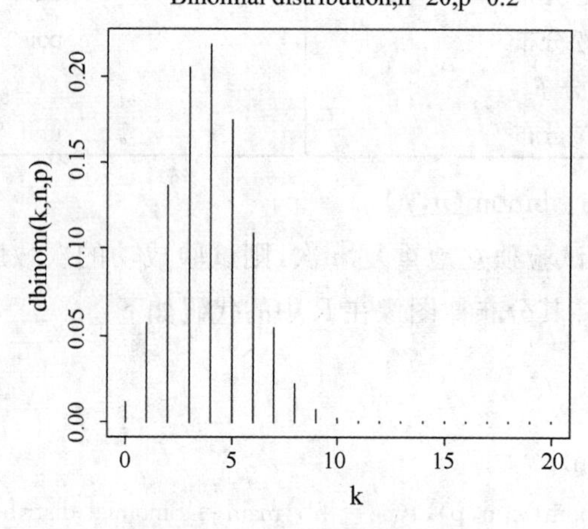

图 8.4 二项分布的分布律

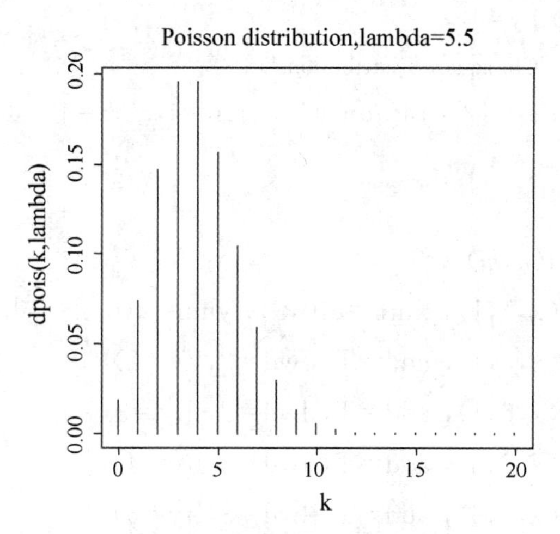

图 8.5　泊松分布的分布律

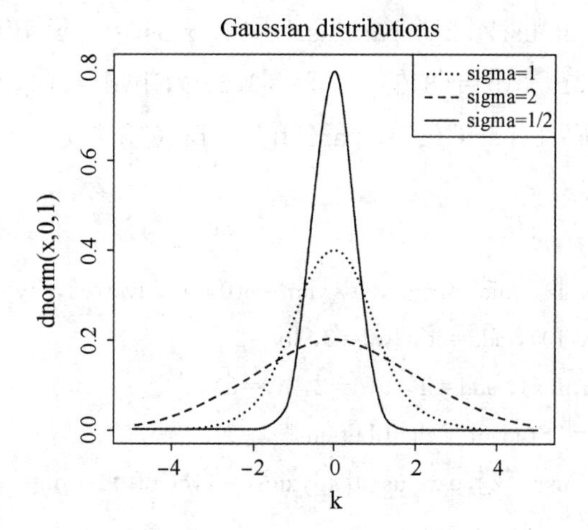

图 8.6　正态分布的密度函数

(4) **卡方分布：**chisq(n)

```
> curve(dchisq(x,1), xlim=c(0,10), ylim=c(0,.6),lty=1, lwd=2)
> curve(dchisq(x,2), add=T, lty=2, lwd=2)
> curve(dchisq(x,3), add=T, lty=3, lwd=2)
> abline(h=0,lty=3)
```

```
> abline(v=0,lty=3)
> title(main='Chi square Distributions')
> legend(par('usr')[2], par('usr')[4], xjust=1,c('df=1', 'df=2', 'df=3'),lwd=3,lty=c(1,2,3))
```

得到图 8.7.

(5) **F 分布**: f(n,m)

```
> curve(df(x,1,1), xlim=c(0,2), ylim=c(0,.8), lty=1)
> curve(df(x,3,1), add=T, lwd=2,lty=2)
> curve(df(x,6,1), add=T, lwd=2, lty=3)
> curve(df(x,3,3), add=T, lwd=3,lty=4)
> curve(df(x,3,6), add=T, lwd=3,lty=5)
> title(main="Fisher's F")
>legend(par('usr')[2], par('usr')[4], xjust=1,c('df=(1,1)', 'df=(3,1)', 'df=(6,1)','df=(3,3)', 'df=(3,6)'), lwd=c(1,2,2,3,3),lty=c(1,2,3,4,5),col=c(par("fg"), par("fg"), par("fg")))
```

>得到图 8.8.

(6) **t 分布**: t(n)

```
> curve(dt(x,1), xlim=c(-3,3), ylim=c(0,.4), lwd=2, lty=1)
> curve(dt(x,10), add=T, lwd=2, lty=2)
> curve(dnorm(x), add=T, lwd=2, lty=3)
> title(main="Student T distributions")
>legend(par('usr')[2],par('usr')[4],xjust=1,c('df=1','df=10','Gaussian'),lwd=c(2,2,2),
lty=c(1,2,3),col=c( par("fg")))
```

得到图 8.9.

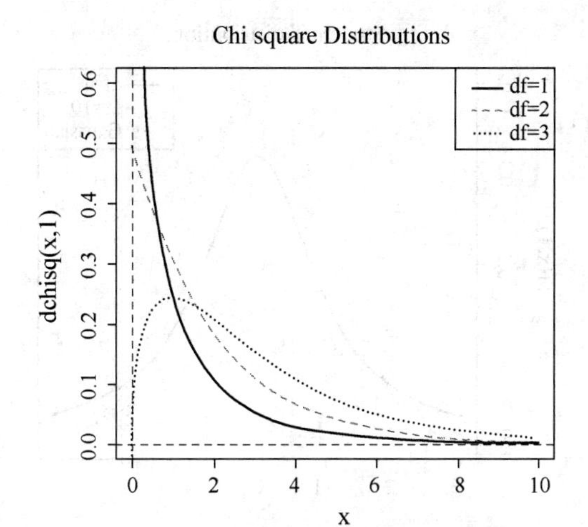

图 8.7　卡方分布的密度函数

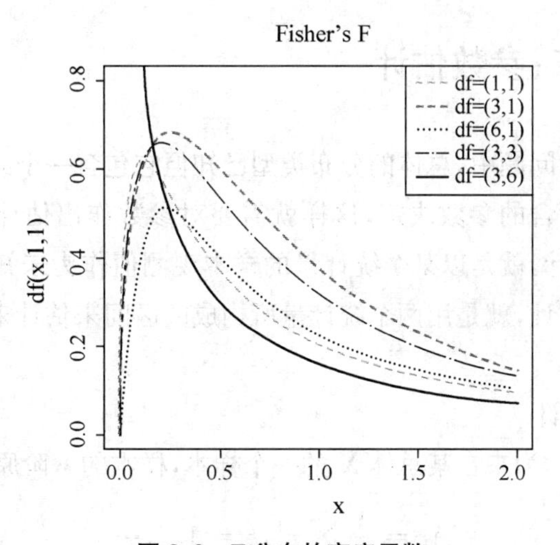

图 8.8　F 分布的密度函数

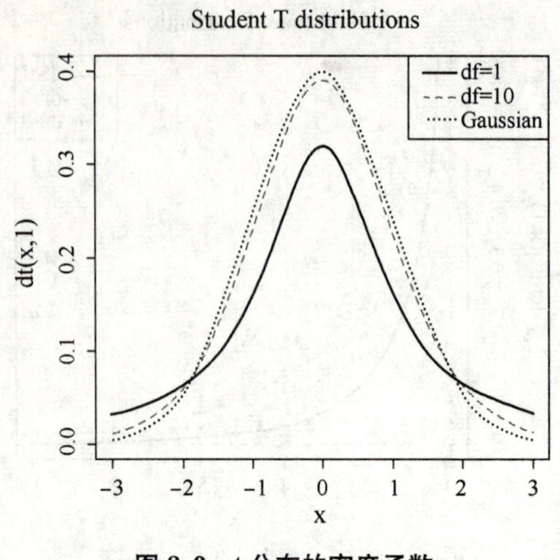

图 8.9 t 分布的密度函数

8.4 应用三:参数估计

在很多实际问题中,总体的分布类型已知但它包含一个或多个参数,总体的分布完全由所含的参数决定,这样就需要对参数作出估计. 参数估计有两类,一类是点估计,就是以某个统计量的样本观测值作为未知参数的估计值;另一类是区间估计,就是用两个统计量所构成的区间来估计未知参数.

8.4.1 点估计

(1) 矩法估计

设 $x_1,\cdots,x_n$ 为来自某总体 X 的一个样本,样本的 k 阶原点矩为:

$$A_k = \frac{1}{n}\sum_{i=n}^{n} x_i^k, k = 1,2,\cdots$$

若总体 X 的 k 阶原点矩 $\mu_k = E(X^k)$存在,则按矩法估计的思想,用 A_k 去估计 μ_k: $\hat{\mu} = A_k$.

例 8.4.1 对某个篮球运动员记录其在一次比赛中投篮命中与否,观测数据如下:

1 1 0 1 0 0 1 0 1 1 1 0 1 1 0 1

0 0 1 0 1 0 1 0 0 1 1 0 1 1 0 1

编写相应的 R 函数用矩估计这个篮球运动员投篮的成败比.

解
```
> X<- c(1,1,0,1,0, 0, 1, 0,1,1,1, 0,1, 1,0,1,0,0,1, 0,1,0,1, 0,0,1,1,
0,1, 1, 0, 1)
> theta<- mean(X)
> t<- theta/(1 - theta)
> t
[1] 1.285714
```

我们得到 $g(\theta)$的矩估计为 1.285714.

(2) 极大似然估计

在单参数场合,我们可以使用 R 中的函数 optimize( )求极大似然估计值. optimize( )的调用格式如下：

```
optimiz(f = , interval = , lower = min(interval),
    upper = max(interval), maximum = TRUE,
    tol = .Machine$double.eps^0.25, ...)
```

说明:f 是似然函数,interval 是参数 μ 的取值范围,lower 是 μ 的下界,upper 是 μ 的上界, maximum = TRUE 是求极大值,否则(maximum = FALSE)表示求函数的极小值,tol 是表示求值的精确度, ... 是对 f 的附加说明. 下面通过一个例子来说明 μ 为一维时如何求极大似然估计.

例 8.4.2 一地质学家为研究密歇根湖的糊滩地区的岩石成分,随机地自该地区取出 100 个样品,每个样品有十块石子,他记录了每个样品中属石灰石的石子数,所得到的数据如表 8.3 所示. 假设这 100 次观测相互独立,求这地区石子中的石灰石的比例 p 的极大似然估计.

表 8.3 岩石成分数据

样本中的石子数	0	1	2	3	4	5	6	7	8	9	10
样品个数	0	1	6	7	23	24	21	12	3	1	2

解 显然,每个样品中的石子数服从二项分布 B(10,p),我们的目的是根据 100 次观测估计参数 p. 似然函数为

$$L(p)=L(x_1,x_2,\cdots,x_n;p)$$
$$=p^{1+2\times 6+\cdots+10\times 2}(1-p)^{100\times 10-(1+2\times 6+\cdots+10\times 2)}$$
$$=p^{517}(1-p)^{483}$$

R 中程序如下:

```
> f <- function(P)(P^517) * (1 - P)^483
> optimize(f,c(0,1),maximum = TRUE)
```

运行结果如下:

```
$maximum
[1] 0.5170006
$objective
[1] 1.663700e-301
```

因此该地区石子中的石灰石的比例 p 的极大似然估计为 0.517. 在计算结果中, $maximum 是极大值的近似解,即估计值 $\hat{p}$, $objective 是目标函数在近似解处的函数值.

8.4.2 区间估计

(1) 方差 σ^2 已知时 μ 的置信区间

由在 R 中没有求方差已知时均值置信区间的内置函数,需要自己编写函数. 编写的 R 程序如下:

```
z.test<- function(x,n,sigma,alpha,u0=0,alternative="two.sided"){
options(digits=4)
result<- list( )
mean<- mean(x)
z<-(mean - u0)/(sigma/sqrt(n))
p<- pnorm(z,lower.tail=FALSE)
result$mean<-mean
result$z<-z
result$p.value<-p
```

```
if(alternative=="two.sided"){
        p<-2*p
        result$p.value<-p
}
else if (alternative == "greater"|alternative =="less" ){
result$p.value<-p
}
else return("your input is wrong")
result$conf.int<-c(mean-sigma*qnorm(1-alpha/2,mean=0, sd=1,lower.tail
= TRUE)/sqrt(n),
          mean+sigma*qnorm(1-alpha/2,mean=0, sd=1,lower.tail =
TRUE)/sqrt(n))
result
}
```

在实际问题中,只需将上面的函数调用即可. 下面通过例子看一下在R中如何去求置信度为$1-\alpha$的置信区间.

例 8.4.3　一个人10次称自己的体重(单位:斤):175 176 173 175 174 173 173 176 173 179,假设此人的体重服从正态分布,标准差为1.5. 要求体重的置信水平为95%的置信区间.

解　调用上述函数z.test( ),R程序为

```
> x<-c(175,176,173,175,174,173,173,176,173,179 )
> result<-z.test(x,10,1.5,0.05)
> result$conf.int
[1] 173.8 175.6
```

因此,我们得到体重的置信水平为0.95的置信区间为(173.8,175.6).

注:运行z.test(x, 10, 1,5, 0.05)将同时获得假设检验的结果,在其后面加上$conf.int将只输出置信区间的结果.

(2) 方差σ^2未知时μ的置信区间

方差未知时,直接利用R软件的t.test( )来求置信区间. t.test( )的调

用格式如下：

```
t.test(x, y = NULL,
alternative = c("two.sided", "less", "greater"),
mu = 0, paired = FALSE, var.equal = FALSE,
conf.level = 0.95, ... )
```

例 8.4.4 （同例 6.4.3）为估计一物体的重量，将其称重 10 次，得到重量（单位：克）为：10.1，10，9.8，10.5，9.7，10.1，9.9，10.2，10.3，9.9，假使所称出的物体重量服从正态分布 $N(\mu,\sigma^2)$，而且无系统误差，求物体重量置信度为 0.95 的置信区间.

解 由于方差未知，需要用函数 t.test( )来求置信区间.

R 程序如下：

```
> x<- c(10.1,10,9.8,10.5,9.7,10.1,9.9,10.2,10.3,9.9)
> t.test(x)
```

运行结果如下：

```
        One Sample t-test

data:  x
t = 131.5854, df = 9, p-value = 4.296e-16
alternative hypothesis: true mean is not equal to 0
95 percent confidence interval:
  9.877225 10.222775
sample estimates:
mean of x
```

我们可以看到置信水平为 0.95 的置信区间为(9.877，10.223).

(3) 两个正态总体均值差的区间估计（σ_1^2,σ_2^2 未知，但 $\sigma_1^2=\sigma_2^2$）

如同求单正态总体的均值的置信区间，在 R 中可以直接利用 t.test( )求两方差都未知但相等时两均值差的置信区间，此时须在 t.test( )中指定选项 var.equal=TRUE.

例 8.4.5 （同例 6.4.5）已知 X,Y 两种类型的材料，现对其强度做对比试验,结果如下(单位:牛顿/厘米^2):X 型:138,123,134,125;Y 型:134,137,135,140,130,134.设 X 型和 Y 型材料的强度分别服从 $N(\mu_1,\sigma^2)$ 和 $N(\mu_2,\sigma^2)$.σ 是未知的,求 $\mu_1-\mu_2$ 的置信度为 0.95 的置信区间.

解　R 程序如下:

```
> x<-c(138,123,134,125)
> y<-c(134,137,135,140,130,134)
> t.test(x,y,var.equal=TRUE)
```

运行结果如下:

```
    Two Sample t-test


data:  x and y
t = 14.305, df = 13, p-value = 2.475e-09
alternative hypothesis: true difference in means is not equal to 0
95 percent confidence interval:
5.985298 8.114702
sample estimates:
mean of x mean of y
   10.05      3.00
```

我们可以看到置信水平为 0.95 的置信区间为(5.985,8.115).

8.5　应用四:正态总体参数的假设检验

8.5.1　均值 μ 的假设检验

(1) 方差 σ^2 已知时 μ 的检验:z 检验

R 中没有直接的函数来做方差已知时均值的检验,需自己编写.前面在做方差已知时均值的置信区间时编写过的函数 z.test( )可以用来做方差已知时 μ 的假设检验.

例 8.5.1　(同例 7.2.1)某种零件的尺寸方差为 $\sigma^2=1.21$,对一批这类零件检查 6 件,得尺寸数据(单位:毫米)分别为 32.56,29.66,31.64,30.00,

21.87,31.03. 设零件尺寸服从正态分布,问:这批零件尺寸能否认为是32.50毫米(显著性水平 $\alpha=0.05$)?

解 R程序如下:

```
> size<- c(32.56, 29.66, 31.64, 30.00, 21.87, 31.03)
> z.test(size, 6, 0.1, 0.05, u0=3.5)
```

运行结果为:

```
$mean
[1] 29.46
$z
[1] 635.9
$p.value
[1] 0
$conf.int
[1] 29.38 29.54
```

结论:因为 p 值 $<\alpha$,故拒绝原假设,即认为这批零件的长度不是32.50毫米.

(2) 方差 σ^2 未知时 μ 的检验:t 检验

此时可以直接利用R语言的t.test( )函数就可完成原假设的检验.

例 8.5.2 (同例7.2.3)某药厂生产一种抗菌素,已知在正常生产情况下,每瓶抗菌素的某项主要指标服从均值为23.0的正态分布.某日开工后,测得5瓶的数据为22.3,21.5,22.0,21.8,21.4,问:该日生产是否正常?(取 $\alpha=0.01$).

解 R程序如下:

```
> data<- c(22.3, 21.5, 22.0, 21.8, 21.4)
> t.test(data, mu=23)
```

运行结果为:

```
        One Sample t-test

data:  data
```

```
t = -7.303, df = 4, p-value = 0.00187
alternative hypothesis: true mean is not equal to 23
95 percent confidence interval:
21.34 22.26
sample estimates:
mean of x
    21.8
```

结论:因为 p 值 $<\alpha$,故拒绝原假设,从而认为这批抗菌素的某项指标与23.0有显著的差异,即该日生产不正常.

8.5.2 方差 σ^2 的假设检验(μ 未知):χ^2 检验

在R中没有直接的函数来做 χ^2 检验,前面编写的函数 chisq.var.test( )可用于求单样本方差的检验.

例 8.5.3 检查一批保险丝,抽出10根测量其通过强电流熔化所需的时间(单位:秒)为:42,65,75,78,59,71,57,68,54,55,假设熔化所需时间服从正态分布,问:能否认为熔化时间方差不超过80(显著性水平 $\alpha=0.05$)?

解 R程序如下:

```
> time<- c(42, 65, 75, 78, 59, 71, 57, 68, 54, 55)
> chisq.var.test(time,80, 0.05, alternative="less")
```

运行结果为:

```
$var
[1] 121.8
$chi2
[1] 13.71
$p.value
[1] 0.8668
$conf.int
[1] 57.64 406.02
```

结论:因为 p 值 $=0.8668>\alpha$,故接收原假设,认为熔化时间方差不超过 80.

8.5.3 双正态总体均值的假设检验(σ_1^2,σ_2^2 未知,但 $\sigma_1^2=\sigma_2^2$)

例 8.5.4 某种物品在处理前后分别取样本分析其含脂率,得到数据如下:

处理前 0.29 0.18 0.31 0.30 0.36 0.32 0.28 0.12 0.30 0.27

处理后 0.15 0.13 0.09 0.07 0.24 0.19 0.04 0.08 0.20 0.12 0.24

假设处理前后含脂率都服从正态分布且方差不变. 问处理前后的含脂率是否有显著性的变化($\alpha=0.05$)(同例 7.3.2)?

解 R 程序如下:

```
> x<-c(0.29, 0.18, 0.31, 0.30, 0.36, 0.32, 0.28, 0.12, 0.30, 0.27)
> y<-c(0.15, 0.13, 0.09, 0.07, 0.24, 0.19, 0.04, 0.08, 0.20, 0.12, 0.24)
> t.test(x, y, var.equal=TRUE)
```

运行结果如下:

```
        Two Sample t - test


data:  x and y
t = 4.328, df = 19, p - value = 0.0003624
alternative hypothesis: true difference in means is not equal to 0
95 percent confidence interval:
0.06821 0.19597
sample estimates:
mean of x mean of y
  0.2730    0.1409
```

结论:因为 p 值$=0.0003624<\alpha$,故拒绝原假设,即认为处理前后的含脂率有显著性的不同.

概率人物卡片(蒲丰):

蒲丰，法国数学家、自然科学家(George-Louis Leclerc de Buffon,1707年9月7日)。他是几何概率的开创者，并以蒲丰投针问题闻名于世。蒲丰投针问题是最早的几何概率问题，通过他的投针实验法可以利用很多次随机投针试验算出π的近似值，为概率学的起步做出了巨大的贡献。

基本练习题 8

1. 从1到100个自然数中随机不放回地抽取5个数，并求它们的和.

2. 从一副扑克牌(52张，不含大、小王)中随机抽5张，求下列概率?

1) 抽到的是10、J、Q、K、A;

2) 抽到的是同花顺.

3. 从正态分布$N(100,100)$中随机产生1000个随机数.

1) 作出这1000个正态随机数的直方图;

2) 从这1000个随机数中随机有放回地抽取500个，作出其直方图;

3) 比较它们的样本均值与样本方差.

4. 从标准正态分布中随机产生100个随机数，由此数据求总体均值的95%置信区间，并与理论值进行比较.

综合练习题 8

1. 设总体X是用无线电测距仪测量距离的误差，它服从(α, β)上的均匀分布，在 200 次测量中，误差为 X_i 的有 n_i 次：

X_i	3	5	7	9	11	13	15	17	19	21
n_i	21	16	15	26	22	14	21	22	18	25

求 α,β 的矩法估计值（注：这里的测量误差为 X_i 是指测量误差在 (X_i-1,X_i+1) 间的代表值.）

2. 已知某种木材的横纹抗压力服从 $N(\mu,\sigma^2)$，现对十个试件做横纹抗压力试验，得数据如下（kg/cm^2）：482，493，457，471，510，446，435，418，394，469.

1）求 μ 的置信水平为 0.95 的置信区间.

2）求 σ 的置信水平为 0.90 的置信区间.

3. 有一批枪弹，出厂时，其初速 $v\sim N(950,\sigma^2)$（单位：m/s）. 经过较长时间储存，取 9 发进行测试，得样本值（单位：m/s）如下：914，920，910，934，953，940，912，924，930. 据经验，枪弹储存后其初速仍服从正态分布，且标准差不变，问：是否可认为这批枪弹的初速有显著降低？（显著性水平 $\alpha=0.05$）

4. 已知维尼纶纤度在正常条件下服从正态分布，且标准差为 0.048. 从某天生产的产品中抽取 5 根纤维，测得其纤度为：1.32，1.55，1.36，1.40，1.1，问：这天抽取的维尼纶纤度的总体标准差是否正常？（显著性水平 $\alpha=0.05$）

附　表

附表 1　标准正态分布表

x	0.00	0.01	0.02	0.03	0.04	0.05	0.06	0.07	0.08	0.09
0.0	0.500 0	0.504 0	0.508 0	0.512 0	0.516 0	0.519 9	0.523 9	0.527 9	0.531 9	0.535 9
0.1	0.539 8	0.543 8	0.547 8	0.551 7	0.555 7	0.559 6	0.563 6	0.567 5	0.571 4	0.575 3
0.2	0.579 3	0.583 2	0.587 1	0.591 0	0.594 8	0.598 7	0.602 6	0.606 4	0.610 3	0.614 1
0.3	0.617 9	0.621 7	0.625 5	0.629 3	0.633 1	0.636 8	0.640 6	0.644 3	0.648 0	0.651 7
0.4	0.655 4	0.659 1	0.662 8	0.666 4	0.670 0	0.673 6	0.677 2	0.680 8	0.684 4	0.687 9
0.5	0.691 5	0.695 0	0.698 5	0.701 9	0.705 4	0.708 8	0.712 3	0.715 7	0.719 0	0.722 4
0.6	0.725 7	0.729 1	0.732 4	0.735 7	0.738 9	0.742 2	0.745 4	0.748 6	0.751 7	0.754 9
0.7	0.758 0	0.761 1	0.764 2	0.767 3	0.770 4	0.773 4	0.776 4	0.779 4	0.782 3	0.785 2
0.8	0.788 1	0.791 0	0.793 9	0.796 7	0.799 5	0.802 3	0.805 1	0.807 8	0.810 6	0.813 3
0.9	0.815 9	0.818 6	0.821 2	0.823 8	0.826 4	0.828 9	0.831 5	0.834 0	0.836 5	0.838 9
1.0	0.841 3	0.843 8	0.846 1	0.848 5	0.850 8	0.853 1	0.855 4	0.857 7	0.859 9	0.862 1
1.1	0.864 3	0.866 5	0.868 6	0.870 8	0.872 9	0.874 9	0.877 0	0.879 0	0.881 0	0.883 0
1.2	0.884 9	0.886 9	0.888 8	0.890 7	0.892 5	0.894 4	0.896 2	0.898 0	0.899 7	0.901 5
1.3	0.903 2	0.904 9	0.906 6	0.908 2	0.909 9	0.911 5	0.913 1	0.914 7	0.916 2	0.917 7
1.4	0.919 2	0.920 7	0.922 2	0.923 6	0.925 1	0.926 5	0.927 9	0.929 2	0.930 6	0.931 9
1.5	0.933 2	0.934 5	0.935 7	0.937 0	0.938 2	0.939 4	0.940 6	0.941 8	0.942 9	0.944 1
1.6	0.945 2	0.946 3	0.947 4	0.948 4	0.949 5	0.950 5	0.951 5	0.952 5	0.953 5	0.954 5

(续表)

x	0.00	0.01	0.02	0.03	0.04	0.05	0.06	0.07	0.08	0.09
1.7	0.955 4	0.956 4	0.957 3	0.958 2	0.959 1	0.959 9	0.960 8	0.961 6	0.962 5	0.963 3
1.8	0.964 1	0.964 9	0.965 6	0.966 4	0.967 1	0.967 8	0.968 6	0.969 3	0.969 9	0.970 6
1.9	0.971 3	0.971 9	0.972 6	0.973 2	0.973 8	0.974 4	0.975 0	0.975 6	0.976 1	0.976 7
2.0	0.977 2	0.977 8	0.978 3	0.978 8	0.979 3	0.979 8	0.980 3	0.980 8	0.981 2	0.981 7
2.1	0.982 1	0.982 6	0.983 0	0.983 4	0.983 8	0.984 2	0.984 6	0.985 0	0.985 4	0.985 7
2.2	0.986 1	0.986 4	0.986 8	0.987 1	0.987 5	0.987 8	0.988 1	0.988 4	0.988 7	0.989 0
2.3	0.989 3	0.989 6	0.989 8	0.990 1	0.990 4	0.990 6	0.990 9	0.991 1	0.991 3	0.991 6
2.4	0.991 8	0.992 0	0.992 2	0.992 5	0.992 7	0.992 9	0.993 1	0.993 2	0.993 4	0.993 6
2.5	0.993 8	0.994 0	0.994 1	0.994 3	0.994 5	0.994 6	0.994 8	0.994 9	0.995 1	0.995 2
2.6	0.995 3	0.995 5	0.995 6	0.995 7	0.995 9	0.996 0	0.996 1	0.996 2	0.996 3	0.996 4
2.7	0.996 5	0.996 6	0.996 7	0.996 8	0.996 9	0.997 0	0.997 1	0.997 2	0.997 3	0.997 4
2.8	0.997 4	0.997 5	0.997 6	0.997 7	0.997 7	0.997 8	0.997 9	0.997 9	0.998 0	0.998 1
2.9	0.998 1	0.998 2	0.998 2	0.998 3	0.998 4	0.998 4	0.998 5	0.998 5	0.998 6	0.998 6
3.0	0.998 7	0.999 0	0.999 3	0.999 5	0.999 7	0.999 8	0.999 8	0.999 9	0.999 9	1.000 0

注:表中末行系函数值 $\Phi(3.0),\Phi(3.1),\cdots,\Phi(3.9)$

附表 2　t 分布临界值

$n\backslash\alpha$	0.1	0.05	0.025	0.01	0.005	0.000 5
1	6.313 8	12.706 2	25.451 7	63.656 7	127.321 3	1 273.239 3
2	2.920 0	4.302 7	6.205 3	9.924 8	14.089 0	44.704 6
3	2.353 4	3.182 4	4.176 5	5.840 9	7.453 3	16.326 3
4	2.131 8	2.776 4	3.495 4	4.604 1	5.597 6	10.306 3
5	2.015 0	2.570 6	3.163 4	4.032 1	4.773 3	7.975 7
6	1.943 2	2.446 9	2.968 7	3.707 4	4.316 8	6.788 3
7	1.894 6	2.364 6	2.841 2	3.499 5	4.029 3	6.081 8
8	1.859 5	2.306 0	2.751 5	3.355 4	3.832 5	5.617 4
9	1.833 1	2.262 2	2.685 0	3.249 8	3.689 7	5.290 7
10	1.812 5	2.228 1	2.633 8	3.169 3	3.581 4	5.049 0
11	1.795 9	2.201 0	2.593 1	3.105 8	3.496 6	4.863 3
12	1.782 3	2.178 8	2.560 0	3.054 5	3.428 4	4.716 5
13	1.770 9	2.160 4	2.532 6	3.012 3	3.372 5	4.597 5
14	1.761 3	2.144 8	2.509 6	2.976 8	3.325 7	4.499 2
15	1.753 1	2.131 4	2.489 9	2.946 7	3.286 0	4.416 6
16	1.745 9	2.119 9	2.472 9	2.920 8	3.252 0	4.346 3
17	1.739 6	2.109 8	2.458 1	2.898 2	3.222 4	4.285 8
18	1.734 1	2.100 9	2.445 0	2.878 4	3.196 6	4.233 2
19	1.729 1	2.093 0	2.433 4	2.860 9	3.173 7	4.186 9
20	1.724 7	2.086 0	2.423 1	2.845 3	3.153 4	4.146 0
21	1.720 7	2.079 6	2.413 8	2.831 4	3.135 2	4.109 6
22	1.717 1	2.073 9	2.405 5	2.818 8	3.118 8	4.076 9
23	1.713 9	2.068 7	2.397 9	2.807 3	3.104 0	4.047 4
24	1.710 9	2.063 9	2.390 9	2.796 9	3.090 5	4.020 7

(续表)

$n\backslash\alpha$	0.1	0.05	0.025	0.01	0.005	0.000 5
25	1.708 1	2.059 5	2.384 6	2.787 4	3.078 2	3.996 4
26	1.705 6	2.055 5	2.378 8	2.778 7	3.066 9	3.974 2
27	1.703 3	2.051 8	2.373 4	2.770 7	3.056 5	3.953 8
28	1.701 1	2.048 4	2.368 5	2.763 3	3.046 9	3.935 1
29	1.699 1	2.045 2	2.363 8	2.756 4	3.038 0	3.917 7
30	1.697 3	2.042 3	2.359 6	2.750 0	3.029 8	3.901 6
31	1.695 5	2.039 5	2.355 6	2.744 0	3.022 1	3.886 7
32	1.693 9	2.036 9	2.351 8	2.738 5	3.014 9	3.872 8
33	1.692 4	2.034 5	2.348 3	2.733 3	3.008 2	3.859 8
34	1.690 9	2.032 2	2.345 1	2.728 4	3.002 0	3.847 6
35	1.689 6	2.030 1	2.342 0	2.723 8	2.996 0	3.836 2
36	1.688 3	2.028 1	2.339 1	2.719 5	2.990 5	3.825 5
37	1.687 1	2.026 2	2.336 3	2.715 4	2.985 2	3.815 4
38	1.686 0	2.024 4	2.333 7	2.711 6	2.980 3	3.805 9
39	1.684 9	2.022 7	2.331 3	2.707 9	2.975 6	3.796 9
40	1.683 9	2.021 1	2.328 9	2.704 5	2.971 2	3.788 4
41	1.682 9	2.019 5	2.326 7	2.701 2	2.967 0	3.780 3
42	1.682 0	2.018 1	2.324 6	2.698 1	2.963 0	3.772 7
43	1.681 1	2.016 7	2.322 6	2.695 1	2.959 2	3.765 4
44	1.680 2	2.015 4	2.320 7	2.692 3	2.955 5	3.758 5
45	1.679 4	2.014 1	2.318 9	2.689 6	2.952 1	3.751 9
46	1.678 7	2.012 9	2.317 2	2.687 0	2.948 8	3.745 6
47	1.677 9	2.011 7	2.315 5	2.684 6	2.945 6	3.739 6
48	1.677 2	2.010 6	2.313 9	2.682 2	2.942 6	3.733 9
49	1.676 6	2.009 6	2.312 4	2.680 0	2.939 7	3.728 4
50	1.675 9	2.008 6	2.310 9	2.677 8	2.937 0	3.723 1

附表 3 χ^2 分布临界值

$n\backslash\alpha$	0.995	0.990	0.975	0.950	0.900	0.100	0.050	0.025	0.010	0.005
1	0.000	0.000	0.001	0.004	0.016	2.706	3.841	5.024	6.635	7.879
2	0.010	0.020	0.051	0.103	0.211	4.605	5.991	7.378	9.210	10.597
3	0.072	0.115	0.216	0.352	0.584	6.251	7.815	9.348	11.345	12.838
4	0.207	0.297	0.484	0.711	1.064	7.779	9.488	11.143	13.277	14.860
5	0.412	0.554	0.831	1.145	1.610	9.236	11.070	12.833	15.086	16.750
6	0.676	0.872	1.237	1.635	2.204	10.645	12.592	14.449	16.812	18.548
7	0.989	1.239	1.690	2.167	2.833	12.017	14.067	16.013	18.475	20.278
8	1.344	1.646	2.180	2.733	3.490	13.362	15.507	17.535	20.090	21.955
9	1.735	2.088	2.700	3.325	4.168	14.684	16.919	19.023	21.666	23.589
10	2.156	2.558	3.247	3.940	4.865	15.987	18.307	20.483	23.209	25.188
11	2.603	3.053	3.816	4.575	5.578	17.275	19.675	21.920	24.725	26.757
12	3.074	3.571	4.404	5.226	6.304	18.549	21.026	23.337	26.217	28.300
13	3.565	4.107	5.009	5.892	7.042	19.812	22.362	24.736	27.688	29.819
14	4.075	4.660	5.629	6.571	7.790	21.064	23.685	26.119	29.141	31.319
15	4.601	5.229	6.262	7.261	8.547	22.307	24.996	27.488	30.578	32.801
16	5.142	5.812	6.908	7.962	9.312	23.542	26.296	28.845	32.000	34.267
17	5.697	6.408	7.564	8.672	10.085	24.769	27.587	30.191	33.409	35.718
18	6.265	7.015	8.231	9.390	10.865	25.989	28.869	31.526	34.805	37.156
19	6.844	7.633	8.907	10.117	11.651	27.204	30.144	32.852	36.191	38.582
20	7.434	8.260	9.591	10.851	12.443	28.412	31.410	34.170	37.566	39.997
21	8.034	8.897	10.283	11.591	13.240	29.615	32.671	35.479	38.932	41.401
22	8.643	9.542	10.982	12.338	14.041	30.813	33.924	36.781	40.289	42.796
23	9.260	10.196	11.689	13.091	14.848	32.007	35.172	38.076	41.638	44.181
24	9.886	10.856	12.401	13.848	15.659	33.196	36.415	39.364	42.980	45.559
25	10.520	11.524	13.120	14.611	16.473	34.382	37.652	40.646	44.314	46.928
26	11.160	12.198	13.844	15.379	17.292	35.563	38.885	41.923	45.642	48.290
27	11.808	12.879	14.573	16.151	18.114	36.741	40.113	43.195	46.963	49.645

(续表)

$n\backslash\alpha$	0.995	0.990	0.975	0.950	0.900	0.100	0.050	0.025	0.010	0.005
28	12.461	13.565	15.308	16.928	18.939	37.916	41.337	44.461	48.278	50.993
29	13.121	14.256	16.047	17.708	19.768	39.087	42.557	45.722	49.588	52.336
30	13.787	14.953	16.791	18.493	20.599	40.256	43.773	46.979	50.892	53.672
31	14.458	15.655	17.539	19.281	21.434	41.422	44.985	48.232	52.191	55.003
32	15.134	16.362	18.291	20.072	22.271	42.585	46.194	49.480	53.486	56.328
33	15.815	17.074	19.047	20.867	23.110	43.745	47.400	50.725	54.776	57.648
34	16.501	17.789	19.806	21.664	23.952	44.903	48.602	51.966	56.061	58.964
35	17.192	18.509	20.569	22.465	24.797	46.059	49.802	53.203	57.342	60.275
36	17.887	19.233	21.336	23.269	25.643	47.212	50.998	54.437	58.619	61.581
37	18.586	19.960	22.106	24.075	26.492	48.363	52.192	55.668	59.893	62.883
38	19.289	20.691	22.878	24.884	27.343	49.513	53.384	56.896	61.162	64.181
39	19.996	21.426	23.654	25.695	28.196	50.660	54.572	58.120	62.428	65.476
40	20.707	22.164	24.433	26.509	29.051	51.805	55.758	59.342	63.691	66.766
41	21.421	22.906	25.215	27.326	29.907	52.949	56.942	60.561	64.950	68.053
42	22.138	23.650	25.999	28.144	30.765	54.090	58.124	61.777	66.206	69.336
43	22.859	24.398	26.785	28.965	31.625	55.230	59.304	62.990	67.459	70.616
44	23.584	25.148	27.575	29.787	32.487	56.369	60.481	64.201	68.710	71.893
45	24.311	25.901	28.366	30.612	33.350	57.505	61.656	65.410	69.957	73.166
46	25.041	26.657	29.160	31.439	34.215	58.641	62.830	66.617	71.201	74.437
47	25.775	27.416	29.956	32.268	35.081	59.774	64.001	67.821	72.443	75.704
48	26.511	28.177	30.755	33.098	35.949	60.907	65.171	69.023	73.683	76.969
49	27.249	28.941	31.555	33.930	36.818	62.038	66.339	70.222	74.919	78.231
50	27.991	29.707	32.357	34.764	37.689	63.167	67.505	71.420	76.154	79.490
75	47.206	49.475	52.942	56.054	59.795	91.061	96.217	100.839	106.393	110.286
100	67.328	70.065	74.222	77.929	82.358	118.498	124.342	129.561	135.807	140.169
150	109.142	112.668	117.985	122.692	128.275	172.581	179.581	185.800	193.208	198.360
200	152.241	156.432	162.728	168.279	174.835	226.021	233.994	241.058	249.445	255.264
500	422.303	429.388	439.936	449.147	459.926	540.930	553.127	563.852	576.493	585.207
1 000	888.564	898.912	914.257	927.594	943.133	1 057.724	1 074.679	1 089.531	1 106.969	1 118.948

附表 4-1 F分布临界值($\alpha=0.1$)

	1	2	3	4	5	6	7	8	9	10
1	39.86	49.50	53.59	55.83	57.24	58.20	58.91	59.44	59.86	60.19
2	8.53	9.00	9.16	9.24	9.29	9.33	9.35	9.37	9.38	9.39
3	5.54	5.46	5.39	5.34	5.31	5.28	5.27	5.25	5.24	5.23
4	4.54	4.32	4.19	4.11	4.05	4.01	3.98	3.95	3.94	3.92
5	4.06	3.78	3.62	3.52	3.45	3.40	3.37	3.34	3.32	3.30
6	3.78	3.46	3.29	3.18	3.11	3.05	3.01	2.98	2.96	2.94
7	3.59	3.26	3.07	2.96	2.88	2.83	2.78	2.75	2.72	2.70
8	3.46	3.11	2.92	2.81	2.73	2.67	2.62	2.59	2.56	2.54
9	3.36	3.01	2.81	2.69	2.61	2.55	2.51	2.47	2.44	2.42
10	3.29	2.92	2.73	2.61	2.52	2.46	2.41	2.38	2.35	2.32
11	3.23	2.86	2.66	2.54	2.45	2.39	2.34	2.30	2.27	2.25
12	3.18	2.81	2.61	2.48	2.39	2.33	2.28	2.24	2.21	2.19
13	3.14	2.76	2.56	2.43	2.35	2.28	2.23	2.20	2.16	2.14
14	3.10	2.73	2.52	2.39	2.31	2.24	2.19	2.15	2.12	2.10
15	3.07	2.70	2.49	2.36	2.27	2.21	2.16	2.12	2.09	2.06
16	3.05	2.67	2.46	2.33	2.24	2.18	2.13	2.09	2.06	2.03
17	3.03	2.64	2.44	2.31	2.22	2.15	2.10	2.06	2.03	2.00
18	3.01	2.62	2.42	2.29	2.20	2.13	2.08	2.04	2.00	1.98
19	2.99	2.61	2.40	2.27	2.18	2.11	2.06	2.02	1.98	1.96
20	2.97	2.59	2.38	2.25	2.16	2.09	2.04	2.00	1.96	1.94
21	2.96	2.57	2.36	2.23	2.14	2.08	2.02	1.98	1.95	1.92
22	2.95	2.56	2.35	2.22	2.13	2.06	2.01	1.97	1.93	1.90

（续表）

	1	2	3	4	5	6	7	8	9	10
23	2.94	2.55	2.34	2.21	2.11	2.05	1.99	1.95	1.92	1.89
24	2.93	2.54	2.33	2.19	2.10	2.04	1.98	1.94	1.91	1.88
25	2.92	2.53	2.32	2.18	2.09	2.02	1.97	1.93	1.89	1.87
26	2.91	2.52	2.31	2.17	2.08	2.01	1.96	1.92	1.88	1.86
27	2.90	2.51	2.30	2.17	2.07	2.00	1.95	1.91	1.87	1.85
28	2.89	2.50	2.29	2.16	2.06	2.00	1.94	1.90	1.87	1.84
29	2.89	2.50	2.28	2.15	2.06	1.99	1.93	1.89	1.86	1.83
30	2.88	2.49	2.28	2.14	2.05	1.98	1.93	1.88	1.85	1.82
31	2.87	2.48	2.27	2.14	2.04	1.97	1.92	1.88	1.84	1.81
32	2.87	2.48	2.26	2.13	2.04	1.97	1.91	1.87	1.83	1.81
33	2.86	2.47	2.26	2.12	2.03	1.96	1.91	1.86	1.83	1.80
34	2.86	2.47	2.25	2.12	2.02	1.96	1.90	1.86	1.82	1.79
35	2.85	2.46	2.25	2.11	2.02	1.95	1.90	1.85	1.82	1.79
36	2.85	2.46	2.24	2.11	2.01	1.94	1.89	1.85	1.81	1.78
37	2.85	2.45	2.24	2.10	2.01	1.94	1.89	1.84	1.81	1.78
38	2.84	2.45	2.23	2.10	2.01	1.94	1.88	1.84	1.80	1.77
39	2.84	2.44	2.23	2.09	2.00	1.93	1.88	1.83	1.80	1.77
40	2.84	2.44	2.23	2.09	2.00	1.93	1.87	1.83	1.79	1.76
60	2.79	2.39	2.18	2.04	1.95	1.87	1.82	1.77	1.74	1.71
120	2.75	2.35	2.13	1.99	1.90	1.82	1.77	1.72	1.68	1.65
∞	2.71	2.30	2.08	1.94	1.85	1.77	1.72	1.67	1.63	1.60

附表 4-2 F 分布临界值($\alpha=0.1$)

	12	15	20	25	30	35	40	60	120	∞
1	60.71	61.22	61.74	62.05	62.26	62.42	62.53	62.79	63.06	63.33
2	9.41	9.42	9.44	9.45	9.46	9.46	9.47	9.47	9.48	9.49
3	5.22	5.20	5.18	5.17	5.17	5.16	5.16	5.15	5.14	5.13
4	3.90	3.87	3.84	3.83	3.82	3.81	3.80	3.79	3.78	3.76
5	3.27	3.24	3.21	3.19	3.17	3.16	3.16	3.14	3.12	3.11
6	2.90	2.87	2.84	2.81	2.80	2.79	2.78	2.76	2.74	2.72
7	2.67	2.63	2.59	2.57	2.56	2.54	2.54	2.51	2.49	2.47
8	2.50	2.46	2.42	2.40	2.38	2.37	2.36	2.34	2.32	2.29
9	2.38	2.34	2.30	2.27	2.25	2.24	2.23	2.21	2.18	2.16
10	2.28	2.24	2.20	2.17	2.16	2.14	2.13	2.11	2.08	2.06
11	2.21	2.17	2.12	2.10	2.08	2.06	2.05	2.03	2.00	1.97
12	2.15	2.10	2.06	2.03	2.01	2.00	1.99	1.96	1.93	1.90
13	2.10	2.05	2.01	1.98	1.96	1.94	1.93	1.90	1.88	1.85
14	2.05	2.01	1.96	1.93	1.91	1.90	1.89	1.86	1.83	1.80
15	2.02	1.97	1.92	1.89	1.87	1.86	1.85	1.82	1.79	1.76
16	1.99	1.94	1.89	1.86	1.84	1.82	1.81	1.78	1.75	1.72
17	1.96	1.91	1.86	1.83	1.81	1.79	1.78	1.75	1.72	1.69
18	1.93	1.89	1.84	1.80	1.78	1.77	1.75	1.72	1.69	1.66
19	1.91	1.86	1.81	1.78	1.76	1.74	1.73	1.70	1.67	1.63
20	1.89	1.84	1.79	1.76	1.74	1.72	1.71	1.68	1.64	1.61
21	1.87	1.83	1.78	1.74	1.72	1.70	1.69	1.66	1.62	1.59
22	1.86	1.81	1.76	1.73	1.70	1.68	1.67	1.64	1.60	1.57

(续表)

	12	15	20	25	30	35	40	60	120	∞
23	1.84	1.80	1.74	1.71	1.69	1.67	1.66	1.62	1.59	1.55
24	1.83	1.78	1.73	1.70	1.67	1.65	1.64	1.61	1.57	1.53
25	1.82	1.77	1.72	1.68	1.66	1.64	1.63	1.59	1.56	1.52
26	1.81	1.76	1.71	1.67	1.65	1.63	1.61	1.58	1.54	1.50
27	1.80	1.75	1.70	1.66	1.64	1.62	1.60	1.57	1.53	1.49
28	1.79	1.74	1.69	1.65	1.63	1.61	1.59	1.56	1.52	1.48
29	1.78	1.73	1.68	1.64	1.62	1.60	1.58	1.55	1.51	1.47
30	1.77	1.72	1.67	1.63	1.61	1.59	1.57	1.54	1.50	1.46
40	1.77	1.71	1.66	1.62	1.60	1.58	1.56	1.53	1.49	1.38
60	1.76	1.71	1.65	1.62	1.59	1.57	1.56	1.52	1.48	1.29
120	1.75	1.70	1.64	1.61	1.58	1.56	1.55	1.51	1.47	1.19
∞	1.55	1.49	1.42	1.38	1.34	1.32	1.30	1.24	1.17	1.00

附表 5-1 F分布临界值($\alpha=0.05$)

	1	2	3	4	5	6	7	8	9	10
1	161.5	199.50	215.71	224.58	230.16	233.99	236.77	238.88	240.54	241.88
2	18.51	19.00	19.16	19.25	19.30	19.33	19.35	19.37	19.38	19.40
3	10.13	9.55	9.28	9.12	9.01	8.94	8.89	8.85	8.81	8.79
4	7.71	6.94	6.59	6.39	6.26	6.16	6.09	6.04	6.00	5.96
5	6.61	5.79	5.41	5.19	5.05	4.95	4.88	4.82	4.77	4.74
6	5.99	5.14	4.76	4.53	4.39	4.28	4.21	4.15	4.10	4.06
7	5.59	4.74	4.35	4.12	3.97	3.87	3.79	3.73	3.68	3.64
8	5.32	4.46	4.07	3.84	3.69	3.58	3.50	3.44	3.39	3.35
9	5.12	4.26	3.86	3.63	3.48	3.37	3.29	3.23	3.18	3.14
10	4.96	4.10	3.71	3.48	3.33	3.22	3.14	3.07	3.02	2.98
11	4.84	3.98	3.59	3.36	3.20	3.09	3.01	2.95	2.90	2.85
12	4.75	3.89	3.49	3.26	3.11	3.00	2.91	2.85	2.80	2.75
13	4.67	3.81	3.41	3.18	3.03	2.92	2.83	2.77	2.71	2.67
14	4.60	3.74	3.34	3.11	2.96	2.85	2.76	2.70	2.65	2.60
15	4.54	3.68	3.29	3.06	2.90	2.79	2.71	2.64	2.59	2.54
16	4.49	3.63	3.24	3.01	2.85	2.74	2.66	2.59	2.54	2.49
17	4.45	3.59	3.20	2.96	2.81	2.70	2.61	2.55	2.49	2.45
18	4.41	3.55	3.16	2.93	2.77	2.66	2.58	2.51	2.46	2.41
19	4.38	3.52	3.13	2.90	2.74	2.63	2.54	2.48	2.42	2.38
20	4.35	3.49	3.10	2.87	2.71	2.60	2.51	2.45	2.39	2.35
21	4.32	3.47	3.07	2.84	2.68	2.57	2.49	2.42	2.37	2.32
22	4.30	3.44	3.05	2.82	2.66	2.55	2.46	2.40	2.34	2.30

（续表）

	1	2	3	4	5	6	7	8	9	10
23	4.28	3.42	3.03	2.80	2.64	2.53	2.44	2.37	2.32	2.27
24	4.26	3.40	3.01	2.78	2.62	2.51	2.42	2.36	2.30	2.25
25	4.24	3.39	2.99	2.76	2.60	2.49	2.40	2.34	2.28	2.24
26	4.23	3.37	2.98	2.74	2.59	2.47	2.39	2.32	2.27	2.22
27	4.21	3.35	2.96	2.73	2.57	2.46	2.37	2.31	2.25	2.20
28	4.20	3.34	2.95	2.71	2.56	2.45	2.36	2.29	2.24	2.19
29	4.18	3.33	2.93	2.70	2.55	2.43	2.35	2.28	2.22	2.18
30	4.17	3.32	2.92	2.69	2.53	2.42	2.33	2.27	2.21	2.16
31	4.16	3.30	2.91	2.68	2.52	2.41	2.32	2.25	2.20	2.15
32	4.15	3.29	2.90	2.67	2.51	2.40	2.31	2.24	2.19	2.14
33	4.14	3.28	2.89	2.66	2.50	2.39	2.30	2.23	2.18	2.13
34	4.13	3.28	2.88	2.65	2.49	2.38	2.29	2.23	2.17	2.12
35	4.12	3.27	2.87	2.64	2.49	2.37	2.29	2.22	2.16	2.11
36	4.11	3.26	2.87	2.63	2.48	2.36	2.28	2.21	2.15	2.11
37	4.11	3.25	2.86	2.63	2.47	2.36	2.27	2.20	2.14	2.10
38	4.10	3.24	2.85	2.62	2.46	2.35	2.26	2.19	2.14	2.09
39	4.09	3.24	2.85	2.61	2.46	2.34	2.26	2.19	2.13	2.08
40	4.08	3.23	2.84	2.61	2.45	2.34	2.25	2.18	2.12	2.08
60	4.00	3.15	2.76	2.53	2.37	2.25	2.17	2.10	2.04	1.99
120	3.92	3.07	2.68	2.45	2.29	2.18	2.09	2.02	1.96	1.91
∞	3.84	3.00	2.60	2.37	2.21	2.10	2.01	1.94	1.88	1.83

附表 5-2 F 分布临界值(α=0.05)

	12	15	20	25	30	35	40	60	120	∞
1	243.9	245.95	248.01	249.26	250.10	250.69	251.14	252.20	253.25	254.3
2	19.41	19.43	19.45	19.46	19.46	19.47	19.47	19.48	19.49	19.50
3	8.74	8.70	8.66	8.63	8.62	8.60	8.59	8.57	8.55	8.53
4	5.91	5.86	5.80	5.77	5.75	5.73	5.72	5.69	5.66	5. 63
5	4.68	4.62	4.56	4.52	4.50	4.48	4.46	4.43	4.40	4.36
6	4.00	3.94	3.87	3.83	3.81	3.79	3.77	3.74	3.70	3.67
7	3.57	3.51	3.44	3.40	3.38	3.36	3.34	3.30	3.27	3.23
8	3.28	3.22	3.15	3.11	3.08	3.06	3.04	3.01	2.97	2.93
9	3.07	3.01	2.94	2.89	2.86	2.84	2.83	2.79	2.75	2.71
10	2.91	2.85	2.77	2.73	2.70	2.68	2.66	2.62	2.58	2.54
11	2.79	2.72	2.65	2.60	2.57	2.55	2.53	2.49	2.45	2.40
12	2.69	2.62	2.54	2.50	2.47	2.44	2.43	2.38	2.34	2.30
13	2.60	2.53	2.46	2.41	2.38	2.36	2.34	2.30	2.25	2.21
14	2.53	2.46	2.39	2.34	2.31	2.28	2.27	2.22	2.18	2.13
15	2.48	2.40	2.33	2.28	2.25	2.22	2.20	2.16	2.11	2.07
16	2.42	2.35	2.28	2.23	2.19	2.17	2.15	2.11	2.06	1.72
17	2.38	2.31	2.23	2.18	2.15	2.12	2.10	2.06	2.01	1.96
18	2.34	2.27	2.19	2.14	2.11	2.08	2.06	2.02	1.97	1.92
19	2.31	2.23	2.16	2.11	2.07	2.05	2.03	1.98	1.93	1.88
20	2.28	2.20	2.12	2.07	2.04	2.01	1.99	1.95	1.90	1.84
21	2.25	2.18	2.10	2.05	2.01	1.98	1.96	1.92	1.87	1.81
22	2.23	2.15	2.07	2.02	1.98	1.96	1.94	1.89	1.84	1.78

(续表)

	12	15	20	25	30	35	40	60	120	∞
23	2.20	2.13	2.05	2.00	1.96	1.93	1.91	1.86	1.81	1.76
24	2.18	2.11	2.03	1.97	1.94	1.91	1.89	1.84	1.79	1.73
25	2.16	2.09	2.01	1.96	1.92	1.89	1.87	1.82	1.77	1.71
26	2.15	2.07	1.99	1.94	1.90	1.87	1.85	1.80	1.75	1.69
27	2.13	2.06	1.97	1.92	1.88	1.86	1.84	1.79	1.73	1.67
28	2.12	2.04	1.96	1.91	1.87	1.84	1.82	1.77	1.71	1.65
29	2.10	2.03	1.94	1.89	1.85	1.83	1.81	1.75	1.70	1.64
30	2.09	2.01	1.93	1.88	1.84	1.81	1.79	1.74	1.68	1.62
40	2.08	2.00	1.92	1.87	1.83	1.80	1.78	1.73	1.67	1.51
60	2.07	1.99	1.91	1.85	1.82	1.79	1.77	1.71	1.66	1.39
120	2.06	1.98	1.90	1.84	1.81	1.78	1.76	1.70	1.64	1.25
∞	1.75	1.67	1.57	1.52	1.46	1.42	1.39	1.32	1.22	1.00

附表 6-1 F 分布临界值(α=0.025)

	1	2	3	4	5	6	7	8	9	10
1	647.8	799.50	864.16	899.58	921.85	937.11	948.22	956.66	963.28	968.63
2	38.51	39.00	39.17	39.25	39.30	39.33	39.36	39.37	39.39	39.40
3	17.44	16.04	15.44	15.10	14.88	14.73	14.62	14.54	14.47	14.42
4	12.22	10.65	9.98	9.60	9.36	9.20	9.07	8.98	8.90	8.84
5	10.01	8.43	7.76	7.39	7.15	6.98	6.85	6.76	6.68	6.62
6	8.81	7.26	6.60	6.23	5.99	5.82	5.70	5.60	5.52	5.46
7	8.07	6.54	5.89	5.52	5.29	5.12	4.99	4.90	4.82	4.76
8	7.57	6.06	5.42	5.05	4.82	4.65	4.53	4.43	4.36	4.30
9	7.21	5.71	5.08	4.72	4.48	4.32	4.20	4.10	4.03	3.96
10	6.94	5.46	4.83	4.47	4.24	4.07	3.95	3.85	3.78	3.72
11	6.72	5.26	4.63	4.28	4.04	3.88	3.76	3.66	3.59	3.53
12	6.55	5.10	4.47	4.12	3.89	3.73	3.61	3.51	3.44	3.37
13	6.41	4.97	4.35	4.00	3.77	3.60	3.48	3.39	3.31	3.25
14	6.30	4.86	4.24	3.89	3.66	3.50	3.38	3.29	3.21	3.15
15	6.20	4.77	4.15	3.80	3.58	3.41	3.29	3.20	3.12	3.06
16	6.12	4.69	4.08	3.73	3.50	3.34	3.22	3.12	3.05	2.99
17	6.04	4.62	4.01	3.66	3.44	3.28	3.16	3.06	2.98	2.92
18	5.98	4.56	3.95	3.61	3.38	3.22	3.10	3.01	2.93	2.87
19	5.92	4.51	3.90	3.56	3.33	3.17	3.05	2.96	2.88	2.82
20	5.87	4.46	3.86	3.51	3.29	3.13	3.01	2.91	2.84	2.77
21	5.83	4.42	3.82	3.48	3.25	3.09	2.97	2.87	2.80	2.73
22	5.79	4.38	3.78	3.44	3.22	3.05	2.93	2.84	2.76	2.70

(续表)

	1	2	3	4	5	6	7	8	9	10
23	5.75	4.35	3.75	3.41	3.18	3.02	2.90	2.81	2.73	2.67
24	5.72	4.32	3.72	3.38	3.15	2.99	2.87	2.78	2.70	2.64
25	5.69	4.29	3.69	3.35	3.13	2.97	2.85	2.75	2.68	2.61
26	5.66	4.27	3.67	3.33	3.10	2.94	2.82	2.73	2.65	2.59
27	5.63	4.24	3.65	3.31	3.08	2.92	2.80	2.71	2.63	2.57
28	5.61	4.22	3.63	3.29	3.06	2.90	2.78	2.69	2.61	2.55
29	5.59	4.20	3.61	3.27	3.04	2.88	2.76	2.67	2.59	2.53
30	5.57	4.18	3.59	3.25	3.03	2.87	2.75	2.65	2.57	2.51
31	5.55	4.16	3.57	3.23	3.01	2.85	2.73	2.64	2.56	2.50
32	5.53	4.15	3.56	3.22	3.00	2.84	2.71	2.62	2.54	2.48
33	5.51	4.13	3.54	3.20	2.98	2.82	2.70	2.61	2.53	2.47
34	5.50	4.12	3.53	3.19	2.97	2.81	2.69	2.59	2.52	2.45
35	5.48	4.11	3.52	3.18	2.96	2.80	2.68	2.58	2.50	2.44
36	5.47	4.09	3.50	3.17	2.94	2.78	2.66	2.57	2.49	2.43
37	5.46	4.08	3.49	3.16	2.93	2.77	2.65	2.56	2.48	2.42
38	5.45	4.07	3.48	3.15	2.92	2.76	2.64	2.55	2.47	2.41
39	5.43	4.06	3.47	3.14	2.91	2.75	2.63	2.54	2.46	2.40
40	5.42	4.05	3.46	3.13	2.90	2.74	2.62	2.53	2.45	2.39
60	5.29	3.93	3.34	3.01	2.79	2.63	2.51	2.41	2.33	2.27
120	5.15	3.80	3.23	2.89	2.67	2.52	2.39	2.30	2.22	2.16
∞	5.02	3.69	3.12	2.79	2.57	2.41	2.29	2.19	2.11	2.05

附表 6-2 F分布临界值(α=0.025)

	12	15	20	25	30	35	40	60	120	∞
1	976.71	984.87	993.10	998.08	1 001.41	1 003.80	1 005.60	1 009.80	1 014.02	1 018
2	39.41	39.43	39.45	39.46	39.46	39.47	39.47	39.48	39.49	39.50
3	14.34	14.25	14.17	14.12	14.08	14.06	14.04	13.99	13.95	13.90
4	8.75	8.66	8.56	8.50	8.46	8.43	8.41	8.36	8.31	8.26
5	6.52	6.43	6.33	6.27	6.23	6.20	6.18	6.12	6.07	6.02
6	5.37	5.27	5.17	5.11	5.07	5.04	5.01	4.96	4.90	4.85
7	4.67	4.57	4.47	4.40	4.36	4.33	4.31	4.25	4.20	4.14
8	4.20	4.10	4.00	3.94	3.89	3.86	3.84	3.78	3.73	3.67
9	3.87	3.77	3.67	3.60	3.56	3.53	3.51	3.45	3.39	3.33
10	3.62	3.52	3.42	3.35	3.31	3.28	3.26	3.20	3.14	3.08
11	3.43	3.33	3.23	3.16	3.12	3.09	3.06	3.00	2.94	2.88
12	3.28	3.18	3.07	3.01	2.96	2.93	2.91	2.85	2.79	2.73
13	3.15	3.05	2.95	2.88	2.84	2.80	2.78	2.72	2.66	2.60
14	3.05	2.95	2.84	2.78	2.73	2.70	2.67	2.61	2.55	2.49
15	2.96	2.86	2.76	2.69	2.64	2.61	2.59	2.52	2.46	2.40
16	2.89	2.79	2.68	2.61	2.57	2.53	2.51	2.45	2.38	2.32
17	2.82	2.72	2.62	2.55	2.50	2.47	2.44	2.38	2.32	2.25
18	2.77	2.67	2.56	2.49	2.44	2.41	2.38	2.32	2.26	2.19
19	2.72	2.62	2.51	2.44	2.39	2.36	2.33	2.27	2.20	2.13
20	2.68	2.57	2.46	2.40	2.35	2.31	2.29	2.22	2.16	2.09
21	2.64	2.53	2.42	2.36	2.31	2.27	2.25	2.18	2.11	2.04
22	2.60	2.50	2.39	2.32	2.27	2.24	2.21	2.14	2.08	2.00

（续表）

	12	15	20	25	30	35	40	60	120	∞
23	2.57	2.47	2.36	2.29	2.24	2.20	2.18	2.11	2.04	1.97
24	2.54	2.44	2.33	2.26	2.21	2.17	2.15	2.08	2.01	1.94
25	2.51	2.41	2.30	2.23	2.18	2.15	2.12	2.05	1.98	1.91
26	2.49	2.39	2.28	2.21	2.16	2.12	2.09	2.03	1.95	1.88
27	2.47	2.36	2.25	2.18	2.13	2.10	2.07	2.00	1.93	1.85
28	2.45	2.34	2.23	2.16	2.11	2.08	2.05	1.98	1.91	1.83
29	2.43	2.32	2.21	2.14	2.09	2.06	2.03	1.96	1.89	1.81
30	2.41	2.31	2.20	2.12	2.07	2.04	2.01	1.94	1.87	1.79
40	2.40	2.29	2.18	2.11	2.06	2.02	1.99	1.92	1.85	1.64
60	2.38	2.28	2.16	2.09	2.04	2.00	1.98	1.91	1.83	1.48
120	2.37	2.26	2.15	2.08	2.03	1.99	1.96	1.89	1.81	1.31
∞	1.94	1.83	1.71	1.63	1.57	1.52	1.48	1.39	1.27	1.00

附表 7-1 F 分布临界值($\alpha=0.01$)

	1	2	3	4	5	6	7	8	9	10
1	4 052.1	4 999.5	5 403.35	5 624.58	5 763.65	5 858.99	5 928.36	5 981.07	6 022.47	6 055.85
2	98.50	99.00	99.17	99.25	99.30	99.33	99.36	99.37	99.39	99.40
3	34.12	30.82	29.46	28.71	28.24	27.91	27.67	27.49	27.35	27.23
4	21.20	18.00	16.69	15.98	15.52	15.21	14.98	14.80	14.66	14.55
5	16.26	13.27	12.06	11.39	10.97	10.67	10.46	10.29	10.16	10.05
6	13.75	10.92	9.78	9.15	8.75	8.47	8.26	8.10	7.98	7.87
7	12.25	9.55	8.45	7.85	7.46	7.19	6.99	6.84	6.72	6.62
8	11.26	8.65	7.59	7.01	6.63	6.37	6.18	6.03	5.91	5.81
9	10.56	8.02	6.99	6.42	6.06	5.80	5.61	5.47	5.35	5.26
10	10.04	7.56	6.55	5.99	5.64	5.39	5.20	5.06	4.94	4.85
11	9.65	7.21	6.22	5.67	5.32	5.07	4.89	4.74	4.63	4.54
12	9.33	6.93	5.95	5.41	5.06	4.82	4.64	4.50	4.39	4.30
13	9.07	6.70	5.74	5.21	4.86	4.62	4.44	4.30	4.19	4.10
14	8.86	6.51	5.56	5.04	4.69	4.46	4.28	4.14	4.03	3.94
15	8.68	6.36	5.42	4.89	4.56	4.32	4.14	4.00	3.89	3.80
16	8.53	6.23	5.29	4.77	4.44	4.20	4.03	3.89	3.78	3.69
17	8.40	6.11	5.18	4.67	4.34	4.10	3.93	3.79	3.68	3.59
18	8.29	6.01	5.09	4.58	4.25	4.01	3.84	3.71	3.60	3.51
19	8,18	5.93	5.01	4.50	4.17	3.94	3.77	3.63	3.52	3.43
20	8.10	5.85	4.94	4.43	4.10	3.87	3.70	3.56	3.46	3.37
21	8.02	5.78	4.87	4.37	4.04	3.81	3.64	3.51	3.40	3.31
22	7.95	5.72	4.82	4.31	3.99	3.76	3.59	3.45	3.35	3.26

（续表）

	1	2	3	4	5	6	7	8	9	10
23	7.88	5.66	4.76	4.26	3.94	3.71	3.54	3.41	3.30	3.21
24	7.82	5.61	4.72	4.22	3.90	3.67	3.50	3.36	3.26	3.17
25	7.77	5.57	4.68	4.18	3.85	3.63	3.46	3.32	3.22	3.13
26	7.72	5.53	4.64	4.14	3.82	3.59	3.42	3.29	3.18	3.09
27	7.68	5.49	4.60	4.11	3.78	3.56	3.39	3.26	3.15	3.06
28	7.64	5.45	4.57	4.07	3.75	3.53	3.36	3.23	3.12	3.03
29	7.60	5.42	4.54	4.04	3.73	3.50	3.33	3.20	3.09	3.00
30	7.56	5.39	4.51	4.02	3.70	3.47	3.30	3.17	3.07	2.98
31	7.53	5.36	4.48	3.99	3.67	3.45	3.28	3.15	3.04	2.96
32	7.50	5.34	4.46	3.97	3.65	3.43	3.26	3.13	3.02	2.93
33	7.47	5.31	4.44	3.95	3.63	3.41	3.24	3.11	3.00	2.91
34	7.44	5.29	4.42	3.93	3.61	3.39	3.22	3.09	2.98	2.89
35	7.42	5.27	4.40	3.91	3.59	3.37	3.20	3.07	2.96	2.88
36	7.40	5.25	4.38	3.89	3.57	3.35	3.18	3.05	2.95	2.86
37	7.37	5.23	4.36	3.87	3.56	3.33	3.17	3.04	2.93	2.84
38	7.35	5.21	4.34	3.86	3.54	3.32	3.15	3.02	2.92	2.83
39	7.33	5.19	4.33	3.84	3.53	3.30	3.14	3.01	2.90	2.81
40	7.31	5.18	4.31	3.83	3.51	3.29	3.12	2.99	2.89	2.80
60	7.08	4.98	4.13	3.65	3.34	3.12	2.95	2.82	2.72	2.63
120	6.85	4.79	3.95	3.48	3.17	2.96	2.79	2.66	2.56	2.47
∞	6.63	4.61	3.78	3.32	3.02	2.80	2.64	2.51	2.41	2.32

附表 7-2 F 分布临界值($\alpha=0.01$)

	12	15	20	25	30	35	40	60	120	∞
1	6 106.3	6 157.28	6 208.73	6 239.83	6 260.65	6 275.57	6 286.78	6 313.03	6 339.39	6 366
2	99.42	99.43	99.45	99.46	99.47	99.47	99.47	99.48	99.49	99.50
3	27.05	26.87	26.69	26.58	26.50	26.45	26.41	26.32	26.22	26.13
4	14.37	14.20	14.02	13.91	13.84	13.79	13.75	13.65	13.56	13.46
5	9.89	9.72	9.55	9.45	9.38	9.33	9.29	9.20	9.11	9.02
6	7.72	7.56	7.40	7.30	7.23	7.18	7.14	7.06	6.97	6.88
7	6.47	6.31	6.16	6.06	5.99	5.94	5.91	5.82	5.74	5.65
8	5.67	5.52	5.36	5.26	5.20	5.15	5.12	5.03	4.95	4.86
9	5.11	4.96	4.81	4.71	4.65	4.60	4.57	4.48	4.40	4.31
10	4.71	4.56	4.41	4.31	4.25	4.20	4.17	4.08	4.00	3.91
11	4.40	4.25	4.10	4.01	3.94	3.89	3.86	3.78	3.69	3.60
12	4.16	4.01	3.86	3.76	3.70	3.65	3.62	3.54	3.45	3.36
13	3.96	3.82	3.66	3.57	3.51	3.46	3.43	3.34	3.25	3.17
14	3.80	3.66	3.51	3.41	3.35	3.30	3.27	3.18	3.09	3.00
15	3.67	3.52	3.37	3.28	3.21	3.17	3.13	3.05	2.96	2.87
16	3.55	3.41	3.26	3.16	3.10	3.05	3.02	2.93	2.84	2.75
17	3.46	3.31	3.16	3.07	3.00	2.96	2.92	2.83	2.75	2.65
18	3.37	3.23	3.08	2.98	2.92	2.87	2.84	2.75	2.66	2.57
19	3.30	3.15	3.00	2.91	2.84	2.80	2.76	2.67	2.58	2.49
20	3.23	3.09	2.94	2.84	2.78	2.73	2.69	2.61	2.52	2.42
21	3.17	3.03	2.88	2.79	2.72	2.67	2.64	2.55	2.46	2.36
22	3.12	2.98	2.83	2.73	2.67	2.62	2.58	2.50	2.40	2.31

(续表)

	12	15	20	25	30	35	40	60	120	∞
23	3.07	2.93	2.78	2.69	2.62	2.57	2.54	2.45	2.35	2.26
24	3.03	2.89	2.74	2.64	2.58	2.53	2.49	2.40	2.31	2.21
25	2.99	2.85	2.70	2.60	2.54	2.49	2.45	2.36	2.27	2.17
26	2.96	2.81	2.66	2.57	2.50	2.45	2.42	2.33	2.23	2.13
27	2.93	2.78	2.63	2.54	2.47	2.42	2.38	2.29	2.20	2.10
28	2.90	2.75	2.60	2.51	2.44	2.39	2.35	2.26	2.17	2.06
29	2.87	2.73	2.57	2.48	2.41	2.36	2.33	2.23	2.14	2.03
30	2.84	2.70	2.55	2.45	2.39	2.34	2.30	2.21	2.11	2.01
40	2.82	2.68	2.52	2.43	2.36	2.31	2.27	2.18	2.09	1.80
60	2.80	2.65	2.50	2.41	2.34	2.29	2.25	2.16	2.06	1.60
120	2.78	2.63	2.48	2.39	2.32	2.27	2.23	2.14	2.04	1.38
∞	2.18	2.04	1.88	1.77	1.70	1.64	1.59	1.47	1.32	1.00